人工智能

科学与技术丛书

最优化与机器学习

王祥丰　蔡邢菊　陈彩华　编著

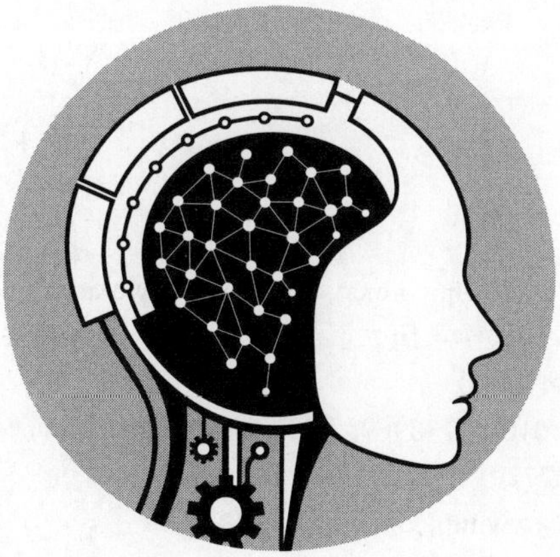

清華大學出版社

北京

内容简介

本书全面探讨了机器学习中的最优化理论、方法与实践，特别是在人工智能颠覆性发展的背景下，包括但不限于监督学习、无监督学习、深度学习及强化学习等的应用。本书详细介绍了最优性条件、KKT条件、拉格朗日对偶等核心最优化理论，探讨了梯度下降法、邻近梯度法、牛顿法、拟牛顿方法（BFGS方法）、块坐标下降法、随机梯度类方法、增广拉格朗日方法、交替方向乘子法、双层规划等经典最优化方法，最后介绍了机器学习与最优化深度融合的先进学习优化方法。通过本书的学习，读者将能够全面理解机器学习中最优化问题的建模和求解计算，及其在实际问题中的应用，为后续的机器学习研究和实践奠定坚实的基础。

在机器学习领域，最优化方法不仅是实现模型学习的关键技术，也是提高模型性能、防止过拟合和增强泛化能力的基石。本书通过丰富的理论分析和实例演示，使读者能深入理解最优化方法在机器学习中的核心作用，并为解决实际问题提供有力的工具。

本书适合作为高等院校计算机、运筹学、计算数学、大数据、统计学等相关专业的教材，是一本适合广大人工智能爱好者的优秀读物。

图书在版编目（CIP）数据

最优化与机器学习 / 王祥丰, 蔡邢菊, 陈彩华编著. -- 北京: 清华大学出版社, 2025. 6. -- (人工智能科学与技术丛书). -- ISBN 978-7-302-69113-6

Ⅰ. TP181

中国国家版本馆 CIP 数据核字第 2025MB0679 号

策划编辑：盛东亮
责任编辑：李　晔
封面设计：李召霞
责任校对：韩天竹
责任印制：杨　艳

出版发行：清华大学出版社
网　　址：https://www.tup.com.cn, https://www.wqxuetang.com
地　　址：北京清华大学学研大厦A座　　**邮　　编**：100084
社 总 机：010-83470000　　**邮　　购**：010-62786544
投稿与读者服务：010-62776969, c-service@tup.tsinghua.edu.cn
质量反馈：010-62772015, zhiliang@tup.tsinghua.edu.cn
课件下载：https://www.tup.com.cn,010-83470236
印 装 者：北京鑫海金澳胶印有限公司
经　　销：全国新华书店
开　　本：185mm×260mm　　**印　　张**：9.5　　**字　　数**：229
版　　次：2025年6月第1版　　**印　　次**：2025年6月第1次印刷
印　　数：1~1500
定　　价：49.00元

产品编号：094749-01

前言

FOREWORD

在当今这个信息化快速发展的时代，机器学习已经成为人工智能领域中最受瞩目的研究方向之一。它的应用范围极为广泛，涵盖了计算机视觉、自然语言处理等多个重要领域，并展现出了巨大的潜力和价值。机器学习的核心在于通过算法对大量数据进行分析和学习，从而实现对未知数据的预测、分类和决策等功能。然而，要实现这些功能，必须首先解决机器学习驱动的最优化问题。作为数学和计算机科学的一个重要交叉分支，最优化方法为机器学习提供了坚实的理论基础和高效的求解手段。

本书旨在全面、深入地探讨面向机器学习的最优化理论基础、方法原理以及实际应用。通过系统的介绍和分析，使读者能够对最优化方法在机器学习中的作用有一个全面而深刻的理解，并能够熟练运用最优化方法解决实际机器学习问题。

本书第1章介绍机器学习中最优化问题的基本概念，包括监督学习、无监督学习、深度学习和强化学习等，阐述最优化问题在机器学习中的重要性和应用背景。通过具体实例，帮助读者理解机器学习中最优化问题的本质和挑战。第2章重点介绍最优化问题的基本理论，包括最优化问题基本形式、拉格朗日对偶理论、最优性条件等。通过详细的公式推导和案例分析，使读者掌握最优化问题的基本理论框架。第3章详细讲解梯度下降类方法，这是一种最基本的求解无约束最优化问题的方法。通过本章的学习，读者将能够掌握梯度下降类方法的基本原理和实现技巧。第4章介绍邻近梯度法及其扩展，这是一种处理非光滑目标函数的梯度下降法扩展方法。第5章介绍牛顿法和最具代表性的拟牛顿方法（BFGS方法），重点介绍这两种方法的原理、实现步骤以及优缺点。第6章介绍块坐标下降法，这是一种求解大规模最优化问题的有效方法，包括块坐标下降法的基本架构、子问题更新机制以及块坐标选择机制。第7章介绍随机梯度类方法，这是机器学习中应用最广泛的一种最优化方法。本章介绍经典随机梯度法、随机平均梯度法、方差减小随机梯度法等，重点分析它们在深度学习中的应用。第8章介绍增广拉格朗日方法和交替方向乘子法，这两种方法都是处理带线性等式约束的最优化问题的有效方法。本章介绍这两种方法的基本原理、实现步骤以及在实际问题中的应用案例。第9章介绍双层规划，这是一种处理复杂优化问题的有效方法。通过本章的学习，读者将能够理解双层规划如何将复杂问题分解为两个层次进行求解，并提高求解效率。第10章介绍学习优化，这是一种利用机器学习技术来设计最优化方法的新兴技术。通过介绍学习优化的基本概念、基本框架以及具体方法，读者将能够理解学习优化如何根据训练数据自动设计最优化方法。最后，通过第11章的总结和展望，回顾本书的主要内容，并展望未来的发展趋势。通过本书的学习，读者不仅能够掌握机器学习中最优化方法的理论基础和实践技巧，还能够培养解决实际问题的能力，为未来的学习和研究打下坚实的基础。

读者如果在理解知识的过程中遇到困难，建议不要在一个地方过于纠结，可以继续学习后续内容。通常来讲，通过逐渐深入的学习，前面有不懂或有疑惑的知识点自然会迎刃而解。另外，读者一定要动手实践，如果在实践过程中遇到困难，建议多查文档和资料，分析问题发生的原理，然后亲自动手解决问题。衷心希望本书能够成为广大读者的良师益友，帮助读者更好地理解和应用机器学习中最优化方法。同时，也欢迎读者提出宝贵意见和建议，共同推动面向机器学习的最优化方法的发展和应用。

编　者

2025年4月

目录
CONTENTS

第 1 章

机器学习中的最优化问题

著名学者 John McCarthy 于 1955 年创造了“人工智能”这个词。1956 年，McCarthy 等人组织了一场名为“达特茅斯学院夏季人工智能科研项目”的会议，以此为开端，机器学习、深度学习等应运而生，并在最近十几年取得了突破性的进展。人工智能是研究、开发用于模拟、延伸和扩展人的智能的理论、方法、技术及应用系统的一门技术科学，其核心研究目的是“模拟、延伸和扩展人的智能”。现在常看到的人工智能技术，如计算机视觉、自然语言处理等，就是“模拟人在视觉方面的智能”和“模拟人在语言表达方面的智能”，本质上和“模拟人在计算方面的智能”相同。随着人们对计算机科学的期望越来越高，机器学习作为人工智能的核心，人们要求它解决的问题越来越复杂。为了满足人们急剧增长的需求，对机器学习的研究也越来越多。

机器学习就是用算法解析数据，不断学习，对世界中发生的事做出判断和预测的一项技术。机器学习旨在利用大量数据和算法“训练”机器，让机器学会如何自主执行任务。机器学习是“模拟、延伸和扩展人类智能”的一条重要路径，通常可以认为其为人工智能的子集。机器学习需要大量数据，通俗来说，其“智能”是从海量数据中总结出来的。从学习任务以及数据质量的角度来看，机器学习可以概括分类为监督学习、无监督学习、半监督学习、自监督学习、强化学习等。常见的机器学习算法包括决策树、随机森林、逻辑回归、支撑向量机、朴素贝叶斯、K 近邻、K 均值、神经网络等。其中以神经网络为基础的深度学习作为机器学习的一个重要分支，尤其受到广泛关注，目前已成为实现强人工智能的重要技术基础。

值得注意的是，人类在学习时合理设定阶段目标是必要的，通过不断实现（优化）阶段目标来持续不断学习新知识。与人类学习类似，机器学习通过设定目标并对目标进行最优化以实现模型的学习。机器学习任务的目标与学习任务密切相关，比如：

- 监督学习任务的目标可以设定为极小化预测模型与标签之间的距离度量；
- 无监督学习任务的目标可以设定为极大化数据中类别的差异性；
- 强化学习任务的目标可以设定为极大化策略学习过程中的累积奖励。

通常情况下，从数学或最优化方面理解，机器学习任务可以概括为对一个最优化问

题的高效求解，以获得针对设定目标的最优模型，其可以表示为

$$\min_{\boldsymbol{x}} \ \ell(\boldsymbol{x};\mathcal{D}) \quad \text{或者} \quad \max_{\boldsymbol{x}} \ \ell(\boldsymbol{x};\mathcal{D}) \tag{1.1}$$

其中，$\boldsymbol{x}$表示所建模的机器学习模型的模型参数，而$\mathcal{D}$代表所涉及的数据集合，ℓ表示机器学习模型的目标函数（通常为损失函数）。问题(1.1)通过对目标函数ℓ的优化求解以获得最优模型$\boldsymbol{x}^*$，从而以此为基础部署模型，以完成该机器学习任务。最优化问题(1.1)是否能够高效准确求解不仅是本书的核心任务，也是“机器学习”学习过程的重要数学基础，深刻关系到机器学习模型的好坏以及学习效率。具体内容将在后续章节中逐步展开介绍。

1.1 为什么学习最优化

机器学习问题（甚至人工智能问题）以最优化问题为数学基础进行问题建模，所以最优化问题的理论分析和求解计算必然是“学习”机器学习模型的关键。为了建立更好、更优的机器学习模型，需要学习如何进行最优化问题建模、如何分析最优化问题及最优解性质，以及如何求解最优化问题并提高求解效率等问题，从而能够更高效地建立（或学习）更准确的机器学习模型。

1. 如何进行最优化问题建模

最优化问题建模的关键包括优化变量设定、目标函数建模以及约束条件设置等环节，而优化变量、目标函数和约束条件与机器学习问题本身密切相关，均需根据机器学习任务来进行合理设定。最优化问题建模，对于机器学习问题建模是重要的，最优化问题模型的优劣关系到所建立的机器学习模型的上限，从而决定了机器学习模型的学习能力。

2. 如何分析最优化问题及最优解性质

当最优化问题建模确定后，在进行最优化问题求解之前，需要对最优化问题的性质进行充分分析，比如目标函数的形式（如线性函数、二次函数等）、连续性、光滑性（是否可以计算梯度）、李普希茨性质等。另外，最优解的刻画（或称为最优性条件）同样重要，最优解的性质分析可以从理论上理解最优化问题模型所能达到的效果，从而辅助分析机器学习模型的能力，如模型准确度、泛化性等。

3. 如何求解最优化问题并提高求解效率

充分理解最优化问题模型及最优解性质后，最优化问题模型的高效求解计算便成为亟须解决的问题。最优化方法设计及算法理论分析是高效求解最优化问题模型的关键，也是本书重点介绍的内容。本书将会介绍一系列充分利用最优化问题性质及最优解性质的最优化方法，从而帮助读者选择或设计合适的方法以求解机器学习问题驱动的最优化

问题。此外，充分利用问题性质辅助设计最优化方法以提高求解效率也值得重点关注。

学习最优化对于求解机器学习问题至关重要，本书将全面系统地介绍机器学习驱动的最优化问题建模、最优化问题的性质及最优化方法设计和理论分析等内容，帮助读者夯实最优化的理论基础。

1.2 机器学习中的最优化问题

为了更好地理解机器学习应用中的最优化问题，本节分别介绍几种机器学习中的最优化模型。本节从监督学习、无监督学习、深度学习、强化学习4个角度给出对应的最优化问题，帮助初学者对机器学习应用中的最优化问题模型进行了解，从而更好地学习后续最优化理论和最优化方法相关知识。

1.2.1 监督学习

在监督学习部分，本节分别介绍ℓ_1-正则逻辑回归问题和支撑向量机问题，通过这两个被广泛应用的典型问题理解监督学习任务中的最优化问题，帮助大家更好地理解面向机器学习的最优化基础知识。

1. ℓ_1-正则逻辑回归模型

逻辑回归（Logistic Regression）广泛应用于机器学习中的分类问题。众所周知，为了避免过拟合，需要正则化来对模型进行改进，特别是当只有少量训练样本，或者有大量参数需要学习时。此时，ℓ_1-正则逻辑回归问题（ℓ_1-Regularized Logistic Regression）[1]经常用于特征选择，并已被证明在存在大量无关特征时具有良好的泛化性能。

考虑一个监督学习任务，假设其包含m条训练数据$\{(\boldsymbol{z}_i, y_i), i=1,2,\cdots,m\}$，其中，$\boldsymbol{z}_i \in \mathbb{R}^n$表示数据的特征向量，$y_i \in \{0,1\}$表示分类标签。针对该分类问题的逻辑回归问题模型可以表示为

$$\min_{\boldsymbol{x}\in\mathbb{R}^n} \left\{ f(\boldsymbol{x}) = f\left(\boldsymbol{x}; \{(\boldsymbol{z}_i, y_i)\}\right) = \sum_{i=1}^{m} \log\left(1+\exp(-y_i \boldsymbol{z}_i^{\mathrm{T}} \boldsymbol{x})\right) \right\}$$

在此逻辑回归模型的基础上，因为特征向量维度n一般是高维度的，所以在建立分类模型的同时需要尝试特征选择，而增加ℓ_1正则项可以在一定程度上做到特征选择。与此同时，正则项的增加可以提升模型的泛化能力，从而能够在测试阶段有更好的模型表现。ℓ_1-正则逻辑回归问题模型因此可以表示为

$$\min_{\boldsymbol{x}\in\mathbb{R}^n} \left\{ f(\boldsymbol{x}) + \lambda \|\boldsymbol{x}\|_1 = \sum_{i=1}^{m} \log\left(1+\exp(-y_i \boldsymbol{z}_i^{\mathrm{T}} \boldsymbol{x})\right) + \lambda \|\boldsymbol{x}\|_1 \right\} \tag{1.2}$$

该最优化问题是一个无约束优化问题，但是因为ℓ_1范数$\|\boldsymbol{x}\|_1$的不可微性质（A.3节中有详细介绍），导致不能使用简单的梯度下降法来求解该最优化问题，同时变量维度n和

数据量 m 的规模大，也驱动新的高效求解算法的设计，具体会在后续章节展开介绍。

2. 支撑向量机

支撑向量机（Support Vector Machine, SVM）是一类按监督学习方式对数据进行二元分类的广义线性分类器[2]，其决策边界是对学习样本求解的最大边距超平面。支撑向量机于1964年被提出，并在20世纪90年代后得到快速发展并衍生出一系列改进和扩展模型，在人像识别、文本分类等模式识别问题中得到应用。

给定分类问题的数据样本 $\{(\boldsymbol{x}_i, y_i), i = 1, 2, \cdots, m\}$，其中，$\boldsymbol{x}_i \in \mathbb{R}^n$ 表示样本数据，$y_i \in \{-1, +1\}$ 表示样本类别标签。所定义的分类超平面 $f(\boldsymbol{w}) = \boldsymbol{w}^{\mathrm{T}}\boldsymbol{x} + b$，其中，$\boldsymbol{w} \in \mathbb{R}^n$ 是法向量，b 是位移。如果超平面分类划分正确，则支撑向量需要满足

$$
\begin{cases}
\boldsymbol{w}^{\mathrm{T}}\boldsymbol{x}_i + b \geqslant +1, & y_i = +1 \\
\boldsymbol{w}^{\mathrm{T}}\boldsymbol{x}_i + b \leqslant -1, & y_i = -1
\end{cases}
$$

支撑向量距离超平面的距离为

$$
r = \frac{|\boldsymbol{w}^{\mathrm{T}}\boldsymbol{x} + b|}{\|\boldsymbol{w}\|}
$$

因为支撑向量满足 $|\boldsymbol{w}^{\mathrm{T}}\boldsymbol{x} + b| = 1$，所以两个支撑向量到超平面距离之和为 $r = \dfrac{2}{\|\boldsymbol{w}\|}$，如果希望极大化 r，等价于极小化 $\|\boldsymbol{w}\|$，则支撑向量机的基本模型为

$$
\begin{aligned}
\min_{\boldsymbol{w},b} \quad & \frac{\|\boldsymbol{w}\|^2}{2} \\
\text{s.t.} \quad & y_i(\boldsymbol{w}^{\mathrm{T}}\boldsymbol{x}_i + b) \geqslant 1, \quad i = 1, 2, \cdots, m
\end{aligned}
\tag{1.3}
$$

在线性不可分问题中使用问题模型(1.3)将产生分类误差，因此可在最大化边距的基础上引入损失函数构造新的优化问题。支撑向量机使用Hinge损失函数，沿用问题模型(1.3)的最优化问题模型，松弛软边距支撑向量机的最优化模型可以表示为

$$
\begin{aligned}
\min_{\boldsymbol{w},b} \quad & \frac{\|\boldsymbol{w}\|^2}{2} + C\sum_{i=1}^{m} \xi_i \\
\text{s.t.} \quad & y_i(\boldsymbol{w}^{\mathrm{T}}\boldsymbol{x}_i + b) \geqslant 1 - \xi_i,\ \xi_i \geqslant 0, \quad i = 1, 2, \cdots, m
\end{aligned}
\tag{1.4}
$$

明显地，问题(1.3)和问题(1.4)都是带不等式约束的最优化问题，其结构较 ℓ_1-正则逻辑回归模型更复杂。通常为了高效计算支撑向量机问题，我们采用对偶技巧对问题(1.3)和问题(1.4)进行处理，以得到更具结构性的模型，具体内容将在后续章节中展开介绍。

1.2.2 无监督学习

在无监督学习部分，从最简单的划分标准来看，无监督学习可以被认为是只有数据 $\{\boldsymbol{z}_i\}$ 而没有标签 $\{y_i\}$ 的学习任务。虽然这种表述方式并不是非常准确，但是以聚类为代

表的无监督学习问题已经被大家所熟知，本节将初步介绍两种典型无监督学习问题，即聚类问题和非负矩阵分解问题。

1. 聚类问题

聚类问题试图将数据集中的样本划分为若干个通常不相交的子集，每个子集称为一个“聚类”（Cluster）。每个“聚类”可能对应于一些潜在的类别，需要说明的是，这些概念对聚类算法而言是事先未知的，聚类过程仅能自动形成“聚类”结构[3]。如果数据集包括m个无标签样本，即 $\{\boldsymbol{z}_i, i=1,2,\cdots,m\}$，每个样本 $\boldsymbol{z}_i \in \mathbb{R}^n$ 是一个n维向量，而聚类算法将该样本集划分为k个不同的“聚类”$\{\mathcal{C}_\ell, \ell=1,2,\cdots,k\}$，且满足

$$\mathcal{C}_\ell \cap \mathcal{C}_{\ell'} = \varnothing, \forall \ell, \ell' \in \{1,2,\cdots,k\}, \quad \bigcup_{\ell=1}^{k} \mathcal{C}_\ell = \{\boldsymbol{z}_i, i=1,2,\cdots,m\}$$

聚类既能作为一个单独过程，用于寻找数据内在的分布结构，也可作为分类等其他学习任务的前驱过程。例如，在一些商业应用中需对新用户的类型进行判别，且定义“用户类型”对商家来说可能不太容易，此时往往可先对用户数据进行聚类，根据聚类结果将每个簇定义为一个类，然后再基于这些类训练分类模型，用于判别新用户的类型。基于不同的学习策略，人们设计出多种类型的聚类算法，其中K均值（K-means）方法是其中的典型代表。K均值方法针对聚类所得“聚类”划分$\{\mathcal{C}_\ell\}_{\ell=1}^k$的平方误差进行最小化，所得到的最优化问题模型为

$$\min_{\{\mathcal{C}_\ell\}} \sum_{\ell=1}^{k} \sum_{\boldsymbol{z} \in \mathcal{C}_\ell} \|\boldsymbol{z} - \boldsymbol{\mu}_\ell\|^2 \tag{1.5}$$

其中，$\boldsymbol{\mu}_\ell = \frac{1}{|\mathcal{C}_\ell|} \sum_{\boldsymbol{z} \in \mathcal{C}_\ell} \boldsymbol{z}$ 表示“聚类”$\mathcal{C}_\ell$的均值向量。因为求解最优化问题(1.5)需要考查样本集合的所有可能“聚类”划分，因此该问题是一个NP难问题，但是K均值方法采用了贪心策略，通过迭代优化来近似求解问题(1.5)，从而建立了一种有效求解该最优化问题的方法。聚类问题作为典型的无监督学习任务，由其驱动的机器学习模型同样可以通过最优化来建模刻画，从而进一步设计高效算法进行机器学习模型求解。

2. 非负矩阵分解问题

非负矩阵分解（Non-negative Matrix Factorization）是矩阵分解领域的重要分支，常应用于实际数据降维问题，例如，文本、时间序列、图像、基因检测数据降维以及语音识别等[4]。对于一个$m \times n$维矩阵$\boldsymbol{V} \in \mathbb{R}^{m \times n}$，非负矩阵分解问题旨在将其分解为两个非负矩阵的乘积，两个矩阵分别为$\boldsymbol{W} \in \mathbb{R}^{m \times k}$和$\boldsymbol{H} \in \mathbb{R}^{k \times n}$，即

$$\boldsymbol{V} = \boldsymbol{W}\boldsymbol{H}, \quad \text{s.t.} \quad \boldsymbol{W} \geqslant \boldsymbol{0}, \boldsymbol{H} \geqslant \boldsymbol{0}$$

注意，因为该等式的等号往往不能成立，所以$\boldsymbol{W}$和$\boldsymbol{H}$相乘只能尽量逼近矩阵$\boldsymbol{V}$，即

$$\boldsymbol{V} \approx \boldsymbol{W}\boldsymbol{H} = \hat{\boldsymbol{V}}, \quad \text{s.t.} \quad \boldsymbol{W} \geqslant \boldsymbol{0}, \boldsymbol{H} \geqslant \boldsymbol{0}$$

进一步引入矩阵Frobenius范数来作为损失函数，从而寻找近似非负矩阵分解可以转化为极小化如下的损失函数：

$$\|\boldsymbol{V}-\boldsymbol{W}\boldsymbol{H}\|_{\mathrm{F}}^{2}=\sum_{i=1}^{m}\sum_{j=1}^{n}\left(V_{ij}-(WH)_{ij}\right)^{2}$$

非负矩阵分解可以建模为带约束的最优化问题：

$$\min_{\boldsymbol{W}\in\mathbb{R}^{m\times k},\boldsymbol{H}\in\mathbb{R}^{k\times n}}\|\boldsymbol{V}-\boldsymbol{W}\boldsymbol{H}\|_{\mathrm{F}}^{2},\quad \text{s.t.}\quad \boldsymbol{W}\geqslant\boldsymbol{0},\boldsymbol{H}\geqslant\boldsymbol{0} \tag{1.6}$$

该最优化问题可以理解为带约束的最优化问题，即在对目标函数极小化的同时需要考虑两个矩阵的非负性要求，合理的算法设计对于最优解的计算非常重要。后续章节将详细讨论针对非负矩阵分解问题的高效最优化算法设计。

1.2.3 深度学习

深度学习（Deep Learning）以神经网络（Neural Networks）[5] 为基础，而神经网络是一个具有相连节点层的计算模型，其分层结构与大脑中的神经元网络结构相似。神经网络可通过数据进行学习，因此，可训练其识别模式，对数据分类和预测未来事件。神经网络将输入细分为多个抽象层。比如，可通过大量示例训练其识别模式为语音还是图像，就像人类大脑的行为一样。神经网络的行为由其各个元素的连接方式以及这些连接的强度或权重确定。在训练期间，系统会根据指定的学习规则自动调整相关权重，直到神经网络正常执行所需任务为止。受生物神经系统的启发，神经网络通过简单元素操作的并行使用，将多个处理层结合在一起。它由一个输入层、一个或多个隐藏层和一个输出层组成。各层通过节点或神经元相互连接，每一层使用前一层的输出作为其输入。以图1.1为例，该神经网络$\mathcal{N}$面向数据集$\{\boldsymbol{x}_i,y_i\}_{i=1}^{N}$，其中，$\boldsymbol{x}_i\in\mathbb{R}^n$，$y_i$为该数据对应的标签（可以是分类、回归、表征等学习任务）。神经网络$\mathcal{N}$包含：一个输入层，即输入数据$\boldsymbol{x}_i$；$m-1$个隐藏层，在这里展示的是全连通结构的层层联系，每个隐藏层的激活函数表示为$\sigma_i(\cdot)$；一个输出层。

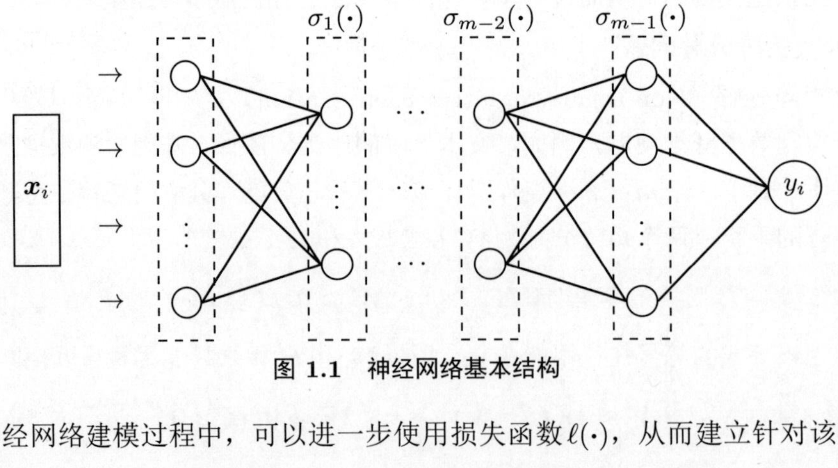

图 1.1 神经网络基本结构

在神经网络建模过程中，可以进一步使用损失函数$\ell(\cdot)$，从而建立针对该神经网络

$\mathcal{N}$ 的最优化模型，通过损失函数 $\ell(\cdot)$ 来建立经过神经网络传递的数据 $\boldsymbol{x}_i$ 与标签 y_i 的联系，通过极小化所有数据的损失函数之和来学习该神经网络 $\mathcal{N}$ 的参数，为了增强该神经网络的泛化能力，通常会在损失函数上增加正则项 h，从而得到神经网络 $\mathcal{N}$ 所对应的最优化问题

$$\min_{\boldsymbol{w}\in\mathbb{R}^K} \left\{\frac{1}{N}\sum_{i=1}^{N}\ell\left[\boldsymbol{w}_m^{\mathrm{T}}\sigma_{m-1}\left(\boldsymbol{w}_{m-1}^{\mathrm{T}}\sigma_{m-2}\left(\cdots\boldsymbol{w}_2^{\mathrm{T}}\sigma_1\left(\boldsymbol{w}_1^{\mathrm{T}}\boldsymbol{x}_i\right)\right)\right),y_i\right]+h(\boldsymbol{w})\right\} \tag{1.7}$$

该最优化模型虽然是无约束优化问题，但因为神经网络结构的复杂性以及非线性激活函数的存在，使得通常情况下该问题是非凸的，且同时具有大规模问题参数和大规模数据量等特点，因此需要专门设计最优化方法来对该问题进行高效求解。本书将在7.5节专门介绍面向深度神经网络的最优化方法。

1.2.4 强化学习

强化学习（Reinforcement Learning, RL）[6] 是机器学习的重要组成部分，用于描述和解决智能体（Agent）在与环境的交互过程中通过学习策略以达成回报最大化或实现特定目标的问题。强化学习的数学基础是马尔可夫决策过程（Markov Decision Process, MDP）。按照给定条件，强化学习可分为基于模型的强化学习和无模型强化学习。强化学习的变体包括逆向强化学习、分层强化学习和部分可观测强化学习。求解强化学习问题所使用的算法可分为策略搜索算法和值函数算法两类。深度学习模型可以在强化学习中得到使用，形成深度强化学习。强化学习理论受到行为主义心理学启发，侧重在线学习并试图在探索-利用（Exploration-Exploitation）间保持平衡。不同于监督学习和非监督学习，强化学习不要求预先给定任何数据，而是通过接收环境对动作的奖励（反馈）获得学习信息并更新模型参数。强化学习问题在信息论、博弈论、自动控制等领域都有涉及，被用于解释有限理性条件下的平衡态、设计推荐系统和机器人交互系统。一些复杂的强化学习算法在一定程度上具备解决复杂问题的通用智能，可以在围棋和电子游戏中达到人类水平。

马尔可夫决策过程是强化学习的重要基础概念，我们首先要掌握马尔可夫决策过程的基础知识。强化学习所处的环境一般就是一个马尔可夫决策过程，而马尔可夫决策过程包含状态信息以及状态之间的转移机制。如果要用强化学习去解决一个实际问题，第一步就是把这个实际问题抽象为一个马尔可夫决策过程。马尔可夫决策过程通常由一个五元组所定义，即

$$\langle\mathcal{S},\mathcal{A},\mathcal{P},\mathcal{R},\gamma\rangle$$

其中，$\mathcal{S}$ 表示状态空间；$\mathcal{A}$ 表示动作空间；$\mathcal{P}$: $\mathcal{S}\times\mathcal{A}\longrightarrow\delta(\mathcal{S})$ 表示转移函数，即在状态 $s\in\mathcal{S}$ 下执行动作 $a\in\mathcal{A}$ 转移到 $s'\in\mathcal{S}$ 的概率；$\mathcal{R}:\mathcal{S}\times\mathcal{A}\times\mathcal{S}\longrightarrow\mathbb{R}$ 表示奖励空间，即在状态 $s\in\mathcal{S}$ 下执行动作 $a\in\mathcal{A}$ 转移到 $s'\in\mathcal{S}$ 后得到的奖励；$\gamma\in(0,1]$ 表示折扣因子，

用来刻画补偿即时奖励和未来奖励的影响。在策略学习阶段，智能体通过与环境不断交互，观察环境的实时状态，并抽象提取决策所需的当前状态信息$s_t \in \mathcal{S}$，进一步地，智能体根据状态信息进行决策，得到当前状态下的动作$a_t \in \mathcal{A}$并执行该动作，最后得到环境反馈的奖励信息r_t。智能体的总体目标可以设定为最大化折扣累积奖励并得到最优策略π^*，即

$$\max_{\pi}\left\{\mathbb{E}\left[\sum_{t=0}^{T}\gamma^t\mathcal{R}(s^t,a^t,s^{t+1})\middle|a^t\sim\pi(\cdot|s_t)\right]\right\} \tag{1.8}$$

强化学习旨在计算求解该最优化问题，而如果同时利用深度神经网络建模策略函数π，那么我们可以得到深度强化学习所对应的最优化问题模型。以问题(1.8)的最优化模型为基础，一系列强化学习方法作为求解问题(1.8)的最优化方法被提出，比如策略梯度方法（Policy Gradient Method）[6]、邻近策略优化（Proximal Policy Optimization）[7]、演员-评论家方法（Actor-Critic Method）等，这些强化学习方法的核心旨在高效求解最优化问题(1.8)。

1.3 本章小结

最优化在机器学习中扮演了重要的角色，不仅因为机器学习问题会被建模为最优化问题，还因为最优化理论与算法为机器学习提供了数学基础支撑，从而可以更深入地讨论机器学习的重要意义。通过本章提到的机器学习应用案例，我们可以初步体会最优化与机器学习的联系，以帮助读者学习后续章节的内容。

第 2 章

最优化基础理论

在展开对具体的最优化方法的介绍之前，我们对最优化问题及其基础理论给出总体概述。在本章中，我们将讨论最优化问题的系列表达形式及其基础理论性质，重点介绍一系列基本的最优化问题模型，并且重点介绍对偶问题以及最优性条件的概念。在本章最后，通过一系列基础最优化问题的案例，帮助理解最优化问题及其基础理论。

2.1 最优化问题基本形式

首先考虑一般标准型最优化问题:

$$
\begin{aligned}
\min_{\boldsymbol{x}} \quad & f(\boldsymbol{x}) \\
\text{s.t.} \quad & f_i(\boldsymbol{x}) \leqslant 0,\ i=1,2,\cdots,m \\
& h_j(\boldsymbol{x}) = 0,\ j=1,2,\cdots,p
\end{aligned}
\tag{2.1}
$$

其中，$\boldsymbol{x} \in \mathbb{R}^n$ 称为该最优化问题的**优化变量**（或者表示机器学习模型中**模型参数**）；函数 $f:\mathbb{R}^n \to \mathbb{R}$ 称为该最优化问题的**目标函数**或**代价函数**；函数 $f_i:\mathbb{R}^n \to \mathbb{R}$ 称为该最优化问题的**不等式约束函数**；函数 $h_j:\mathbb{R}^n \to \mathbb{R}$ 称为该最优化问题的**等式约束函数**。一般地，最优化问题(2.1)的**最优目标函数值**可以记为 p^*, 即

$$
p^* = \inf\left\{ f(\boldsymbol{x}) \,\middle|\, f_i(\boldsymbol{x}) \leqslant 0,\ i=1,2,\cdots,m,\ h_j(\boldsymbol{x}) = 0,\ j=1,2,\cdots,p \right\}
$$

如果 $p^* = \infty$，那么称该优化问题是不可行的（满足约束条件的可行点集合为空集）；如果 $p^* = -\infty$，那么称该最优化问题是无下界的。进一步地，如果 $\boldsymbol{x} \in \mathrm{dom} f (\mathrm{dom} f = \{x|f(x) < \infty\})$ 且满足所有不等式与等式约束，则称 $\boldsymbol{x}$ 是一个可行解（Feasible Solution），所有可行解组成可行解集 $\mathcal{X}_{\text{primal}}$。如果 $f(\boldsymbol{x}) = p^*$，则该可行解 $\boldsymbol{x}$ 为最优解，而最优解集合可以记为 $\mathcal{X}_{\text{opt}}$。

如果存在 $r > 0$，且 $\hat{\boldsymbol{x}}$ 是下面问题的最优解：

$$
\min \quad f(\boldsymbol{x})
$$

$$
\begin{aligned}
\text{s.t.}\quad & f_i(\boldsymbol{x}) \leqslant 0,\ i=1,2,\cdots,m \\
& h_j(\boldsymbol{x}) = 0,\ j=1,2,\cdots,p \\
& \|\boldsymbol{x}-\hat{\boldsymbol{x}}\|_2 \leqslant r
\end{aligned}
$$

那么这个解 $\hat{\boldsymbol{x}}$ 为原始最优化问题(2.1)的**局部最优解**。

特别地，如果只考虑最优化问题(2.1)的可行解集是否为空，则可以有针对性地定义可行性问题，即

$$
\begin{aligned}
\text{Find}\quad & \boldsymbol{x} \\
\text{s.t.}\quad & f_i(\boldsymbol{x}) \leqslant 0,\ i=1,2,\cdots,m \\
& h_j(\boldsymbol{x}) = 0,\ j=1,2,\cdots,p
\end{aligned}
$$

此时，该可行性问题等价于

$$
\begin{aligned}
\min\quad & 0 \\
\text{s.t.}\quad & f_i(\boldsymbol{x}) \leqslant 0,\ i=1,2,\cdots,m \\
& h_j(\boldsymbol{x}) = 0,\ j=1,2,\cdots,p
\end{aligned}
\tag{2.2}
$$

如果问题(2.2)的最优目标函数值 p^* 为0，则该问题的约束必定是可行的，并且所有的可行解 $\boldsymbol{x} \in \mathcal{X}_{\text{primal}}$ 对于问题(2.2)都是最优的；但是如果 p^* 为∞，则该问题的约束集合必定是空集，即问题的约束是不可行的。

考虑下面一类具有特殊约束的最优化问题：

$$
\begin{aligned}
\min\quad & f(\boldsymbol{x}) \\
\text{s.t.}\quad & f_i(\boldsymbol{x}) \leqslant 0,\ i=1,2,\cdots,m \\
& \boldsymbol{a}_j^{\mathrm{T}}\boldsymbol{x} = b_j,\ j=1,2,\cdots,p
\end{aligned}
\tag{2.3}
$$

其中，函数 $f, f_1, f_2, \cdots, f_m$ 都是凸函数（凸函数定义请见附录A），而且所有的等式约束是线性约束，则最优化问题(2.3)是**凸优化问题**，需要特别强调的是，一般情况下，凸优化问题的等式必须要求是线性等式约束。该凸优化问题的可行解集合一定是凸集（凸集的交集仍为凸集，具体细节可见附录A）。问题(2.3)可以通过如下更紧凑的形式来表示：

$$
\begin{aligned}
\min\quad & f(\boldsymbol{x}) \\
\text{s.t.}\quad & f_i(\boldsymbol{x}) \leqslant 0,\ i=1,2,\cdots,m \\
& \boldsymbol{A}\boldsymbol{x} = \boldsymbol{b}
\end{aligned}
\tag{2.4}
$$

凸优化问题是一类特殊的最优化问题，而且因其“好性质”被广泛应用于实际问题建模和求解。下面定理中所给出的性质就是凸优化问题的“好性质”之一。由该定理可知，只要我们设计算法计算出凸优化问题的任何局部最优解，那么该最优解一定是该最优化

问题的全局最优解。

定理 2.1 凸优化问题(2.4)的任何局部最优解也是全局最优解。

证明. 如果对于 $\boldsymbol{x} \in \mathcal{X}_{\text{primal}}$ 是凸优化问题(2.4)的一个局部最优解但不是全局最优解，即存在一个可行解 $\boldsymbol{y} \in \mathcal{X}_{\text{primal}}$，满足

$$f(\boldsymbol{y}) < f(\boldsymbol{x})$$

因为 $\boldsymbol{x}$ 是局部最优解，所以存在一个 $r > 0$，使得

$$\forall \boldsymbol{z} \in \left\{\boldsymbol{z} \;\middle|\; \boldsymbol{z} \in \mathcal{X}_{\text{primal}}, \|\boldsymbol{z}-\boldsymbol{x}\|_2 \leqslant r\right\} \quad \Rightarrow \quad f(\boldsymbol{z}) \geqslant f(\boldsymbol{x})$$

进一步考虑

$$\hat{\boldsymbol{z}} = \theta\boldsymbol{y} + (1-\theta)\boldsymbol{x}, \quad \theta = \frac{r}{2\,\|\boldsymbol{y}-\boldsymbol{x}\|_2}$$

可以得到

- $\|\boldsymbol{y}-\boldsymbol{x}\| > r$，所以 $0 < \theta < \dfrac{1}{2}$；
- $\hat{\boldsymbol{z}}$ 是两个可行点 $\boldsymbol{x}$ 和 $\boldsymbol{y}$ 的凸组合，所以 $\hat{\boldsymbol{z}} \in \mathcal{X}_{\text{primal}}$；
- 因为 $\|\hat{\boldsymbol{z}}-\boldsymbol{x}\|_2 = \dfrac{r}{2} < r$，所以

$$f(\hat{\boldsymbol{z}}) \leqslant \theta f(\boldsymbol{y}) + (1-\theta) f(\boldsymbol{x}) < f(\boldsymbol{x})$$

这与 $\boldsymbol{x}$ 是局部最优解的假设是矛盾的，所以结论成立。 □

注意：该定理对于凸优化问题非常重要，这一性质为凸优化问题求解带来了极大的方便。

下面介绍几个简单但是典型的凸优化问题例子，这些问题被广泛应用于实际问题建模。

例 2.1.1 (典型凸优化问题)

① 线性规划（Linear Programming, LP）问题：

$$\begin{aligned} \min \quad & \boldsymbol{c}^{\mathrm{T}}\boldsymbol{x} + d \\ \text{s.t.} \quad & \boldsymbol{G}\boldsymbol{x} \leqslant \boldsymbol{h},\ \boldsymbol{A}\boldsymbol{x} = \boldsymbol{b} \end{aligned}$$

② 二次规划（Quadratic Programming, QP）问题：

$$\begin{aligned} \min \quad & \frac{1}{2}\boldsymbol{x}^{\mathrm{T}}\boldsymbol{P}\boldsymbol{x} + \boldsymbol{q}^{\mathrm{T}}\boldsymbol{x} + r \\ \text{s.t.} \quad & \boldsymbol{G}\boldsymbol{x} \leqslant \boldsymbol{h},\ \boldsymbol{A}\boldsymbol{x} = \boldsymbol{b} \end{aligned}$$

③ 带二次约束的二次规划（Quadratically Constrained Quadratic Programming, QCQP）问题：

$$\begin{aligned} \min \quad & \frac{1}{2}\boldsymbol{x}^{\mathrm{T}}\boldsymbol{P}\boldsymbol{x} + \boldsymbol{q}^{\mathrm{T}}\boldsymbol{x} + r,\ \boldsymbol{P} \succeq 0 \\ \text{s.t.} \quad & \frac{1}{2}\boldsymbol{x}^{\mathrm{T}}\boldsymbol{P}_i\boldsymbol{x} + \boldsymbol{q}_i^{\mathrm{T}}\boldsymbol{x} + r_i \leqslant 0,\ \boldsymbol{P}_i \succeq 0,\ i = 1,2,\cdots,m \\ & \boldsymbol{A}\boldsymbol{x} = \boldsymbol{b} \end{aligned}$$

④ 最小二乘问题（Least Square Problem）：

$$\min \ \frac{1}{2}\|\boldsymbol{A}\boldsymbol{x}-\boldsymbol{b}\|_2^2$$

除了上述几个简单凸优化问题之外，第1章中介绍的ℓ_1-正则逻辑回归问题和支撑向量机问题均为凸优化问题，因此可以充分利用凸优化问题的性质进行算法设计。

2.2 拉格朗日对偶问题

针对一般标准型最优化问题(2.1)（即使在不假设其为凸优化问题的前提下），可以定义它的**拉格朗日函数**（Lagrangian Function）$\mathcal{L}:\mathbb{R}^n\times\mathbb{R}^m\times\mathbb{R}^p\to\mathbb{R}$，其具体形式为

$$\mathcal{L}(\boldsymbol{x},\boldsymbol{\lambda},\boldsymbol{v}):=f(\boldsymbol{x})+\sum_{i=1}^{m}\lambda_i f_i(\boldsymbol{x})+\sum_{j=1}^{p}v_j h_j(\boldsymbol{x})$$

其中，λ_i表示不等式约束$f_i(\boldsymbol{x})\leqslant 0$所对应的拉格朗日乘子（Lagrangian Multiplier）；v_j表示等式约束$h_j(\boldsymbol{x})=0$所对应的拉格朗日乘子，$\boldsymbol{\lambda}$和$\boldsymbol{v}$也可以称为**拉格朗日对偶变量**。拉格朗日函数$\mathcal{L}$可以看作目标函数和约束函数的加权求和。进一步由拉格朗日函数$\mathcal{L}$可以定义问题(2.1)的**拉格朗日对偶函数**（Lagrangian Dual Function）$g:\mathbb{R}^m\times\mathbb{R}^p\to\mathbb{R}$，即

$$g(\boldsymbol{\lambda},\boldsymbol{v})=\inf_{\boldsymbol{x}\in\mathcal{D}}\mathcal{L}(\boldsymbol{x},\boldsymbol{\lambda},\boldsymbol{v})=\inf_{\boldsymbol{x}\in\mathcal{D}}\left[f(\boldsymbol{x})+\sum_{i=1}^{m}\lambda_i f_i(\boldsymbol{x})+\sum_{j=1}^{p}v_j h_j(\boldsymbol{x})\right]$$

明显地，由定义可知，对偶函数g是凹函数（因为g关于$\boldsymbol{\lambda},\boldsymbol{v}$是线性函数，对一系列凹函数求极小保持函数的凹性，具体细节可见附录A）。下面介绍关于对偶函数的两个基本性质，其中性质2.1可以帮助进行算法设计，而定理2.2为后续弱对偶定理2.3提供了基础性质支撑。

性质 2.1 (对偶函数的次微分性质) 考虑最优化问题

$$\min\left\{f(\boldsymbol{x})\,\middle|\,g(\boldsymbol{x})\leqslant\boldsymbol{0},\ \boldsymbol{x}\in\mathcal{X}\right\}$$

其中，约束集合$\mathcal{X}\subseteq\mathbb{R}^n$是非空的且函数$g:\mathbb{R}^n\to\mathbb{R}^m$为一个向量值函数。该问题的拉格朗日对偶函数为

$$q(\boldsymbol{\lambda})=\min_{\boldsymbol{x}\in\mathcal{X}}\left\{\mathcal{L}(\boldsymbol{x},\boldsymbol{\lambda})=f(\boldsymbol{x})+\boldsymbol{\lambda}^{\mathrm{T}}g(\boldsymbol{x})\right\}$$

对偶问题就可以定义为有效区域上的极大化问题，即

$$\max_{\boldsymbol{\lambda}\in\mathbb{R}^m}\left\{q(\boldsymbol{\lambda})\,\middle|\,\boldsymbol{\lambda}\in\mathrm{dom}(q)\right\}$$

其中，$\mathrm{dom}(q)=\left\{\boldsymbol{\lambda}\in\mathbb{R}^m\,\middle|\,q(\boldsymbol{\lambda})>-\infty\right\}$。因为$\mathcal{L}(\,\boldsymbol{\cdot}\,,\boldsymbol{\lambda})$是关于$\boldsymbol{\lambda}$的凸函数，给定$\boldsymbol{\lambda}_0\in\mathrm{dom}(q)$，且假设

$$q(\boldsymbol{\lambda}_0)=\min_{\boldsymbol{x}\in\mathcal{X}}\left\{f(\boldsymbol{x})+\boldsymbol{\lambda}_0^{\mathrm{T}}g(\boldsymbol{x})\right\}$$

在 $\boldsymbol{x}_0 \in \mathcal{X}$ 处达到，即

$$\mathcal{L}(\boldsymbol{x}_0, \boldsymbol{\lambda}_0) = f(\boldsymbol{x}_0) + \boldsymbol{\lambda}_0^{\mathrm{T}} g(\boldsymbol{x}_0) = q(\boldsymbol{\lambda}_0)$$

对于任意的 $\boldsymbol{\lambda} \in \mathrm{dom}(q)$，有

$$\begin{aligned} q(\boldsymbol{\lambda}) &= \min_{\boldsymbol{x}\in\mathcal{X}} \left\{\mathcal{L}(\boldsymbol{x}, \boldsymbol{\lambda}) = f(\boldsymbol{x}) + \boldsymbol{\lambda}^{\mathrm{T}} g(\boldsymbol{x})\right\} \\ &\leqslant f(\boldsymbol{x}_0) + \boldsymbol{\lambda}^{\mathrm{T}} g(\boldsymbol{x}_0) \\ &= f(\boldsymbol{x}_0) + \boldsymbol{\lambda}_0^{\mathrm{T}} g(\boldsymbol{x}_0) + (\boldsymbol{\lambda} - \boldsymbol{\lambda}_0)^{\mathrm{T}} g(\boldsymbol{x}_0) \\ &= q(\boldsymbol{\lambda}_0) + (\boldsymbol{\lambda} - \boldsymbol{\lambda}_0)^{\mathrm{T}} g(\boldsymbol{x}_0) \end{aligned} \tag{2.5}$$

因此，对任意的 $\boldsymbol{\lambda} \in \mathrm{dom}(q)$，有

$$-q(\boldsymbol{\lambda}) \geqslant -q(\boldsymbol{\lambda}_0) + (-g(\boldsymbol{x}_0))^{\mathrm{T}} (\boldsymbol{\lambda} - \boldsymbol{\lambda}_0)$$

即 $-g(\boldsymbol{x}_0) \in \partial(-q)(\boldsymbol{\lambda}_0)$ 即 $g(\boldsymbol{x})$ 属于拉格朗日对偶函数 $q(\boldsymbol{\lambda})$ 在 $\boldsymbol{\lambda}_0$ 处的次微分集合（次微分的定义见附录A.3）。

定理 2.2　对任意的 $\mathbb{R}^m \ni \boldsymbol{\lambda} \succeq \mathbf{0}$ 和 $\boldsymbol{v} \in \mathbb{R}^p$，对偶函数 $g(\boldsymbol{\lambda}, \boldsymbol{v}) \leqslant p^*$（$p^*$ 为原问题最优目标函数值）。

证明. 假设 $\hat{\boldsymbol{x}}$ 是问题(2.1)的一个可行解，其满足

$$f_i(\hat{\boldsymbol{x}}) \leqslant \mathbf{0},\ i = 1, 2, \cdots, m$$
$$h_j(\hat{\boldsymbol{x}}) = \mathbf{0},\ j = 1, 2, \cdots, p$$

则对任意的 $\boldsymbol{\lambda} \succeq \mathbf{0}$ 和 $\boldsymbol{v} \in \mathbb{R}^p$，有

$$\sum_{i=1}^{m} \boldsymbol{\lambda}_i f_i(\hat{\boldsymbol{x}}) \leqslant 0, \qquad \sum_{j=1}^{p} \boldsymbol{v}_j h_j(\hat{\boldsymbol{x}}) = 0$$

从而

$$\mathcal{L}(\hat{\boldsymbol{x}}, \boldsymbol{\lambda}, \boldsymbol{v}) = f(\hat{\boldsymbol{x}}) + \sum_{i=1}^{m} \boldsymbol{\lambda}_i f_i(\hat{\boldsymbol{x}}) + \sum_{j=1}^{p} \boldsymbol{v}_j h_j(\hat{\boldsymbol{x}}) \leqslant f(\hat{\boldsymbol{x}})$$

对不等式两端关于 $\hat{\boldsymbol{x}}$ 取下确界,得

$$g(\boldsymbol{\lambda}, \boldsymbol{v}) = \inf_{\hat{\boldsymbol{x}}\in\mathcal{X}_{\text{primal}}} \mathcal{L}(\hat{\boldsymbol{x}}, \boldsymbol{\lambda}, \boldsymbol{v}) \leqslant \inf_{\hat{\boldsymbol{x}}\in\mathcal{X}_{\text{primal}}} f(\hat{\boldsymbol{x}}) = p^*$$

从而证明了该定理的结论。 □

根据定理2.2可以知道，对偶函数给出了一个目标函数最优值 p^* 的下界，因此可以通过求解对偶函数的极大值来获得对 p^* 的最佳逼近。因此，可以定义如下的**拉格朗日对偶问题**。

定义 2.1　最优化问题(2.1)的拉格朗日对偶问题定义为

$$\max_{\boldsymbol{\lambda}, \boldsymbol{v}}\ g(\boldsymbol{\lambda}, \boldsymbol{v}), \qquad \text{s.t. } \boldsymbol{\lambda} \succeq \mathbf{0} \tag{2.6}$$

值得注意的是，对偶问题(2.6)是一个凸优化问题。因为对偶函数是一个凹函数，对偶变量$\boldsymbol{\lambda}$的约束集合为凸集，而对偶问题是限制在凸集约束上对凹函数求最大值，因此(2.6)是一个凸优化问题（凸优化的性质细节可见附录A）。对偶问题的最优目标函数值可以记为d^*，而对偶问题的可行解集合指的是

$$\mathcal{X}_{\text{dual}} := \left\{(\boldsymbol{\lambda}, \boldsymbol{v}) \in \text{dom}(g) \;\middle|\; \boldsymbol{\lambda} \succeq \mathbf{0}\right\}$$

原问题(2.1)与对偶问题(2.6)具有密切联系，针对两个不同模型的有效求解均可以为最优解的计算提供有效思路，但是需要对原问题和对偶问题的关系进行分析，因此给出如下两个基本性质，即**弱对偶**性质和**强对偶**性质。

定理 2.3 (弱对偶性质)　对于任何一般最优化问题(2.1)，其最优目标函数值为p^*，而其拉格朗日对偶问题的最优目标函数值为d^*，则

$$d^* \leqslant p^*$$

证明. 根据前面给出的定理2.2的结论，对任意的$\boldsymbol{\lambda} \succeq \mathbf{0}$，有

$$g(\boldsymbol{\lambda}, \mu) \leqslant p^*$$

则对于不等式左边求关于$\boldsymbol{\lambda}$，μ求极大，即

$$d^* = \max_{\boldsymbol{\lambda} \succeq \mathbf{0}, \mu} \; g(\boldsymbol{\lambda}, \mu) \leqslant p^*$$

从而得到弱对偶性质成立。 □

弱对偶性质并不是一个定量的逼近，而最希望得到的结论是对偶问题可以与原问题充分接近甚至等价，这也可以理解为如下的强对偶性质。

定理 2.4 (强对偶性质)　对于最优化问题(2.1)及拉格朗日对偶问题(2.6)，如果有$d^* = p^*$成立，则称该最优化问题(2.1)满足强对偶性质。

强对偶性质与弱对偶性质不同，它并非总是成立的。只有当最优化问题(2.1)满足一定假设条件时，该强对偶性质才有可能成立。这些假设条件通常是对该问题的约束集合的性质假设，可以称为约束规格（Constraint Qulification，CQ）。下面介绍最常见的一种约束规格，即**Slater 条件**。

定义 2.2 (Slater 条件)　对于最优化问题(2.1)，如果其为凸优化问题且严格可行的，即

$$\exists \tilde{\boldsymbol{x}} \in \text{int}(\mathcal{X}_{\text{primal}}) \quad \text{s.t.} \quad f_i(\boldsymbol{x}) < 0, i = 1, 2, \cdots, m, \text{ 且 } \boldsymbol{A}\boldsymbol{x} = \boldsymbol{b}$$

那么该最优化问题的强对偶性质成立，而上述条件通常称为Slater 条件。

除了Slater 条件，还有很多形式的约束规格，但其并非本书重点，所以不在这里过多讨论，后续阅读文献时如需要可参考文献[8]。约束规格在一定程度上包含获得强对偶性质的充分条件，是非常重要的最优化理论性质。

2.3 最优性条件与KKT条件

本节重点介绍最优化问题基础理论中的最优性条件（Optimality Condition）。最优性条件旨在刻画最优解满足的性质条件，是最优化问题重要的性质之一，通过最优性条件不仅可以解释最优化算法的求解效果，而且可以引导最优化算法设计，具体阐述包括：

- 最优性条件可以帮助判断最优化算法所得到的解是否为最优解；
- 最优性条件可以缩小搜索最优解的区域；
- 最优性条件可以用于设计最优化算法。

在给出完整的最优性条件之前，我们先讨论关于最优化问题(2.1)的互补松弛条件，该条件可以补充体现最优解满足的性质。

定义 2.3 (互补松弛条件) 假设最优化问题(2.1)的强对偶条件成立，且$\boldsymbol{x}^*$是原始问题的最优解，$(\boldsymbol{\lambda}^*, \boldsymbol{v}^*)$是拉格朗日对偶问题的最优解，则有

$$\begin{aligned} f(\boldsymbol{x}^*) = g(\boldsymbol{\lambda}^*, \boldsymbol{v}^*) &= \inf_{\boldsymbol{x}} \left[f(\boldsymbol{x}) + \sum_{i=1}^{m} \lambda_i^* f_i(\boldsymbol{x}) + \sum_{j=1}^{p} v_j^* h_j(\boldsymbol{x}) \right] \\ &\leqslant f(\boldsymbol{x}^*) + \sum_{i=1}^{m} \lambda_i^* f_i(\boldsymbol{x}^*) + \sum_{j=1}^{p} v_j^* h_j(\boldsymbol{x}^*) \\ &\leqslant f(\boldsymbol{x}^*) \end{aligned} \tag{2.7}$$

其中，第一个不等式由关于$\boldsymbol{x}$的极小化运算（inf）得到，而第二个不等式由$\lambda_i^* \geqslant 0$、$f_i(\boldsymbol{x}^*) \leqslant 0$和$h_j(\boldsymbol{x}^*) = 0$得到。所以根据式(2.7)可以得到如下的互补松弛条件：

① $\boldsymbol{x}^*$是函数$\mathcal{L}(\boldsymbol{x}, \boldsymbol{\lambda}^*, \boldsymbol{v}^*)$关于$\boldsymbol{x}$的最小值；

② $\lambda_i^* f_i(\boldsymbol{x}^*) = 0,\ \forall i = 1, 2, \cdots, m$。

互补松弛条件可以认为是强对偶性质成立的必要条件，因此可以被用来刻画最优解。进一步结合原始问题模型和对偶问题模型，可以总结给出如下面向最优化问题(2.7)的KKT（Karush-Kuhn-Tucker）条件。

定义 2.4 (KKT条件) 面向最优化问题(2.1)，对于原始和对偶可行点$(\boldsymbol{x}, \boldsymbol{\lambda}, \boldsymbol{v})$，如果满足如下4条性质：

① 原始可行条件

$$f_i(\boldsymbol{x}) \leqslant 0,\ \forall i = 1, 2, \cdots, m;\quad h_j(\boldsymbol{x}) = 0,\ \forall j = 1, 2, \cdots, p$$

② 对偶可行条件

$$\boldsymbol{\lambda} \succeq \boldsymbol{0}$$

③ 互补松弛条件

$$\boldsymbol{\lambda}_i f_i(\boldsymbol{x}) = 0,\ \forall i = 1, 2, \cdots, m$$

④ 拉格朗日函数$\mathcal{L}$关于变量$\boldsymbol{x}$的梯度满足

$$\nabla f(\boldsymbol{x})+\sum_{i=1}^{m}\boldsymbol{\lambda}_i\nabla f_i(\boldsymbol{x})+\sum_{j=1}^{p}\boldsymbol{v}_j\nabla h_j(\boldsymbol{x})=0$$

则称$(\boldsymbol{x},\boldsymbol{\lambda},\boldsymbol{v})$满足KKT条件。

如果最优化问题(2.1)的强对偶性质成立，且$(\boldsymbol{x}^*,\boldsymbol{\lambda}^*,\boldsymbol{v}^*)$为该问题的最优解（原始最优解和对偶最优解），那么该最优解一定满足KKT条件。因此KKT条件也可以看作该最优化问题的最优性条件，即所有满足KKT条件的解都可以看作该最优化问题最优解的候选解。下面介绍一个简单的例子，以帮助理解KKT条件。

性质 2.2 (目标函数连续可微的无约束最优化问题) 对于目标函数连续可微的无约束最优化问题，即

$$\min_{\boldsymbol{x}\in\mathbb{R}^n}\ f(\boldsymbol{x}) \tag{2.8}$$

其中，函数$f:\mathbb{R}^n\to\mathbb{R}$是连续可微的且梯度为$\nabla f(\boldsymbol{x})$。因为问题(2.8)是无约束的，所以KKT条件中的“原始可行条件”“对偶可行条件”“互补松弛条件”都自然成立。该问题的拉格朗日函数也即目标函数本身，所以KKT条件退化为

$$\nabla f(\boldsymbol{x})=0$$

更多最优性条件分析： KKT条件是一种通用性的最优性条件，所面向的问题比较广泛。下面介绍几种具有特殊结构的最优化问题的最优性条件。这些特殊结构都会经常被应用于机器学习问题中，了解其最优性条件可以帮助进一步设计高效的最优化求解算法。

性质 2.3 (Fermat 最优性条件) 如果函数$f:\mathbb{R}^n\to\mathbb{R}$是一个适当的凸函数（相关定义可见附录A），那么

$$\boldsymbol{x}^*\in\arg\min\ \{f(\boldsymbol{x}):\boldsymbol{x}\in\mathbb{R}^n\}$$

当且仅当$\mathbf{0}\in\partial f(\boldsymbol{x}^*)$。

证明. $\boldsymbol{x}^*$是最优解，当且仅当

$$f(\boldsymbol{x})\geqslant f(\boldsymbol{x}^*)+\langle\mathbf{0},\boldsymbol{x}-\boldsymbol{x}^*\rangle,\ \forall\boldsymbol{x}\in\mathbb{R}^n$$

根据次梯度的定义（相关定义可见附录A.3），而此表达式也意味着$\mathbf{0}\in\partial f(\boldsymbol{x}^*)$。 □

注意： 如果假设函数f是可微的，那么Fermat最优性条件与性质2.2中的结果是一致的。

进一步地，考虑如下的带约束的凸优化问题：

$$\min_{\boldsymbol{x}\in\mathbb{R}^n}\ f(\boldsymbol{x}),\quad \text{s.t.}\quad \boldsymbol{x}\in\mathcal{C} \tag{2.9}$$

其中，函数f是一个凸函数，集合$\mathcal{C}\subseteq\mathbb{R}^n$是一个闭集。

定理 2.5 对于函数$f:\mathbb{R}^n\to\mathbb{R}$是适当的凸函数，集合$\mathcal{C}$是闭集且满足$\text{int}(\text{dom}(f))\cap$

$\mathrm{int}(\mathcal{C}) \neq \varnothing$。那么 $\boldsymbol{x}^* \in \mathcal{C}$ 是上述带约束的凸优化问题的最优解，当且仅当

$$\exists\, \boldsymbol{g} \in \partial f(\boldsymbol{x}^*) \text{且} -\boldsymbol{g} \in \mathcal{N}_{\mathcal{C}}(\boldsymbol{x}^*)$$

其中，$\partial f(\cdot)$ 和 $\mathcal{N}_{\mathcal{C}}(\cdot)$ 的定义见附录A.3。

证明. 最优化问题(2.9)可以被等价地记为

$$\min_{\boldsymbol{x} \in \mathbb{R}^n} \ f(\boldsymbol{x}) + \delta_{\mathcal{C}}(\boldsymbol{x})$$

因为 $\mathrm{int}(\mathrm{dom}(f)) \cap \mathrm{int}(\mathcal{C}) \neq \varnothing$，根据次微分的可加性原则，对任意的 $\boldsymbol{x} \in \mathcal{C}$，有

$$\partial(f + \delta_{\mathcal{C}})(\boldsymbol{x}) = \partial f(\boldsymbol{x}) + \partial \delta_{\mathcal{C}}(\boldsymbol{x})$$

根据例A.3.2，$\partial \delta_{\mathcal{C}}(\boldsymbol{x}) = \mathcal{N}_{\mathcal{C}}(\boldsymbol{x})$，所以对任意的 $\boldsymbol{x} \in \mathcal{C}$，有

$$\partial(f + \delta_{\mathcal{C}})(\boldsymbol{x}) = \partial f(\boldsymbol{x}) + \mathcal{N}_{\mathcal{C}}(\boldsymbol{x})$$

进一步根据Fermat最优性条件，$\boldsymbol{x}^* \in \mathcal{C}$ 是最优解的充要条件是 $\mathbf{0} \in \partial f(\boldsymbol{x}^*) + \mathcal{N}_{\mathcal{C}}(\boldsymbol{x}^*)$，等价于

$$(-\partial f(\boldsymbol{x}^*)) \cap \mathcal{N}_{\mathcal{C}}(\boldsymbol{x}^*) \neq \varnothing$$

所以本定理的结论成立。 □

推论 2.5.1 对于函数 $f: \mathbb{R}^n \to \mathbb{R}$，集合 $\mathcal{C}$ 是一个凸集且满足 $\mathrm{int}(\mathrm{dom}(f)) \cap \mathrm{int}(\mathcal{C}) \neq \varnothing$。那么 $\boldsymbol{x}^* \in \mathcal{C}$ 是最优解，当且仅当

$$\exists\, \boldsymbol{g} \in \partial f(\boldsymbol{x}^*) \text{ s.t. } \forall \boldsymbol{x} \in \mathcal{C},\ \langle \boldsymbol{g}, \boldsymbol{x} - \boldsymbol{x}^* \rangle \geqslant 0$$

如果函数 f 是可微的，那么 $\boldsymbol{x}^* \in \mathcal{C}$ 是最优解等价于

$$\forall \boldsymbol{x} \in \mathcal{C},\ \nabla f(\boldsymbol{x}^*)^{\mathrm{T}} (\boldsymbol{x} - \boldsymbol{x}^*) \geqslant 0$$

推广到一般情况，可以从变分不等式的角度来理解判断 $\boldsymbol{x}^*$ 是否为最优化问题(2.1)的最优解，即

$$\boldsymbol{x}^* \in \mathcal{X}_{\mathrm{opt}} \quad \Longleftrightarrow \quad \nabla f(\boldsymbol{x}^*)^{\mathrm{T}} (\boldsymbol{x} - \boldsymbol{x}^*) \geqslant 0,\ \forall \boldsymbol{x} \in \mathcal{X}_{\mathrm{primal}}$$

说明：该变分不等式形式会在后续算法理论分析中详细介绍和应用，而该变分不等式的证明暂不需掌握。

推论 2.5.2 ($\mathcal{C} = \Delta_n$) 如果推论2.5.1中的集合具体表示为

$$\mathcal{C} = \Delta_n := \left\{ \boldsymbol{x} \in \mathbb{R}^n \mid \sum_{i=1}^{n} x_i = 1 \right\}$$

那么给定 $\boldsymbol{x}^* \in \Delta_n$，下面的条件成立：

$$\exists \boldsymbol{g} \in \mathbb{R}^n, \quad \boldsymbol{g}^{\mathrm{T}} (\boldsymbol{x} - \boldsymbol{x}^*) \geqslant 0,\ \forall \boldsymbol{x} \in \Delta_n$$

当且仅当下面的条件成立：

$$\exists \mu \in \mathbb{R}, \quad g_i \begin{cases} = \mu, & x_i^* > 0 \\ \geqslant \mu, & x_i^* = 0 \end{cases}$$

证明. $\mu \Rightarrow \boldsymbol{g}$：对于任意的$\boldsymbol{x} \in \Delta_n$，有

$$\begin{aligned} \boldsymbol{g}^{\mathrm{T}}(\boldsymbol{x}-\boldsymbol{x}^*) &= \sum_{i=1}^{n} g_i(x_i - x_i^*) \\ &= \sum_{i:x_i^*>0} g_i(x_i - x_i^*) + \sum_{i:x_i^*=0} g_i x_i \\ &\geqslant \sum_{i:x_i^*>0} \mu(x_i - x_i^*) + \mu \sum_{i:x_i^*=0} x_i \\ &= \mu \sum_{i=1}^{n} x_i - \mu \sum_{i:x_i^*>0} x_i^* = \mu - \mu = 0 \end{aligned}$$

所以说明$\boldsymbol{g}$对应条件成立。

$\boldsymbol{g} \Rightarrow \mu$：假设$i$和$j$均满足$x_i^* > 0$和$x_j^* > 0$，那么定义$\boldsymbol{x} \in \Delta_n$，即

$$x_k = \begin{cases} x_k^*, & k \notin \{i, j\} \\ x_i^* - \dfrac{x_i^*}{2}, & k = i \\ x_j^* + \dfrac{x_i^*}{2}, & k = j \end{cases}$$

那么$\boldsymbol{g}^{\mathrm{T}}(\boldsymbol{x}-\boldsymbol{x}^*) \geqslant 0$ 可以推导出

$$-\frac{x_i^*}{2} g_i + \frac{x_i^*}{2} g_j \geqslant 0$$

进一步根据$x_i^* > 0$，可以得到$g_i \leqslant g_j$。根据前面的推导，对于任何的两个i, j满足$x_i^* > 0$和$x_j^* > 0$，可以得到$g_i \leqslant g_j$和$g_j \leqslant g_i$，因此$g_i = g_j$。所以对应于所有的$\boldsymbol{x}^*$中大于0分量的$\boldsymbol{g}$分量都是相等的，可以记为μ。而对于$\boldsymbol{x}^*$中等于0的分量x_j^*，如果与$x_i^* > 0$同样进行前面的推导，可以知道$g_j \geqslant \mu$，因此可以得到μ对应的条件成立。 □

推论 2.5.3 函数$f: \mathbb{R}^n \to \mathbb{R}$是一个适当的闭凸函数，对于最优化问题

$$\min_{\boldsymbol{x} \in \Delta_n} f(\boldsymbol{x})$$

$\boldsymbol{x}_* \in \Delta_n$为最优解，当且仅当存在$\boldsymbol{g} \in \partial f(\boldsymbol{x}^*)$和$\mu \in \mathbb{R}$，满足

$$g_i \begin{cases} = \mu, & x_i^* > 0 \\ \geqslant \mu, & x_i^* = 0 \end{cases}$$

证明. 该推论可以由推论2.5.2直接得到。 □

例 2.3.1　考虑最优化问题

$$\min_{\boldsymbol{x}}\left\{\sum_{i=1}^{n}x_i\log x_i-\sum_{i=1}^{n}y_ix_i \mid \boldsymbol{x}\in\Delta_n\right\}$$

其中，$\boldsymbol{y}\in\mathbb{R}^n$ 代表一个给定的向量。假设存在一个最优解 $\boldsymbol{x}^*$，满足 $\boldsymbol{x}^*>\boldsymbol{0}$，由推论2.5.3可知，存在 $\mu\in\mathbb{R}$，使得

$$\frac{\partial f}{\partial x_i}(\boldsymbol{x}^*)=\mu,\ \forall i$$

即

$$\log x_i^*+1-y_i=\mu$$

因此对任意的 i，有

$$x_i^*=\mathrm{e}^{\mu-1+y_i}=\alpha\mathrm{e}^{y_i},\ i=1,2,\cdots,n$$

其中，$\alpha=\mathrm{e}^{\mu-1}$。因为 $\sum\limits_{i=1}^{n}x_i^*=1$，所以

$$\alpha=\frac{1}{\sum\limits_{j=1}^{n}\mathrm{e}^{y_j}},\quad x_i^*=\frac{\mathrm{e}^{y_i}}{\sum\limits_{j=1}^{n}\mathrm{e}^{y_j}},\ i=1,2,\cdots,n$$

性质 2.4 (非凸复合问题)　如果函数 $f:\mathbb{R}^n\to\mathbb{R}$ 是一个适当的函数，如果函数 $g:\mathbb{R}^n\to\mathbb{R}$ 是一个适当的凸函数且 $\mathrm{dom}(g)\subseteq\mathrm{int}(\mathrm{dom}(f))$。对于问题

$$\min_{\boldsymbol{x}\in\mathbb{R}^n}\ f(\boldsymbol{x})+g(\boldsymbol{x})$$

① 如果 $\boldsymbol{x}^*\in\mathrm{dom}(g)$ 是一个局部最优解并且函数 f 在 $\boldsymbol{x}^*$ 是可微的，那么

$$-\nabla f(\boldsymbol{x}^*)\in\partial g(\boldsymbol{x}^*)$$

② 如果进一步假设 f 是凸函数，且函数 f 在 $\boldsymbol{x}^*\in\mathrm{dom}(g)$ 是可微的，那么 $\boldsymbol{x}^*$ 是一个全局最优解，当且仅当

$$-\nabla f(\boldsymbol{x}^*)\in\partial g(\boldsymbol{x}^*)$$

证明.　① 根据 $\mathrm{dom}(g)$ 的凸性，那么对任意的 $\lambda\in(0,1)$，如果 $\boldsymbol{y}\in\mathrm{dom}(g)$，那么 $\boldsymbol{x}_\lambda=(1-\lambda)\boldsymbol{x}^*+\lambda\boldsymbol{y}\in\mathrm{dom}(g)$。根据 $\boldsymbol{x}^*$ 的局部最优解性质，对于充分小的 λ，有

$$f(\boldsymbol{x}_\lambda)+g(\boldsymbol{x}_\lambda)\geqslant f(\boldsymbol{x}^*)+g(\boldsymbol{x}^*)$$

即

$$f((1-\lambda)\boldsymbol{x}^*+\lambda\boldsymbol{y})+g((1-\lambda)\boldsymbol{x}^*+\lambda\boldsymbol{y})\geqslant f(\boldsymbol{x}^*)+g(\boldsymbol{x}^*)$$

结合函数 g 的凸性，有

$$f((1-\lambda)\boldsymbol{x}^*+\lambda\boldsymbol{y})+(1-\lambda)g(\boldsymbol{x}^*)+\lambda g(\boldsymbol{y})\geqslant f(\boldsymbol{x}^*)+g(\boldsymbol{x}^*)$$

等价改写为

$$\frac{f(\boldsymbol{x}^*+\lambda(\boldsymbol{y}-\boldsymbol{x}^*))-f(\boldsymbol{x}^*)}{\lambda}=\frac{f((1-\lambda)\boldsymbol{x}^*+\lambda\boldsymbol{y})-f(\boldsymbol{x}^*)}{\lambda}\geqslant g(\boldsymbol{x}^*)-g(\boldsymbol{y})$$

在上式中，令$\lambda \to 0^+$，有

$$f'(\boldsymbol{x}^*;\boldsymbol{y}-\boldsymbol{x}^*) \geqslant g(\boldsymbol{x}^*) - g(\boldsymbol{y})$$

因为函数f在$\boldsymbol{x}^*$是可微的，根据方向导数的定义，有

$$f'(\boldsymbol{x}^*;\boldsymbol{y}-\boldsymbol{x}^*) = \langle \nabla f(\boldsymbol{x}^*), \boldsymbol{y}-\boldsymbol{x}^* \rangle$$

那么对任意的$\boldsymbol{y} \in \mathrm{dom}(g)$，有

$$g(\boldsymbol{y}) \geqslant g(\boldsymbol{x}^*) + \langle -\nabla f(\boldsymbol{x}^*), \boldsymbol{y}-\boldsymbol{x}^* \rangle$$

而这也就意味着

$$-\nabla f(\boldsymbol{x}^*) \in \partial g(\boldsymbol{x}^*)$$

② 引入函数f是凸函数，且$\boldsymbol{x}^*$是问题的最优解，那么对任意的$\boldsymbol{y} \in \mathrm{dom}(g)$，有

$$g(\boldsymbol{y}) \geqslant g(\boldsymbol{x}^*) + \langle -\nabla f(\boldsymbol{x}^*), \boldsymbol{y}-\boldsymbol{x}^* \rangle$$

根据函数f的凸性，对任意的$\boldsymbol{y} \in \mathrm{dom}(g)$，有

$$f(\boldsymbol{y}) \geqslant f(\boldsymbol{x}^*) + \langle +\nabla f(\boldsymbol{x}^*), \boldsymbol{y}-\boldsymbol{x}^* \rangle$$

将上面两个式子相加，得到

$$f(\boldsymbol{y}) + g(\boldsymbol{y}) \geqslant f(\boldsymbol{x}^*) + g(\boldsymbol{x}^*)$$

对任意的$\boldsymbol{y} \in \mathrm{dom}(g)$ 成立，也就证明$\boldsymbol{x}^*$是原问题的最优解。 □

定义 2.5 函数$f:\mathbb{R}^n \to \mathbb{R}$是适当的，函数$g:\mathbb{R}^n \to \mathbb{R}$是适当的凸函数且$\mathrm{dom}(g) \subseteq \mathrm{int}(\mathrm{dom}(f))$。考虑最优化问题

$$\min_{\boldsymbol{x}\in\mathbb{R}^n} \ f(\boldsymbol{x}) + g(\boldsymbol{x}) \tag{2.10}$$

如果函数f在$\boldsymbol{x}^*$是可微的，且满足$-\nabla f(\boldsymbol{x}^*) \in \partial g(\boldsymbol{x}^*)$那么$\boldsymbol{x}^*$是该问题的稳定点（Stationary Point）。

注意：稳定点是局部最优解的必要条件，而如果函数f是凸函数，那么稳定点是全局最优解的等价条件。

例 2.3.2 给定最优化问题(2.10)中的函数$g=\delta_C$，其中，集合$C \subseteq \mathbb{R}^n$是非空凸集，即

$$\min_{\boldsymbol{x}\in C} \ f(\boldsymbol{x})$$

该问题可以认为是约束在凸集上的非凸优化问题。$\boldsymbol{x}^* \in C$（函数f在$\boldsymbol{x}^*$上是可微的）是该问题的稳定点，当且仅当

$$-\nabla f(\boldsymbol{x}^*) \in \partial \delta_C(\boldsymbol{x}^*) = \mathcal{N}_C(\boldsymbol{x}^*)$$

根据例A.3.2中指示函数的次微分以及法锥（Normal Cone）的定义，有

$$\langle -\nabla f(\boldsymbol{x}^*), \boldsymbol{x}-\boldsymbol{x}^* \rangle \leqslant 0, \quad \forall \boldsymbol{x} \in C$$

即

$$\langle \nabla f(\boldsymbol{x}^*), \boldsymbol{x}-\boldsymbol{x}^* \rangle \geqslant 0, \quad \forall \boldsymbol{x} \in \mathcal{C}$$

这与推论2.5.1结果一致。

通过上述最优性条件的介绍，可以深入了解最优化问题的最优解需要满足的必要条件。尤其是对于具有特殊结构的最优化问题，其最优性条件通常也具有特殊结构。这些最优性条件可以辅助后续最优化方法设计，其不仅可以指导最优化方法迭代过程设计，更重要的是辅助判断所得到的近似最优解的能力和水平。

2.4 应用案例

本节通过两个应用案例帮助读者理解本章介绍的最优化理论方面的基础知识，其中Water-filling问题是一个典型的结构最优化问题，而最小二乘问题是一个典型机器学习问题。读者可以通过这两个应用问题的理论性质分析体会最优化基础理论相关知识，尤其是最优性条件。

2.4.1 Water-filling问题

Water-filling问题是一个具有特殊结构的最优化问题，其经常被用于解释最优性条件，因为Water-filling问题的KKT条件可以通过具备物理意义的实际问题来解释，本节内容参考文献[56]中5.5节的Example5.2。首先考虑Water-filling问题的基本最优化模型，对于$\boldsymbol{\alpha} \in \mathbb{R}^n$，$\boldsymbol{x} \in \mathbb{R}^n$且$\boldsymbol{\alpha} \succ \boldsymbol{0}$

$$\begin{aligned} \min \quad & -\sum_{i=1}^{n} \log(x_i+\alpha_i) \\ \text{s.t.} \quad & \boldsymbol{x} \succeq \boldsymbol{0},\ \boldsymbol{1}^{\mathrm{T}}\boldsymbol{x}=\boldsymbol{1} \end{aligned} \tag{2.11}$$

引入针对不等式约束$\boldsymbol{x} \succeq \boldsymbol{0}$的拉格朗日乘子（拉格朗日对偶变量）$\boldsymbol{\lambda} \in \mathbb{R}^n$，针对等式约束$\boldsymbol{1}^{\mathrm{T}}\boldsymbol{x}=1$的拉格朗日乘子$v \in \mathbb{R}$，可以得到该问题的KKT条件是

$$\boldsymbol{x}^* \succeq \boldsymbol{0},\ \boldsymbol{1}^{\mathrm{T}}\boldsymbol{x}^*=\boldsymbol{1},\ \boldsymbol{\lambda}^* \succeq 0,\ \lambda_i x_i^*=0,\ -\frac{1}{\alpha_i+x_i^*}-\lambda_i^*+v^*=0,\ i=1,2,\cdots,n$$

如果将$\boldsymbol{\lambda}$看作中间变量，上面的系列公式可以改写为

$$\boldsymbol{x}^* \succeq \boldsymbol{0},\ \boldsymbol{1}^{\mathrm{T}}\boldsymbol{x}^*=\boldsymbol{1},\ x_i^*\left(v^*-\frac{1}{\alpha_i+x_i^*}\right)=0,\ v^* \geqslant \frac{1}{\alpha_i+x_i^*},\ i=1,2,\cdots,n$$

- 如果$v^* < \dfrac{1}{\alpha_i}$，那么最后一个不等式只能在$x_i^*>0$时才可能成立。因此根据第3个等式可以得到$v^*=\dfrac{1}{\alpha_i+x_i^*}$，即$x_i^*=\dfrac{1}{v^*}-\alpha_i$；
- 如果$v^* \geqslant \dfrac{1}{\alpha_i}$，那么如果$x_i^*>0$，有$v^* \geqslant \dfrac{1}{\alpha_i} > \dfrac{1}{\alpha_i+x_i^*}$，这与第3个等式是矛盾的，因此$x_i^*=0$。

总结一下，根据KKT条件可以得到

$$x_i^* = \begin{cases} \dfrac{1}{v^*} - \alpha_i, & v^* < \dfrac{1}{\alpha_i} \\ 0, & v^* \geqslant \dfrac{1}{\alpha_i} \end{cases}$$

可以简写为

$$x_i^* = \max\left\{0, \frac{1}{v^*} - \alpha_i\right\}$$

进一步结合 $\mathbf{1}^{\mathrm{T}}\boldsymbol{x} = 1$ 这一条件，可以得到

$$\sum_{i=1}^{n} \max\left\{0, \frac{1}{v^*} - \alpha_i\right\} = 1$$

通过求解该方程，可以得到对偶最优解 v^*。这一问题之所以被称为Water-fillinig问题的原因如图2.1所示。如果假设对第 i 块区域的高度为 α_i，对于整个区域倒入高度为 $\dfrac{1}{v}$ 的水，整个区域的总体水量是由分片线性函数组成的，即

$$\sum_{i=1}^{n} \max\left\{0, \frac{1}{v} - \alpha_i\right\}$$

因为其是由分片线性函数组成的，其关于 $\dfrac{1}{v}$ 是单调递增的，所以一直加水到总体水量为1，那么此时的水面高度为最优 $\dfrac{1}{v^*}$，每个分块的水量为 $x_i^* = \dfrac{1}{v^*} - \alpha_i$。

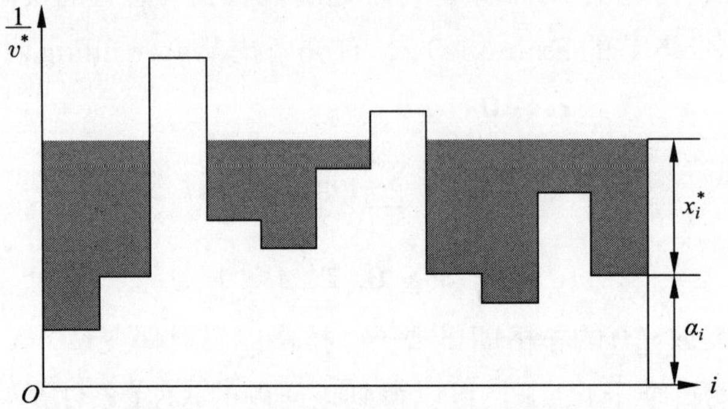

图 2.1 Water-filling问题与方法图解

2.4.2 最小二乘问题

最小二乘问题作为机器学习应用中回归问题的一个典型模型，在工程中一直有广泛应用。给定数据 $\{\boldsymbol{a}_i, b_i\}$（$i = 1, 2, \cdots, m$），其中，$\boldsymbol{a}_i \in \mathbb{R}^n$ 表示每条数据的特征向量，而 $b_i \in \mathbb{R}$ 表示该条数据对应的预测结果，最小二乘问题模型是建立线性预测模型的重要方法。最小二乘问题模型的具体形式可以表述为

$$\min \left\{ f(\boldsymbol{x}) = \frac{1}{2}\|\boldsymbol{A}\boldsymbol{x} - \boldsymbol{b}\|_2^2 \right\}$$

其中，$\boldsymbol{A} \in \mathbb{R}^{m \times n}$ 代表数据特征矩阵；$\boldsymbol{b} \in \mathbb{R}^m$ 表示预测向量，$\boldsymbol{x} \in \mathbb{R}^n$ 表示需要计算的预测模型参数。最小二乘问题的目标函数 $f(\boldsymbol{x})$ 的一阶梯度和二阶 Hessian 矩阵分别为

$$\nabla f(\boldsymbol{x}) = \boldsymbol{A}^{\mathrm{T}}(\boldsymbol{A}\boldsymbol{x} - \boldsymbol{b}),\ \nabla^2 f(\boldsymbol{x}) = \boldsymbol{A}^{\mathrm{T}}\boldsymbol{A}$$

此时 $\nabla^2 f(\boldsymbol{x})$ 为半正定矩阵，即 $\nabla^2 f(\boldsymbol{x}) \succeq \boldsymbol{0}$，因此最小二乘函数 $f(\boldsymbol{x})$ 为凸函数。进一步地，因为最小二乘问题为无约束优化问题且目标函数连续可微，根据例2.3.2中的结论可知，该问题的 KKT 条件可以表示为

$$\nabla f(\boldsymbol{x}) = \boldsymbol{A}^{\mathrm{T}}(\boldsymbol{A}\boldsymbol{x} - \boldsymbol{b}) = \boldsymbol{0}$$

如果 $\boldsymbol{A}^{\mathrm{T}}\boldsymbol{A}$ 是可逆矩阵，那么通过该 KKT 条件可以显式表达最小二乘问题的最优解，即

$$\boldsymbol{x}^* = \left(\boldsymbol{A}^{\mathrm{T}}\boldsymbol{A}\right)^{-1}\boldsymbol{A}^{\mathrm{T}}\boldsymbol{b}$$

因此 KKT 条件不仅可以帮助刻画最优解需要满足的性质，如果最优化问题具备一定结构，则可以通过 KKT 条件直接计算所对应最优化问题的最优解。

值得注意的是，机器学习中的许多问题，如深度学习、强化学习、非负矩阵分解等，均可建模为无约束最优化问题。虽然这些目标函数可能是不可微的，但可以通过简化的 KKT 条件来辅助刻画最优解，从而可以帮助设计更高效的最优化求解方法。

2.5 本章小结

本章重点介绍了最优化问题的基本理论，尤其是拉格朗日对偶性质、最优性条件等。通过这些基础理论内容的介绍，可以帮助读者更好地理解后续章节中关于最优化方法设计及方法理论分析等内容。

2.6 习题

1. 请写出以下最优化问题的拉格朗日函数及拉格朗日对偶问题：

① 线性规划问题：

$$\begin{aligned} \min \quad & \boldsymbol{c}^{\mathrm{T}}\boldsymbol{x} \\ \text{s.t.} \quad & \boldsymbol{A}\boldsymbol{x} \leqslant \boldsymbol{b} \end{aligned}$$

② 二次规划问题：

$$\begin{aligned} \min \quad & \boldsymbol{x}^{\mathrm{T}}\boldsymbol{P}\boldsymbol{x} \\ \text{s.t.} \quad & \boldsymbol{A}\boldsymbol{x} \leqslant \boldsymbol{b} \end{aligned}$$

2. 请写出下面最优化问题的拉格朗日函数：

① $\min\limits_{\boldsymbol{x}} \ \|\boldsymbol{x}\| \quad \text{s.t.} \quad \boldsymbol{A}\boldsymbol{x} = \boldsymbol{b}$

② $\min\limits_{\boldsymbol{x}} \ \boldsymbol{c}^{\mathrm{T}}\boldsymbol{x} \quad \text{s.t.} \quad \boldsymbol{A}\boldsymbol{x}=\boldsymbol{b},\ \boldsymbol{x}\succeq \boldsymbol{0}$

③ $\min\limits_{\boldsymbol{x}} \boldsymbol{x}^{\mathrm{T}}\boldsymbol{x} \quad \text{s.t.} \quad \boldsymbol{A}\boldsymbol{x}=\boldsymbol{b}$

3. 请写出支撑向量机原始模型(1.3)的对偶问题模型

$$\begin{aligned} \min_{\boldsymbol{w},b} \quad & \frac{\|\boldsymbol{w}\|^2}{2} \\ \text{s.t.} \quad & y_i(\boldsymbol{w}^{\mathrm{T}}\boldsymbol{x}_i+b)\geqslant 1, i=1,2,\cdots,m \end{aligned}$$

4. 最优传输问题基本模型为

$$\mathcal{L}_{\boldsymbol{C}}(a,b) := \min_{\boldsymbol{P}\in\mathcal{U}(a,b)} \langle \boldsymbol{C},\boldsymbol{P}\rangle := \sum_{i,j} C_{ij}P_{ij}$$

其中，$\boldsymbol{C}\in\mathbb{R}^{n\times m}$ 表示代价矩阵，C_{ij} 表示从 i 传输到 j 所需要的花费。集合 $\mathcal{U}(a,b)$ 定义为

$$\mathcal{U}(a,b) := \left\{\boldsymbol{P}\in\mathbb{R}_+^{n\times m} \mid \boldsymbol{P}\mathbf{1}_m=a, \boldsymbol{P}^{\mathrm{T}}\mathbf{1}_n=b\right\}$$

请写出最优传输问题的对偶问题。

5. 考虑如下最优化问题：

$$\min_{\boldsymbol{x}\in\mathbb{R}^n} f(\boldsymbol{x})+\boldsymbol{\lambda}\|\boldsymbol{x}\|_1$$

其中，函数 $f:\mathbb{R}^n\to(-\infty,\infty]$ 是一个扩展的实值函数。请分析该问题的最优性条件。

第 3 章 梯度下降类方法

从本章开始，将展开介绍具体的最优化方法，重点介绍面向机器学习应用的高效最优化方法。本章首先从梯度类方法开始介绍，以梯度下降法为代表的梯度类方法是最简单有效的求解无约束优化问题的方法。除梯度下降法外，本章还将介绍一般形式的梯度类方法框架等，并介绍不同方法之间的比较和关系。

3.1 为什么需要利用梯度信息

对于无约束最优化问题，即

$$\min_{\boldsymbol{x}} \ \left\{f(\boldsymbol{x}) \;\middle|\; \boldsymbol{x} \in \mathbb{R}^n\right\} \tag{3.1}$$

其中，目标函数$f : \mathbb{R}^n \rightarrow \mathbb{R}$是连续可微$L$-光滑的函数。最优化问题(3.1)可以看作一般问题(2.1)去掉约束$\{f_i(\boldsymbol{x}) \leqslant 0, i = 1, 2, \cdots, m\}$和$\{h_j(\boldsymbol{x}) = 0, j = 1, 2, \cdots, p\}$的特殊情况。根据性质2.2，即无约束最优化问题的最优性条件可知，如果$\boldsymbol{x}$满足$\nabla f(\boldsymbol{x}) = 0$，那么其为该问题最优解的候选解。如果$\nabla f(\boldsymbol{x}) \neq 0$，那么根据函数$f$在$\boldsymbol{x}$处泰勒展开的性质并结合线性近似定理A.11可知，一定存在$\delta > 0$，使得

$$f\left(\boldsymbol{x} - \alpha \nabla f(\boldsymbol{x})\right) < f(\boldsymbol{x}), \quad \forall \alpha \in (0, \delta) \tag{3.2}$$

值得注意的是，式(3.2)也意味着f在$\boldsymbol{x}$处梯度的反方向，即$-\nabla f(\boldsymbol{x})$，是目标函数值的下降方向。进一步地，可以将这一下降性质推广到一般情形，即不只是$-\nabla f(\boldsymbol{x})$为目标函数的下降方向。如果方向$\boldsymbol{d} \in \mathbb{R}^n$满足

$$\nabla f(\boldsymbol{x})^{\mathrm{T}} \boldsymbol{d} < 0$$

即方向$\boldsymbol{d}$与梯度方向$\nabla f(\boldsymbol{x})$夹角大于$90°$，此时也一定存在$\delta > 0$，满足

$$f(\boldsymbol{x} + \alpha \boldsymbol{d}) < f(\boldsymbol{x}), \quad \forall \alpha \in (0, \delta) \tag{3.3}$$

满足该性质的方向$\boldsymbol{d}$可以引导目标函数下降，这也激发设计由$\boldsymbol{x}$到$\boldsymbol{x} + \alpha \boldsymbol{d}$的稳定有效的最优化方法。

3.2 梯度下降法

最优化方法通常采用迭代形式，通过人工设计的迭代形式构建优化变量迭代序列$\{\boldsymbol{x}^k\}$，来寻找最优化问题的最优解，理论上需要所得到的迭代序列可以收敛到最优解。本节首先介绍最简单常用的梯度类方向，即梯度下降法（Gradient descent method）。梯度下降法是典型的以迭代形式进行最优化问题求解的方法，其迭代形式可以通过式(3.2)来指导设计，从初始化$\boldsymbol{x}^0$出发，其第$k+1$步的具体迭代形式如下：

$$\boldsymbol{x}^{k+1} = \boldsymbol{x}^k - \alpha_k \nabla f(\boldsymbol{x}^k) \tag{3.4}$$

其中，k是迭代步数，$\alpha_k > 0$称为步长（Step-size），其在机器学习中也被称为学习率（Learning Rate）。梯度下降法的迭代形式(3.4)也可以从最优性条件的角度来理解，无约束优化问题(3.1)的最优性条件等价于

$$\nabla f(\boldsymbol{x}^*) = 0 \quad \Leftrightarrow \quad \boldsymbol{x}^* = \boldsymbol{x}^* - \alpha \nabla f(\boldsymbol{x}^*)$$

以不动点迭代的形式①可以将该等价条件改写为梯度下降算法的迭代形式。反过来考虑，如果所得到的序列$\{\boldsymbol{x}^k\}$是收敛的且收敛到$\boldsymbol{x}^*$，步长α_k也收敛到α_∞，那么对迭代形式(3.4)中取$k \to \infty$可以得到

$$\boldsymbol{x}^* = \boldsymbol{x}^* - \alpha_\infty \nabla f(\boldsymbol{x}^*)$$

该式等价于$\nabla f(\boldsymbol{x}^*) = 0$，这也说明$\boldsymbol{x}^*$满足一阶最优性条件，从而成为最优解的候选解。

梯度下降法是针对无约束最优化问题求解的最基本算法，除了基本的迭代形式外，步长α_k的设计方式对于其求解效率和求解能力都有影响，其可以理论上影响所得到的方法收敛性以及收敛速度。下面介绍一系列常用的步长设计方式。

① 常数步长准则：$\alpha_k = \ell$；

② 极小化准则：$\alpha_k = \arg\min_{\alpha \geqslant 0} f(\boldsymbol{x}^k - \alpha \nabla f(\boldsymbol{x}^k))$；

③ 逐步减少（Diminishing）步长准则：步长α_k满足

$$\lim_{k \to \infty} \alpha_k = 0, \quad \sum_{k=0}^{\infty} \alpha_k = \infty$$

④ Armijo准则：$\delta \in (0, \frac{1}{2})$，令$\alpha$从初始值$s$开始以$\beta \in (0,1)$的倍数逐步减小，即

$$\{s, \beta s, \beta^2 s, \cdots\}$$

直到$\beta^m s$且首次满足

$$f(\boldsymbol{x}^k) - f(\boldsymbol{x}^k - \alpha \nabla f(\boldsymbol{x}^k)) \geqslant -\delta \alpha \nabla f(\boldsymbol{x}^k)^{\mathrm{T}} \nabla f(\boldsymbol{x}^k)$$

Armijo准则是一种常用的步长设计准则，其通过定量标准来协助选择合适步长，

① 将等式右边记为上一步的迭代点，等式左边为新的迭代点。

通过有限步（m是有限的）肯定可以找到满足条件的步长，常用于非凸优化问题的求解计算。

注意：步长α_k的设计并不局限于以上确定性准则，在机器学习时代，可以设计自适应步长准则，相关内容将在7.5节详细介绍。

3.3 梯度下降法收敛性分析

以梯度下降法为例，本节首先初步给出最优化方法收敛性理论分析的框架体系。一般来说，对于最优化方法的收敛性理论分析，主要包括算法收敛性、算法局部收敛速度以及算法全局迭代复杂度等方面。算法收敛性（Convergence）是指算法得到的迭代序列$\{\boldsymbol{x}^k\}$的序列收敛性，如是否有聚点、聚点是否满足最优性条件以及序列是否全局收敛等。算法局部收敛速度（Convergence rate）是指在已证明算法迭代序列收敛的前提下，算法迭代序列可以以某种可量化的速度收敛到最优解（可能是局部最优解），如线性收敛速度、超线性收敛速度、二次收敛速度等。收敛速度通常考虑的只是局部性质，即算法迭代到一定步数后序列所体现出来的性质。另一种算法全局迭代复杂度（Iteration complexity）刻画的是算法从初始点开始经过一定迭代步数后所能到达的“最优化”程度（接近最优解或最优函数值的程度），即经过k步迭代后，算法得到的序列$\{\boldsymbol{x}^k\}$满足以下性质：

$$f(\boldsymbol{x}^k) - f(\boldsymbol{x}^*) \leqslant \varepsilon \tag{3.5}$$

注意：算法全局迭代复杂度通常只针对凸优化问题，因为对于非凸优化问题，分析全局迭代序列的性质是比较困难的，其初始点的选取对于迭代序列有较大影响。

针对梯度下降法(3.4)，为了便于理论分析，在最优化问题(3.1)的目标函数f是连续可微L-光滑的基础上，进一步假设f为凸函数（对于非凸的情形，相关理论分析可参考文献[9]）。假设函数f具备L-光滑性质，即

$$\|\nabla f(\boldsymbol{x}) - \nabla f(\boldsymbol{y})\| \leqslant L\|\boldsymbol{x}-\boldsymbol{y}\|, \quad \forall \boldsymbol{x},\boldsymbol{y} \in \mathbb{R}^n$$

定理 3.1 (收敛性及迭代复杂度)　若无约束最优化问题(3.1)的目标函数f是连续可微L-光滑的凸函数，序列$\{\boldsymbol{x}^k\}$为梯度下降法(3.4)得到的迭代序列，且步长$\alpha_k \equiv \alpha \in \left(0, \dfrac{2}{L}\right)$，那么该序列$\{\boldsymbol{x}^k\}$收敛到$\boldsymbol{x}^*$，其中，$\boldsymbol{x}^*$是最优化问题(3.1)的全局最优解。梯度下降法的迭代复杂度为

$$f(\boldsymbol{x}^k) - f(\boldsymbol{x}^*) \leqslant \mathcal{O}\left(\frac{1}{k}\right)$$

证明. 首先根据梯度下降法的迭代形式，有

$$\begin{aligned}\left\|\boldsymbol{x}^{k+1}-\boldsymbol{x}^*\right\|^2 &= \left\|\boldsymbol{x}^k - \alpha\nabla f(\boldsymbol{x}^k) - \boldsymbol{x}^*\right\|^2 \\ &= \left\|\boldsymbol{x}^k-\boldsymbol{x}^*\right\|^2 - 2\alpha\nabla f(\boldsymbol{x}^k)^{\mathrm{T}}\left(\boldsymbol{x}^k-\boldsymbol{x}^*\right) + \alpha^2\left\|\nabla f(\boldsymbol{x}^k)\right\|^2\end{aligned}$$

$$\overset{f\text{-}L\text{光滑}}{\leqslant} \quad \left\|\boldsymbol{x}^k-\boldsymbol{x}^*\right\|^2-\left(\frac{2\alpha}{L}-\alpha^2\right)\left\|\nabla f(\boldsymbol{x}^k)\right\|^2 \tag{3.6}$$

由于$\alpha \in \left(0,\dfrac{2}{L}\right)$，因此可以得到

$$\frac{2\alpha}{L}-\alpha^2>0$$

那么有

$$\left\|\boldsymbol{x}^{k+1}-\boldsymbol{x}^k\right\|^2 \leqslant \left\|\boldsymbol{x}^k-\boldsymbol{x}^*\right\|^2 \leqslant \left\|\boldsymbol{x}^0-\boldsymbol{x}^*\right\|^2$$

即$\left\{\boldsymbol{x}^k\right\}$有界。假设$\left\{\boldsymbol{x}^k\right\}$的聚点为$\boldsymbol{x}^\infty$，那么一定存在子列$\left\{\boldsymbol{x}^{k_j}\right\}$收敛到$\boldsymbol{x}^\infty$。对不等式(3.6)进行$k=0,1,\cdots$求和，可以得到

$$\left(\frac{2\alpha}{L}-\alpha^2\right)\sum_{k=0}^{\infty}\left\|\nabla f(\boldsymbol{x}^k)\right\|^2 \leqslant \left\|\boldsymbol{x}^0-\boldsymbol{x}^*\right\|^2<\infty$$

因此有$\lim\limits_{j\to\infty}\nabla f(\boldsymbol{x}^k)=0$，进一步地，由于函数$f$是$L$-光滑函数，所以

$$\lim_{j\to\infty}\nabla f(\boldsymbol{x}^{k_j})=\nabla f(\boldsymbol{x}^\infty)=0$$

即$\boldsymbol{x}^\infty$是稳定点。因此可进一步得到

$$\left\|\boldsymbol{x}^{k+1}-\boldsymbol{x}^\infty\right\|^2 \leqslant \left\|\boldsymbol{x}^k-\boldsymbol{x}^\infty\right\|^2$$

那么$\left\{\left\|\boldsymbol{x}^k-\boldsymbol{x}^\infty\right\|^2\right\}$是单调递减的且有下界，从而收敛。进一步因为$\{\boldsymbol{x}^{k_j}\}$收敛到稳定点$\boldsymbol{x}^\infty$，故$\{\boldsymbol{x}^k\}$收敛到$\boldsymbol{x}^\infty$。

根据函数f的L-光滑性质以及下降引理A.9，对于任意的$\boldsymbol{x},\boldsymbol{y}\in\mathcal{D}$，有

$$f(\boldsymbol{y}) \leqslant f(\boldsymbol{x})+\langle\nabla f(\boldsymbol{x}),\boldsymbol{y}-\boldsymbol{x}\rangle+\frac{L}{2}\left\|\boldsymbol{x}-\boldsymbol{y}\right\|^2$$

令$\boldsymbol{x}=\boldsymbol{x}^k$、$\boldsymbol{y}=\boldsymbol{x}^{k+1}$，可以得到

$$f(\boldsymbol{x}^{k+1}) \leqslant f(\boldsymbol{x}^k)+\nabla f(\boldsymbol{x}^k)^{\mathrm{T}}\left(\boldsymbol{x}^{k+1}-\boldsymbol{x}^k\right)+\frac{L}{2}\left\|\boldsymbol{x}^{k+1}-\boldsymbol{x}^k\right\|^2$$

进一步将算法迭代形式$\boldsymbol{x}^{k+1}=\boldsymbol{x}^k-\alpha\nabla f(\boldsymbol{x}^k)$代入上式，可以得到

$$f(\boldsymbol{x}^{k+1}) \leqslant f(\boldsymbol{x}^k)-\left(\alpha-\frac{\alpha^2L}{2}\right)\left\|\nabla f(\boldsymbol{x}^k)\right\|^2 \tag{3.7}$$

根据函数f的凸性，可以得到

$$f(\boldsymbol{x}^k)-f(\boldsymbol{x}^*) \leqslant \left\langle\nabla f(\boldsymbol{x}^k),\boldsymbol{x}^k-\boldsymbol{x}^*\right\rangle \leqslant \left\|\boldsymbol{x}^0-\boldsymbol{x}^*\right\|\cdot\left\|\nabla f(\boldsymbol{x}^k)\right\|$$

因此可以得到

$$0<f(\boldsymbol{x}^{k+1})-f(\boldsymbol{x}^*) \leqslant f(\boldsymbol{x}^k)-f(\boldsymbol{x}^*)-\frac{\alpha-\dfrac{\alpha^2L}{2}}{\left\|\boldsymbol{x}^0-\boldsymbol{x}^*\right\|^2}\left(f(\boldsymbol{x}^k)-f(\boldsymbol{x}^*)\right)^2$$

因此

$$\frac{1}{f(\boldsymbol{x}^{k+1})-f(\boldsymbol{x}^*)} \geqslant \frac{1}{f(\boldsymbol{x}^k)-f(\boldsymbol{x}^*)}+\frac{\alpha-\dfrac{\alpha^2L}{2}}{\left\|\boldsymbol{x}^0-\boldsymbol{x}^*\right\|^2}\frac{f(\boldsymbol{x}^k)-f(\boldsymbol{x}^*)}{f(\boldsymbol{x}^{k+1})-f(\boldsymbol{x}^*)}$$

$$\geqslant \frac{1}{f(\boldsymbol{x}^k)-f(\boldsymbol{x}^*)}+\frac{\alpha-\dfrac{\alpha^2L}{2}}{\|\boldsymbol{x}^0-\boldsymbol{x}^*\|^2}$$

对上式求和可得

$$\frac{1}{f(\boldsymbol{x}^{k+1})-f(\boldsymbol{x}^*)}\geqslant \frac{1}{f(\boldsymbol{x}^0)-f(\boldsymbol{x}^*)}+\frac{\alpha-\frac{\alpha^2L}{2}}{\|\boldsymbol{x}^0-\boldsymbol{x}^*\|^2}(k+1)$$

所以

$$f(\boldsymbol{x}^{k+1})-f(\boldsymbol{x}^*)\leqslant \frac{2\left(f(\boldsymbol{x}^0)-f(\boldsymbol{x}^*)\right)\|\boldsymbol{x}^0-\boldsymbol{x}^*\|^2}{2\|\boldsymbol{x}^0-\boldsymbol{x}^*\|^2+k\alpha\,(2-L\alpha)\,(f(\boldsymbol{x}^0)-f(\boldsymbol{x}^*))}\sim\mathcal{O}\left(\frac{1}{k}\right)$$

□

3.4 梯度类方法的一般形式

梯度类方法是指利用梯度信息设计的一系列最优化方法，其可以概括为统一框架形式。此时，我们不采用 $-\nabla f(\boldsymbol{x})$ 作为下降方向，而选择满足条件(3.3)的下降方向 $\boldsymbol{d}$。下面给出梯度类方法的一般形式，即

$$\boldsymbol{x}^{k+1}=\boldsymbol{x}^k-\alpha_k\boldsymbol{d}^k \tag{3.8}$$

其中，α_k 为步长，$\boldsymbol{d}^k$ 为根据梯度信息 $\nabla f(\boldsymbol{x}^k)$ 得到的修正下降方向。通过对下降方向 $\boldsymbol{d}^k$ 的不同选择，可以得到一系列梯度类最优化方法，具体情况可以总结如表3.1所示。通过选择不同的 $\boldsymbol{d}^k$ 下降方向，可以构造出不同类型的梯度类方法。3.2节中所考虑的步长 α_k 设计方法同样可以应用到梯度类方法一般形式中。

表 3.1 系列梯度类方法

梯度类方法	$\boldsymbol{d}^k$
梯度下降法	$-\nabla f(\boldsymbol{x}^k)$
牛顿法	$-\left(\nabla^2 f(\boldsymbol{x}^k)\right)^{-1}\nabla f(\boldsymbol{x}^k)$
Scaling 梯度下降法	$-\mathcal{D}^k\nabla f(\boldsymbol{x}^k)$，其中，$\mathcal{D}^k\in\mathbb{S}_+^n$
对角 Scaling 梯度下降法	$-\mathcal{D}^k\nabla f(\boldsymbol{x}^k)\ \left(\approx-\left(\nabla^2 f(\boldsymbol{x}^k)\right)^{-1}\nabla f(\boldsymbol{x}^k)\right)$，其中，$\mathcal{D}^k\in\mathbb{S}_+^n$ 为接近 $\left(\nabla^2 f(\boldsymbol{x}^k)\right)^{-1}$ 的对角矩阵
修改的牛顿法	$-\left(\nabla^2 f(\boldsymbol{x}^0)\right)^{-1}\nabla f(\boldsymbol{x}^k)$
离散的牛顿法	$-\left(\mathcal{H}(\boldsymbol{x}^k)\right)^{-1}\nabla f(\boldsymbol{x}^k)$，其中，$\mathcal{H}(\boldsymbol{x}^k)$ 为 $\nabla^2 f(\boldsymbol{x}^k)$ 的有限差分近似

下面，讨论如何分析梯度类方法的理论性质。首先定义与梯度类方法密切关系的一阶方法，并进一步结合3.2节介绍的梯度下降法的理论分析结果，讨论一阶方法和梯度类方法的理论性质。对于无约束光滑凸优化问题，即

$$\min_{\boldsymbol{x}\in\mathbb{R}^n}\ f(\boldsymbol{x})$$

该问题满足两个基本条件：

- 初始值有界，即 $\|\boldsymbol{x}^0-\boldsymbol{x}^*\|\leqslant\mathcal{D}$；
- f 为 L-光滑，即 $\|\nabla f(\boldsymbol{x})-\nabla f(\boldsymbol{y})\|\leqslant L\|\boldsymbol{x}-\boldsymbol{y}\|$。

$\boldsymbol{x}^*$ 为该问题的最优解，这里将这类问题统一记为 $\mathcal{P}(\mathcal{D},L)$。一阶方法指的是最优化方法在任一迭代步 $k+1$，新的迭代点 $\boldsymbol{x}^{k+1}$ 由 $\{\boldsymbol{x}^0,\boldsymbol{x}^1,\cdots,\boldsymbol{x}^k\}$ 和对应梯度 $\{\nabla f(\boldsymbol{x}^0),\nabla f(\boldsymbol{x}^1),\cdots,\nabla f(\boldsymbol{x}^k)\}$ 的线性组合所得到。明显地，梯度下降法隶属于一阶方法，表3.1中的梯度下降法、Scaling 梯度下降法、对角 Scaling 梯度下降法也是一阶方法，但是牛顿法等方法不能被归纳进一阶方法。通常情况下，与梯度下降法类似，我们可以从3个角度来理解一阶方法的理论性质，即收敛性、迭代复杂度及收敛速度。

- 收敛性是指由算法所得到序列的渐进收敛性，是理论分析的最基础内容。
- 迭代复杂度通常针对凸优化问题，讨论的是目标函数随着迭代步数的递进，逐步逼近最优目标函数值的速度。与梯度下降法类似，通过下面的公式来表达，在第 k 迭代步所对应的迭代复杂度 $\mathcal{O}(\epsilon)$ 是指
$$f(\boldsymbol{x}^k)-f(\boldsymbol{x}^*)\leqslant\epsilon$$
一般一阶算法的迭代复杂度可以有 $\frac{1}{\sqrt{k}}$、$\frac{1}{k}$、$\frac{1}{k^2}$ 等多种情况。
- 收敛速度是指对于算法所得到的序列，其收敛到最优解的速度，可以有次线性、线性、二次等多种情况。

3.5 应用案例

3.5.1 最小二乘问题

最小二乘问题是一种典型的最优化问题，其基本形式可以简记为

$$\min_{\boldsymbol{x}\in\mathbb{R}^n}\ \frac{1}{2}\boldsymbol{x}^{\mathrm{T}}\boldsymbol{Q}\boldsymbol{x}$$

其中，矩阵 $\boldsymbol{Q}\in\mathbb{R}^{n\times n}\succeq 0$ 是一个半正定矩阵。$\frac{1}{2}\|\boldsymbol{A}\boldsymbol{x}-\boldsymbol{b}\|^2$ 最小二乘问题的目标函数为二次函数，是连续可微的，所以可以利用梯度下降法求解，迭代形式为

$$\boldsymbol{x}^{k+1}=\boldsymbol{x}^k-\alpha_k\boldsymbol{Q}\boldsymbol{x}^k$$

此迭代公式可以简写为

$$\boldsymbol{x}^{k+1}=(\boldsymbol{\mathcal{I}}-\alpha_k\boldsymbol{Q})\,\boldsymbol{x}^k$$

最小二乘问题同样是一个经典的最优化问题，并且其也是一个特殊的二次规划问题，最小二乘问题模型的具体形式可以表述为

$$\min_{\boldsymbol{x}\in\mathbb{R}^n}\ \left\{f(\boldsymbol{x})=\frac{1}{2}\|\boldsymbol{A}\boldsymbol{x}-\boldsymbol{b}\|_2^2\right\}$$

其中，$\boldsymbol{A}\in\mathbb{R}^{m\times n}$ 代表数据特征矩阵；$\boldsymbol{b}\in\mathbb{R}^{m}$ 表示预测向量，而 $\boldsymbol{x}\in\mathbb{R}^{n}$ 表示需要计算的预测模型参数。最小二乘问题的目标函数 $f(\boldsymbol{x})$ 的梯度为

$$\nabla f(\boldsymbol{x})=\boldsymbol{A}^{\mathrm{T}}\left(\boldsymbol{A}\boldsymbol{x}-\boldsymbol{b}\right)$$

此时，利用梯度下降法求解最小二乘问题的迭代形式为

$$\boldsymbol{x}^{k+1}=\boldsymbol{x}^{k}-\alpha_k\boldsymbol{A}^{\mathrm{T}}\left(\boldsymbol{A}\boldsymbol{x}-\boldsymbol{b}\right)$$

3.5.2 逻辑回归问题

逻辑回归（Logistic Regression）是一个典型的机器学习模型，其目标函数是连续可微的，因此可以利用梯度下降法求解。逻辑回归的基本模型为

$$\min_{\boldsymbol{x}\in\mathbb{R}^n}\left\{f(\boldsymbol{x})=f\left(\boldsymbol{x};\{\boldsymbol{z}_i,y_i\}\right)=\sum_{i=1}^{m}\log\left(1+\exp(-y_i\boldsymbol{z}_i^{\mathrm{T}}\boldsymbol{x})\right)\right\}$$

其中，目标函数 $f(\boldsymbol{x})$ 是一个连续可微函数，其梯度形式为

$$\nabla f(\boldsymbol{x})=\sum_{i=1}^{m}\frac{-y_i\exp(-y_i\boldsymbol{z}_i^{\mathrm{T}}\boldsymbol{x})\boldsymbol{z}_i}{1+\exp(-y_i\boldsymbol{z}_i^{\mathrm{T}}\boldsymbol{x})}$$

如果利用梯度下降法来求解逻辑回归模型，那么得到的基本迭代形式为

$$\begin{aligned}\boldsymbol{x}^{k+1}&=\boldsymbol{x}^{k}-\alpha_k\nabla f(\boldsymbol{x})\\&=\boldsymbol{x}^{k}-\alpha_k\sum_{i=1}^{m}\frac{-y_i\exp(-y_i\boldsymbol{z}_i^{\mathrm{T}}\boldsymbol{x})\boldsymbol{z}_i}{1+\exp(-y_i\boldsymbol{z}_i^{\mathrm{T}}\boldsymbol{x})}\end{aligned}$$

3.6 本章小结

梯度在最优化方法设计中扮演了非常重要的角色，以梯度下降法为代表的梯度类方法是最优化方法中的最重要组成部分。本章介绍了梯度下降法，并同步给出梯度法收敛性、迭代复杂度等理论分析，这些方法和理论结果可以为后续系列最优化方法的介绍打下必要基础。

3.7 习题

1. 考虑非负矩阵分解问题，其可以建模为如下的带约束的最优化问题：

$$\min_{\boldsymbol{W}\in\mathbb{R}^{m\times k},\boldsymbol{H}\in\mathbb{R}^{k\times n}}\underbrace{\|\boldsymbol{V}-\boldsymbol{W}\boldsymbol{H}\|_{\mathrm{F}}^{2}}_{g(\boldsymbol{W},\boldsymbol{H})},\quad \text{s.t.}\quad \boldsymbol{W}\geqslant\boldsymbol{0},\boldsymbol{H}\geqslant\boldsymbol{0}\tag{3.9}$$

如果将该问题的约束条件固定到子问题计算中，请写出针对该问题的梯度下降法的迭代形式。

2. 请根据定理3.1，对于无约束最优化问题(3.1)的目标函数 f 是连续可微 L-光滑的凸函数的情况下，证明梯度下降法的收敛性。
3. 请简要分析梯度下降法与牛顿法的区别和联系。
4. 考虑 Armijo 准则作为步长准则，请简要证明为何通过有限步寻找一定可以找到满足条件的步长。

第 4 章 邻近梯度法及其扩展

在实际问题中，尤其是机器学习模型中，经常性地会根据任务需要增加正则项，比如ℓ_1-范数正则、ℓ_2-范数正则及熵（Entropy）正则等。但是很多正则项具有不可微分（不可求导）的性质，因此直接利用梯度的方法已经不能起到作用，需要综合考虑以设计合理有效的求解方法。

通常情况下，我们可以考虑下面这种无约束最优化模型，即

$$\min_{\boldsymbol{x}\in\mathbb{R}^n} \ f(\boldsymbol{x}) := g(\boldsymbol{x}) + h(\boldsymbol{x}) \tag{4.1}$$

其中，函数$g:\mathbb{R}^n\to\mathbb{R}$是连续可微且李普希茨连续的，而函数$h:\mathbb{R}^n\to\mathbb{R}$是连续不处处可微的函数。对于问题(4.1)，不能简单地使用梯度下降法来求解，所以需要设计更加有效的方法求解，其中如何利用问题结构性质是设计算法的关键。在给出具体的算法之前，先假设不可微函数h具有特殊性质，再进一步引出本章所介绍的**邻近梯度法**（Proximal gradient method）。

4.1 邻近算子

假设凸函数$h:\mathrm{dom}(f)\to\mathbb{R}$是连续不处处可微的，那么对于$\boldsymbol{x}\in\mathrm{dom}(h)$，函数$h$在$\boldsymbol{x}$处的邻近算子可以定义为

$$\mathrm{Prox}_h(\boldsymbol{x}) := \arg\min_{\boldsymbol{y}\in\mathbb{R}^n}\left\{h(\boldsymbol{y}) + \frac{1}{2}\|\boldsymbol{x}-\boldsymbol{y}\|^2\right\} \tag{4.2}$$

该最优化问题的目标函数为强凸的，所以$\mathrm{Prox}_h(\boldsymbol{x})$是唯一的。$\mathrm{Prox}_h:\mathbb{R}^n\to\mathbb{R}^n$将$\boldsymbol{x}$映射到$\boldsymbol{y}^*$，$\boldsymbol{y}^*$为问题(4.2)的唯一最优解。

定理 4.1 如果函数$h:\mathbb{R}^n\to\mathbb{R}$是一个适当的闭凸函数，那么$\mathrm{Prox}_h(\boldsymbol{x})$对于任意的$\boldsymbol{x}\in\mathbb{R}^n$是一个单例集（singleton）。

证明. 因为$h(\boldsymbol{y})+\dfrac{1}{2}\|\boldsymbol{y}-\boldsymbol{x}\|^2$是由一个闭凸函数$h$和强凸函数$\dfrac{1}{2}\|\cdot-\boldsymbol{x}\|^2$相加组成，所以该目标函数为闭的强凸函数。根据强凸函数的性质可知，问题(4.2)有唯一最小值解（参见文献[10]中的定理5.25(a)）。 □

下面通过一些例题以及邻近算子在具有特殊结构问题上的特殊性质，对邻近算子进行更加深入的理解。

例 4.1.1 根据邻近算子定义，有如下结论：

- 如果函数 $h \equiv c \in \mathbb{R}$，那么

$$\text{Prox}_h(\boldsymbol{x}) = \arg\min_{\boldsymbol{y}\in\mathbb{R}^n} \left\{c + \frac{1}{2}\|\boldsymbol{y}-\boldsymbol{x}\|^2\right\} = \boldsymbol{x}$$

- 如果函数 $h(\boldsymbol{x}) = \langle \boldsymbol{a}, \boldsymbol{x}\rangle + b$，其中，$\boldsymbol{a} \in \mathbb{R}^n$，$b \in \mathbb{R}$，那么

$$\begin{aligned}\text{Prox}_h(\boldsymbol{x}) &= \arg\min_{\boldsymbol{y}\in\mathbb{R}^n} \left\{\langle \boldsymbol{a}, \boldsymbol{y}\rangle + b + \frac{1}{2}\|\boldsymbol{y}-\boldsymbol{x}\|^2\right\} \\ &= \arg\min_{\boldsymbol{y}\in\mathbb{R}^n} \left\{\langle \boldsymbol{a}, \boldsymbol{x}\rangle + b - \frac{1}{2}\|\boldsymbol{a}\|^2 + \frac{1}{2}\|\boldsymbol{y}-(\boldsymbol{x}-\boldsymbol{a})\|^2\right\} \\ &= \boldsymbol{x}-\boldsymbol{a}\end{aligned}$$

- 如果二次函数 $h: \mathbb{R}^n \to \mathbb{R}$，那么

$$h(\boldsymbol{x}) = \frac{1}{2}\boldsymbol{x}^{\mathrm{T}}\boldsymbol{A}\boldsymbol{x} + \boldsymbol{b}^{\mathrm{T}}\boldsymbol{x} + c,\ \boldsymbol{A} \in \mathbb{S}_+^n, \boldsymbol{b} \in \mathbb{R}^n, c \in \mathbb{R}$$

  此时，可以知道

$$\text{Prox}_h(\boldsymbol{x}) = \min_{\boldsymbol{y}\in\mathbb{R}^n} \left\{\frac{1}{2}\boldsymbol{y}^{\mathrm{T}}\boldsymbol{A}\boldsymbol{y} + \boldsymbol{b}^{\mathrm{T}}\boldsymbol{y} + c + \frac{1}{2}\|\boldsymbol{y}-\boldsymbol{x}\|^2\right\}$$

  通过计算上面问题的最优性条件可以知道

$$\boldsymbol{A}\boldsymbol{y}^* + \boldsymbol{b} + \boldsymbol{y}^* - \boldsymbol{x} = \boldsymbol{0} \Rightarrow \text{Prox}_h(\boldsymbol{x}) = \boldsymbol{y}^* = (\boldsymbol{A}+\boldsymbol{I})^{-1}(\boldsymbol{x}-\boldsymbol{b})$$

- 如果函数 $h: \mathbb{R}^n \to \mathbb{R}$ 定义为

$$h(x) = \begin{cases} -\lambda \log x, & x > 0 \\ \infty, & x \leqslant 0 \end{cases}$$

  那么 $\text{Prox}_h(x)$ 是以下问题的最优解：

$$\arg\min_{y>0} \left\{-\lambda \log y + \frac{1}{2}(y-x)^2\right\}$$

  由最优性条件可以得到

$$y^2 - yx - \lambda = 0$$

  因此

$$\text{Prox}_h(x) = \frac{x + \sqrt{x^2+4\lambda}}{2}$$

定理 4.2 如果函数 $h: \mathbb{R}^{n_1} \times \mathbb{R}^{n_2} \times \cdots \times \mathbb{R}^{n_m} \to \mathbb{R}$ 定义为

$$f(\boldsymbol{x}_1, \boldsymbol{x}_2, \cdots, \boldsymbol{x}_m) = \sum_{i=1}^{m} f_i(\boldsymbol{x}_i),\ \forall \boldsymbol{x}_i \in \mathbb{R}^{n_i},\ i = 1, 2, \cdots, m$$

那么对任意的 $\boldsymbol{x}_1, \boldsymbol{x}_2, \cdots, \boldsymbol{x}_m$，有

$$\mathrm{Prox}_h(\boldsymbol{x}) = \mathrm{Prox}_{h_1}(\boldsymbol{x}_1) \times \mathrm{Prox}_{h_2}(\boldsymbol{x}_2) \times \cdots \times \mathrm{Prox}_{h_m}(\boldsymbol{x}_m)$$

证明.

$$\begin{aligned}\mathrm{Prox}_h(\boldsymbol{x}) &= \arg\min_{\boldsymbol{y}_1,\boldsymbol{y}_2,\cdots,\boldsymbol{y}_m} \sum_{i=1}^{m}\left[f_i(\boldsymbol{y}_i) + \frac{1}{2}\|\boldsymbol{y}_i - \boldsymbol{x}_i\|^2\right] \\ &= (\mathrm{Prox}_{h_1}(\boldsymbol{x}_1), \mathrm{Prox}_{h_2}(\boldsymbol{x}_2), \cdots, \mathrm{Prox}_{h_i}(\boldsymbol{x}_i), \cdots, \mathrm{Prox}_{h_m}(\boldsymbol{x}_m))\end{aligned}$$

其中，

$$\mathrm{Prox}_{h_i}(\boldsymbol{x}_i) := \arg\min_{\boldsymbol{y}_i \in \mathbb{R}^{n_i}} \left[f_i(\boldsymbol{y}_i) + \frac{1}{2}\|\boldsymbol{y}_i - \boldsymbol{x}_i\|^2\right]$$

□

推论 4.2.1　如果 $h: \mathbb{R}^n \to \mathbb{R}$ 是一个适当的闭凸可分函数，即

$$h(\boldsymbol{x}) = \sum_{i=1}^{n} h_i(x_i)$$

其中，函数 $h_i: \mathbb{R} \to \mathbb{R}$ 是适当的闭凸函数，那么

$$\mathrm{Prox}_h(\boldsymbol{x}) = (\mathrm{Prox}_{h_1}(x_1), \mathrm{Prox}_{h_2}(x_2), \cdots, \mathrm{Prox}_{h_n}(x_n))^{\mathrm{T}}$$

例 4.1.2　考虑根据 ℓ_1-范数定义的函数 $h: \mathbb{R}^n \to \mathbb{R}$，即

$$h(\boldsymbol{x}) = \lambda\|\boldsymbol{x}\|_1 = \sum_{i=1}^{n}\phi(x_i)$$

其中，$\phi(t) = \lambda|t|$。首先对于 $\phi(t)$，函数的邻近算子 $\mathrm{Prox}_\phi(t)$ 为下面函数的最小值：

$$\arg\min_y \begin{cases} \lambda y + \frac{1}{2}(y-x)^2, & y > 0 \\ -\lambda y + \frac{1}{2}(y-x)^2, & y \leqslant 0 \end{cases}$$

仔细分析可以发现：

- 如果最小值在 $u > 0$ 处取得，那么考虑一阶最优性条件可以得到

  $$\lambda + y - x = 0 \quad \Rightarrow \quad y = x - \lambda$$

  所以也可以表达为如果 $x > \lambda$，那么 $\mathrm{Prox}_\phi(x) = x - \lambda$；
- 通过类似的讨论方式可以得到，如果 $x < -\lambda$，那么 $\mathrm{Prox}_\phi(x) = x + \lambda$；
- 如果 $-\lambda \leqslant x \leqslant \lambda$，$\mathrm{Prox}_\phi(x)$ 只可能是函数 h 唯一的不可微点，即0。总结一下，记 $\mathrm{Prox}_\phi(x)$ 为 $\mathcal{T}_\lambda(x)$，定义为

$$\mathcal{T}_\lambda(x) = \left[|x| - \lambda\right]_+ \mathrm{sgn}(x) = \begin{cases} x - \lambda, & x \geqslant \lambda \\ 0, & |x| < \lambda \\ x + \lambda, & x \leqslant -\lambda \end{cases}$$

函数 $\mathcal{T}_\lambda(x)$ 被称为soft-thresholding函数。进一步结合推论4.2.1可知

$$\text{Prox}_h(\boldsymbol{x}) = (\mathcal{T}_\lambda(x_1), \mathcal{T}_\lambda(x_2), \cdots, \mathcal{T}_\lambda(x_n))^{\text{T}} = \left[|\boldsymbol{x}| - \lambda \boldsymbol{e}\right]_+ \odot \text{sgn}(\boldsymbol{x}) \tag{4.3}$$

其中，$\odot$ 表示为 $\boldsymbol{x} \odot \boldsymbol{y} = (x_1y_1, x_2y_2, \cdots, x_ny_n) \in \mathbb{R}^n$。

例 4.1.3 如果函数 $h: \mathbb{R}^n \to \mathbb{R}$ 定义为 $h(\boldsymbol{x}) = \|\boldsymbol{x}\|_0$，其中

$$\|\boldsymbol{x}\|_0 = \#\{i : x_i \neq 0\}$$

表示为向量的 ℓ_0-范数，其中，# 表示数量。对于任意的 $\boldsymbol{x} \in \mathbb{R}^n$，有

$$h(\boldsymbol{x}) = \sum_{i=1}^{n} \mathcal{I}(x_i)$$

其中，

$$\mathcal{I}(x) = \begin{cases} \lambda, & x \neq 0 \\ 0, & x = 0 \end{cases}$$

因此，

$$\text{Prox}_{\mathcal{I}}(x) = \arg\min_y \begin{cases} \lambda + \dfrac{1}{2}(y-x)^2, & y \neq 0 \\ \dfrac{1}{2}x^2, & y = 0 \end{cases}$$

明显地，当 $x = 0$ 时，上面问题的最优解为 $y = 0$，所以 $\text{Prox}_{\mathcal{I}}(0) = 0$。当 $x \neq 0$ 时，$y = 0$ 所对应的目标函数值为 $\frac{1}{2}x^2$，而对于 $y \neq 0$，其最优值在 $y = x$ 处得到，且为 λ。因此，如果 $\frac{1}{2}x^2 < \lambda$，那么上面问题的最优解为 $y = 0$；如果 $\frac{1}{2}x^2 = \lambda$，那么上面问题的最优解为 $y = 0$ 或 $y = x$；如果 $\frac{1}{2}x^2 > \lambda$，那么上面问题的最优解为 $y = x$。总结一下，可知

$$\text{Prox}_{\mathcal{I}}(x) = \mathcal{H}_{\sqrt{2\lambda}}(x) = \begin{cases} \{0\}, & |x| < \sqrt{2\lambda} \\ \{x\}, & |x| > \sqrt{2\lambda} \\ \{0, x\}, & |x| = \sqrt{2\lambda} \end{cases}$$

因此，

$$\text{Prox}_h(\boldsymbol{x}) = \mathcal{H}_{\sqrt{2\lambda}}(x_1) \times \mathcal{H}_{\sqrt{2\lambda}}(x_2) \times \cdots \times \mathcal{H}_{\sqrt{2\lambda}}(x_n)$$

定理 4.3 函数 $g: \mathbb{R}^n \to \mathbb{R}$ 为定义在非空集合 $\mathcal{C}$ 上的指示函数 $g(\boldsymbol{x}) = \delta_{\mathcal{C}}(\boldsymbol{x})$，那么对任意的 $\boldsymbol{x} \in \mathbb{R}^n$，得到

$$\text{Prox}_{\delta_{\mathcal{C}}}(\boldsymbol{x}) = \text{Proj}_{\mathcal{C}}(\boldsymbol{x})$$

证明.

$$\text{Prox}_{\delta_{\mathcal{C}}}(\boldsymbol{x}) = \arg\min_{\boldsymbol{y} \in \mathbb{R}^n} \left\{ \delta_{\mathcal{C}}(\boldsymbol{x}) + \frac{1}{2}\|\boldsymbol{y} - \boldsymbol{x}\|^2 \right\} = \arg\min_{\boldsymbol{y} \in \mathcal{C}} \|\boldsymbol{y} - \boldsymbol{x}\|^2 = \text{Proj}_{\mathcal{C}}(\boldsymbol{x})$$

因此邻近算子一定程度上可以看作投影算子的扩展。 □

由定理4.3可知，邻近算子与投影算子存在密切联系，邻近算子一定程度上可以看作

投影算子的扩展，下面的一系列定理阐述了邻近算子和投影算子之间的关系。

定理 4.4 (第一投影定理)　如果集合$\mathcal{C}$是一个非空闭凸集，那么对任意的$\boldsymbol{x} \in \mathbb{R}^n$，投影算子$\mathrm{Proj}_{\mathcal{C}}(\boldsymbol{x})$是一个单例集。

证明. 因为投影算子是一类特殊的邻近算子，根据定理4.1可以知道第一投影定理成立。 □

例 4.1.4　对于一些特殊的闭凸集，其对应的正交投影如表4.1所示。

表 4.1　面向集合的正交投影（$\boldsymbol{\ell} \in [-\infty,\infty)^n, \boldsymbol{u} \in (-\infty,\infty]^n$ 且 $\boldsymbol{\ell} \leqslant \boldsymbol{u}$，行满秩矩阵 $\boldsymbol{A} \in \mathbb{R}^{m\times n}$，$\boldsymbol{b} \in \mathbb{R}^m$，$\boldsymbol{c} \in \mathbb{R}^n$，$r > 0$，$\boldsymbol{a} \in \mathbb{R}^n$，$\alpha \in \mathbb{R}$）

$\mathcal{C}_1 = \mathbb{R}_+^n$	$[\boldsymbol{x}]_+$
$\mathcal{C}_2 = \mathrm{Box}\,[\boldsymbol{\ell}, \boldsymbol{u}]$	$(\min\{\max\{x_i, \ell_i\}, u_i\})_{i=1}^n$
$\mathcal{C}_3 = \{\boldsymbol{x} \in \mathbb{R}^n \ :\ \boldsymbol{A}\boldsymbol{x} = \boldsymbol{b}\}$	$\boldsymbol{x} - \boldsymbol{A}^{\mathrm{T}}\left(\boldsymbol{A}\boldsymbol{A}^{\mathrm{T}}\right)^{-1}(\boldsymbol{A}\boldsymbol{x} - \boldsymbol{b})$
$\mathcal{C}_4 = \mathrm{B}_{\\|\cdot\\|_2}[\boldsymbol{c}, r]$	$\boldsymbol{c} + \dfrac{r}{\max\{\\|\boldsymbol{x} - \boldsymbol{c}\\|_2, r\}}(\boldsymbol{x} - \boldsymbol{c})$
$\mathcal{C}_5 = \{\boldsymbol{x} \ :\ \boldsymbol{a}^{\mathrm{top}}\boldsymbol{x} \leqslant \alpha\}$	$\boldsymbol{x} - \dfrac{[\boldsymbol{a}^{\mathrm{T}} - \alpha]_+}{\\|\boldsymbol{a}\\|^2}\boldsymbol{a}$

定理 4.5 (第二邻近定理)　函数$h: \mathbb{R}^n \to \mathbb{R}$是一个适当的闭凸函数，那么对于任意的$\boldsymbol{x}, \boldsymbol{u} \in \mathbb{R}^n$，以下3个结论是等价的

① $\boldsymbol{u} = \mathrm{Prox}_h(\boldsymbol{x})$；

② $\boldsymbol{x} - \boldsymbol{u} \in \partial h(\boldsymbol{u})$；

③ $\langle \boldsymbol{x} - \boldsymbol{u}, \boldsymbol{y} - \boldsymbol{u}\rangle \leqslant h(\boldsymbol{y}) - h(\boldsymbol{u})$对任意的$\boldsymbol{y} \in \mathbb{R}^n$成立。

证明. 根据邻近算子的定义，$\boldsymbol{u} = \mathrm{Prox}_h(\boldsymbol{x})$当且仅当$\boldsymbol{u}$是以下问题的最优解：

$$\min_{\boldsymbol{y}}\left\{f(\boldsymbol{y}) + \frac{1}{2}\|\boldsymbol{y} - \boldsymbol{x}\|^2\right\}$$

根据最优性条件（见定义2.3）和次微分的可加性准则，等价于

$$\boldsymbol{0} \in \partial h(\boldsymbol{u}) + \boldsymbol{u} - \boldsymbol{x}$$

从而得到①和②的等价性。而②和③的等价性由次微分的定义可以得到。 □

推论 4.5.1　函数f是一个适当的闭凸函数，那么$\hat{\boldsymbol{x}}$是函数f的最小值当且仅当$\hat{\boldsymbol{x}} = \mathrm{Prox}_f(\hat{\boldsymbol{x}})$。

证明. $\hat{\boldsymbol{x}}$是函数f的最小值当且仅当$\boldsymbol{0} \in \partial f(\hat{\boldsymbol{x}})$，那么，等价于$\hat{\boldsymbol{x}} - \hat{\boldsymbol{x}} \in \partial f(\hat{\boldsymbol{x}})$。进一步地，根据定理4.5，可以得到$\hat{\boldsymbol{x}} = \mathrm{Prox}_f(\hat{\boldsymbol{x}})$。 □

定理 4.6 (第二投影定理)　如果集合$\mathcal{C} \subseteq \mathbb{R}^n$是一个非空闭凸集。对于$\boldsymbol{u} \in \mathcal{C}$，那么$\boldsymbol{u} = \mathrm{Proj}_{\mathcal{C}}(\boldsymbol{x})$当且仅当对任意的$\boldsymbol{y} \in \mathcal{C}$有

$$\langle \boldsymbol{x} - \boldsymbol{u}, \boldsymbol{y} - \boldsymbol{u}\rangle \leqslant 0$$

证明. 定义函数 $f(\boldsymbol{x})=\delta_C(\boldsymbol{x})$，那么根据定理4.5，可以得到该定理成立。 □

定理 4.7 (邻近算子的非扩张性质) 函数 $h:\mathbb{R}^n\to\mathbb{R}$ 是一个适当的闭凸函数，那么对任意的 $\boldsymbol{x},\boldsymbol{y}\in\mathbb{R}^n$，有

① 稳定非扩张性质：

$$\langle \boldsymbol{x}-\boldsymbol{y}, \mathrm{Prox}_h(\boldsymbol{x})-\mathrm{Prox}_h(\boldsymbol{y})\rangle \geqslant \|\mathrm{Prox}_h(\boldsymbol{x})-\mathrm{Prox}_h(\boldsymbol{y})\|^2$$

② 非扩张性质：

$$\|\mathrm{Prox}_h(\boldsymbol{x})-\mathrm{Prox}_h(\boldsymbol{y})\| \leqslant \|\boldsymbol{x}-\boldsymbol{y}\|$$

证明. ① 令 $\boldsymbol{u}=\mathrm{Prox}_h(\boldsymbol{x})$ 和 $\boldsymbol{v}=\mathrm{Prox}_h(\boldsymbol{y})$，根据定理4.5中①和②等价的性质，可以得到

$$\boldsymbol{x}-\boldsymbol{u}\in\partial f(\boldsymbol{u}),\quad \boldsymbol{y}-\boldsymbol{v}\in\partial f(\boldsymbol{v})$$

那么进一步根据次梯度的定义，有

$$f(\boldsymbol{v})\geqslant f(\boldsymbol{u})+\langle \boldsymbol{x}-\boldsymbol{u},\boldsymbol{v}-\boldsymbol{u}\rangle$$

$$f(\boldsymbol{u})\geqslant f(\boldsymbol{v})+\langle \boldsymbol{y}-\boldsymbol{v},\boldsymbol{u}-\boldsymbol{v}\rangle$$

将上面两个不等式相加，可以得到

$$0\geqslant\langle \boldsymbol{y}-\boldsymbol{x}+\boldsymbol{u}-\boldsymbol{v},\boldsymbol{u}-\boldsymbol{v}\rangle$$

而这等价于

$$\langle \boldsymbol{x}-\boldsymbol{y},\boldsymbol{u}-\boldsymbol{v}\rangle\geqslant\|\boldsymbol{u}-\boldsymbol{v}\|^2$$

这也就证明了①成立。

② 如果 $\boldsymbol{u}=\boldsymbol{v}$，那么非扩张性质成立。如果 $\boldsymbol{u}\neq\boldsymbol{v}$，根据①和柯西-施瓦茨不等式，可以得到

$$\|\boldsymbol{u}-\boldsymbol{v}\|^2\leqslant\langle \boldsymbol{u}-\boldsymbol{v},\boldsymbol{x}-\boldsymbol{y}\rangle\leqslant\|\boldsymbol{u}-\boldsymbol{v}\|\cdot\|\boldsymbol{x}-\boldsymbol{y}\| \tag{4.4}$$

从而证明该结论成立。 □

定理 4.8 (Moreau 分解定理) 函数 $f:\mathbb{R}^n\to\mathbb{R}$ 是一个适当的闭凸函数，那么对任意的 $\boldsymbol{x}\in\mathbb{R}^n$，有

$$\mathrm{Prox}_f(\boldsymbol{x})+\mathrm{Prox}_{f^*}(\boldsymbol{x})=\boldsymbol{x}$$

证明. 对于 $\boldsymbol{x}\in\mathbb{R}^n$，定义 $\boldsymbol{u}=\mathrm{Prox}_f(\boldsymbol{x})$，那么根据定理4.5中①和②等价的性质可知，$\boldsymbol{x}-\boldsymbol{u}\in\partial f(\boldsymbol{u})$，进一步根据共轭次梯度定理A.7可知，$\boldsymbol{u}\in\partial f^*(\boldsymbol{x}-\boldsymbol{u})$ 成立。进一步利用定理4.5，可以得到 $\boldsymbol{x}-\boldsymbol{u}=\mathrm{Prox}_{f^*}(\boldsymbol{x})$，即 $\mathrm{Prox}_f(\boldsymbol{x})+\mathrm{Prox}_{f^*}(\boldsymbol{x})=\boldsymbol{u}+(\boldsymbol{x}-\boldsymbol{u})=\boldsymbol{x}$。□

函数 $h:\mathbb{R}^n\to\mathbb{R}$ 且 $\mu>0$，那么函数 h 在 $\boldsymbol{x}\in\mathrm{dom}(h)$ 的 Moreau 包络（Moreau Envelope）可以定义为

$$e_h^{\mu}(\boldsymbol{x}):=\min_{\boldsymbol{y}\in\mathbb{R}^n}\left\{h(\boldsymbol{y})+\frac{1}{2\mu}\|\boldsymbol{x}-\boldsymbol{y}\|^2\right\} \tag{4.5}$$

其还可以记作

$$e_h^\mu(\boldsymbol{x}) = h\left(\text{Prox}_{\mu h}(\boldsymbol{x})\right) + \frac{1}{2\mu}\left\|\boldsymbol{x} - \text{Prox}_{\mu h}(\boldsymbol{x})\right\|^2$$

例 4.1.5 (指示函数的Moreau包络) 对于指示函数$h = \delta_C$，且集合C是一个非空闭凸集。由定理4.3可知，$\text{Prox}_{\mu h}(\boldsymbol{x}) = \text{Proj}_C(\boldsymbol{x})$。所以对任意的$\boldsymbol{x} \in \mathbb{R}^n$，得到

$$e_h^\mu(\boldsymbol{x}) = \delta_C(\text{Proj}_C(\boldsymbol{x})) + \frac{1}{2\mu}\left\|\boldsymbol{x} - \text{Proj}_C(\boldsymbol{x})\right\|^2 = \frac{1}{2\mu}\text{dist}_C^2(\boldsymbol{x})$$

例 4.1.6 (Huber函数) 函数$h : \mathbb{R}^n \to \mathbb{R}$定义为$f(\boldsymbol{x}) = \|\boldsymbol{x}\|$，那么根据邻近算子的定义可知

$$\text{Prox}_{\mu h}(\boldsymbol{x}) = \left(1 - \frac{\mu}{\max\{\|\boldsymbol{x}\|, \mu\}}\right)\boldsymbol{x}$$

因此，有

$$e_h^\mu(\boldsymbol{x}) = \|\text{Prox}_{\mu h}(\boldsymbol{x})\| + \frac{1}{2\mu}\left\|\boldsymbol{x} - \text{Prox}_{\mu h}(\boldsymbol{x})\right\|^2 = \begin{cases} \dfrac{1}{2\mu}\|\boldsymbol{x}\|^2, & \|\boldsymbol{x}\| \leqslant \mu \\ \|\boldsymbol{x}\| - \dfrac{\mu}{2}, & \|\boldsymbol{x}\| > \mu \end{cases}$$

所以可以总结为

$$e_{\|\cdot\|}^\mu(\boldsymbol{x}) = \mathcal{H}_\mu(\boldsymbol{x}) = \begin{cases} \dfrac{1}{2\mu}\|\boldsymbol{x}\|^2, & \|\boldsymbol{x}\| \leqslant \mu \\ \|\boldsymbol{x}\| - \dfrac{\mu}{2}, & \|\boldsymbol{x}\| > \mu \end{cases}$$

定理 4.9 函数$f : \mathbb{R}^{n_1} \times \mathbb{R}^{n_2} \times \cdots \times \mathbb{R}^{n_m}$定义为

$$f(\boldsymbol{x}_1, \boldsymbol{x}_2, \cdots, \boldsymbol{x}_m) = \sum_{i=1}^m f_i(\boldsymbol{x}_i), \quad \boldsymbol{x}_1 \in \mathbb{R}^{n_1},\ \boldsymbol{x}_2 \in \mathbb{R}^{n_2},\ \cdots,\ \boldsymbol{x}_m \in \mathbb{R}^{n_m}$$

其中,函数$f_i : \mathbb{R}^{n_i} \to \mathbb{R}$是适当的闭凸函数,那么对任意的$\boldsymbol{x}_1 \in \mathbb{R}^{n_1}, \boldsymbol{x}_2 \in \mathbb{R}^{n_2}, \cdots, \boldsymbol{x}_m \in \mathbb{R}^{n_m}$，有

$$e_f^\mu(\boldsymbol{x}_1, \boldsymbol{x}_2, \cdots, \boldsymbol{x}_m) = \sum_{i=1}^m e_{f_i}^\mu(\boldsymbol{x}_i)$$

证明. 根据Moreau包络函数的定义，可知

$$\begin{aligned} e_f^\mu(\boldsymbol{x}) &= \min_{\{\boldsymbol{y}_i \in \mathbb{R}^{n_i}\}}\left\{f(\boldsymbol{y}_1, \boldsymbol{y}_2, \cdots, \boldsymbol{y}_m) + \frac{1}{2\mu}\left\|(\boldsymbol{y}_1, \boldsymbol{y}_2, \cdots, \boldsymbol{y}_m) - \boldsymbol{x}\right\|^2\right\} \\ &= \min_{\{\boldsymbol{y}_i \in \mathbb{R}^{n_i}\}}\left\{\sum_{i=1}^m f_i(\boldsymbol{y}_i) + \frac{1}{2\mu}\sum_{i=1}^m \left\|\boldsymbol{y}_i - \boldsymbol{x}_i\right\|^2\right\} \\ &= \sum_{i=1}^m \min_{\boldsymbol{y}_i \in \mathbb{R}^{n_i}}\left\{f_i(\boldsymbol{y}_i) + \frac{1}{2\mu}\left\|\boldsymbol{y}_i - \boldsymbol{x}_i\right\|^2\right\} \\ &= \sum_{i=1}^m e_{f_i}^\mu(\boldsymbol{x}_i) \end{aligned}$$

□

例 4.1.7 考虑 ℓ_1-范数函数 $f(\boldsymbol{x})=\|\boldsymbol{x}\|_1$，注意到

$$f(\boldsymbol{x})=\|\boldsymbol{x}\|_1=\sum_{i=1}^{n}g(x_i)$$

其中，$g(t)=|t|$。根据例4.1.6中的结论可知，$e_g^{\mu}=\mathcal{H}_{\mu}$，再结合定理4.9，可知对任意的 $\boldsymbol{x}\in\mathbb{R}^n$，有

$$e^{\mu}_{\|\cdot\|_1}(\boldsymbol{x})=\sum_{i=1}^{n}e^{\mu}_{\|\cdot\|_1}(x_i)=\sum_{i=1}^{n}\mathcal{H}_{\mu}(x_i)$$

定理 4.10 函数 $f:\mathbb{R}^n\rightarrow\mathbb{R}$ 是一个适当的闭凸函数，且 $\mu>0$。那么 e_f^{μ} 是 $\dfrac{1}{\mu}$-光滑的，即

$$\nabla e_f^{\mu}(\boldsymbol{x})=\frac{1}{\mu}\left(\boldsymbol{x}-\mathrm{Prox}_{\mu f}(\boldsymbol{x})\right)$$

证明. 本书不详细展开该定理的证明，可见参考文献 [10] 中的定理6.60。 □

4.2 邻近梯度

基于邻近算子的概念，本节将讨论邻近梯度的概念，针对本章关注的问题 (4.1)，即

$$\min_{\boldsymbol{x}\in\mathbb{R}^n}\ f(\boldsymbol{x}):=g(\boldsymbol{x})+h(\boldsymbol{x})$$

其中函数 $g:\mathbb{R}^n\rightarrow\mathbb{R}$ 是连续可微凸函数，而函数 $h:\mathbb{R}^n\rightarrow\mathbb{R}$ 是连续不处处可微的凸函数。那么邻近梯度作为梯度的一种扩展概念，可以定义为

$$\tilde{\nabla}f(\boldsymbol{x})=\boldsymbol{x}-\mathrm{Prox}_{\alpha h}\left(\boldsymbol{x}-\alpha\nabla g(\boldsymbol{x})\right)$$

明显地，如果 $h(\boldsymbol{x})=0$，那么 $\tilde{\nabla}f(\boldsymbol{x})=\alpha\nabla g(\boldsymbol{x})=\alpha\nabla f(\boldsymbol{x})$，因此邻近梯度是梯度的一种扩展。从另一个角度理解邻近梯度的重要性，可以得到下面的定理。

定理 4.11 $\tilde{\nabla}f(\boldsymbol{x}^*)=0$ 等价于 $\boldsymbol{x}^*$ 是问题 (4.1) 的最优解。

证明. $\tilde{\nabla}f(\boldsymbol{x}^*)=0$ 等价于

$$\boldsymbol{x}^*=\mathrm{Prox}_{\alpha h}\left(\boldsymbol{x}^*-\alpha\nabla g(\boldsymbol{x}^*)\right)$$

所以，根据邻近算子的定义可以得到 $\boldsymbol{x}^*$ 是下面问题的最优解：

$$\boldsymbol{x}^*=\arg\min_{\boldsymbol{y}}\left\{\alpha h(\boldsymbol{y})+\frac{1}{2}\left\|\boldsymbol{y}-(\boldsymbol{x}^*-\alpha\nabla g(\boldsymbol{x}^*))\right\|^2\right\}$$

进一步通过最优性条件和次梯度的可加性质，这等价于

$$\boldsymbol{0}\in\alpha\partial h(\boldsymbol{x}^*)+\boldsymbol{x}^*-(\boldsymbol{x}^*-\alpha\nabla g(\boldsymbol{x}^*))$$

即

$$\boldsymbol{0}\in\alpha\partial h(\boldsymbol{x}^*)+\alpha\nabla g(\boldsymbol{x}^*)$$

因此可知，$\boldsymbol{x}^*$ 是问题 (4.1) 的最优解。 □

邻近梯度作为梯度的扩展，可以代替梯度在梯度类方法中扮演的角色，从而用于设计类似梯度类方法的新型最优化方法，4.3节将会介绍如何设计基于“邻近梯度”的最优化方法。

4.3 邻近梯度法

邻近梯度法是本章的重点内容，根据前面一节的内容，可以根据邻近梯度的概念及类似梯度下降法的思路来设计邻近梯度法。邻近梯度法的第$k+1$步的具体迭代形式为

$$\boldsymbol{x}^{k+1} = \mathrm{Prox}_{\alpha_k h}\left(\boldsymbol{x}^k - \alpha_k \nabla g(\boldsymbol{x}^k)\right) \tag{4.6}$$

可以从两个角度理解邻近梯度法：

- 从梯度下降法角度理解，通过比较两个方法的相关性质（见表4.2），可以发现，邻近梯度法可以看作基于邻近梯度且步长为1的“邻近梯度下降法”。

表 4.2 梯度下降法和邻近梯度法的比较

方法	梯度下降法	邻近梯度法
问题	$\min\limits_{\boldsymbol{x}\in\mathbb{R}^n} f(\boldsymbol{x})$	$\min\limits_{\boldsymbol{x}\in\mathbb{R}^n} f(\boldsymbol{x}) := g(\boldsymbol{x}) + h(\boldsymbol{x})$
最优性条件	$\nabla f(\boldsymbol{x}) = \boldsymbol{0}$	$\tilde{\nabla} f(\boldsymbol{x}) = \boldsymbol{0}$
迭代形式	$\boldsymbol{x}^{k+1} = \boldsymbol{x}^k - \alpha_k \nabla f(\boldsymbol{x}^k)$	$\boldsymbol{x}^{k+1} = \boldsymbol{x}^k - \tilde{\nabla} f(\boldsymbol{x})$

- 从不动点迭代的角度理解，邻近梯度法可以看作在最优性条件基础上应用不动点迭代形式，即

$$\boldsymbol{x}^* = \mathrm{Prox}_{\alpha h}\left(\boldsymbol{x}^* - \alpha \nabla g(\boldsymbol{x}^*)\right) \quad \Rightarrow \quad \boldsymbol{x}^{k+1} = \mathrm{Prox}_{\alpha_k h}\left(\boldsymbol{x}^k - \alpha_k \nabla g(\boldsymbol{x}^k)\right)$$

针对某些特殊问题，邻近梯度法可以退化为更加简单有效的算法，包括一些常见算法：

- 如果函数$h(\boldsymbol{x}) = 0$，那么邻近梯度法退化为经典梯度下降法，即

$$\boldsymbol{x}^{k+1} = \boldsymbol{x}^k - \alpha_k \nabla f(\boldsymbol{x}^k)$$

- 如果函数$g(\boldsymbol{x}) = 0$,那么邻近梯度法退化为邻近点方法(Proximal point method)，即

$$\boldsymbol{x}^{k+1} = \arg\min_{\boldsymbol{x}} \left\{ f(\boldsymbol{x}) + \frac{1}{2\alpha^k}\left\|\boldsymbol{x} - \boldsymbol{x}^k\right\|^2 \right\}$$

值得注意的是，邻近点方法也是一种典型的最优化方法，有很好的收敛性质。针对某些具有特殊结构的最优化问题，邻近点方法是一个好的算法框架。

进一步地，结合邻近梯度法迭代以及邻近算子的定义可以得到

$$\boldsymbol{x}^{k+1} = \arg\min_{\boldsymbol{x}\in\mathbb{R}^n} \left\{ \alpha_k h(\boldsymbol{x}) + \frac{1}{2}\left\|\boldsymbol{x} - \left(\boldsymbol{x}^k - \alpha_k \nabla g(\boldsymbol{x}^k)\right)\right\|^2 \right\}$$

$$= \arg\min_{\boldsymbol{x}\in\mathbb{R}^n} \left\{ h(\boldsymbol{x}) + \underbrace{g(\boldsymbol{x}^k) + \left\langle \nabla g(\boldsymbol{x}^k), \boldsymbol{x}-\boldsymbol{x}^k \right\rangle + \frac{1}{2\alpha_k}\left\|\boldsymbol{x}-\boldsymbol{x}^k\right\|^2}_{g(\boldsymbol{x})\text{在}\boldsymbol{x}^k\text{处的泰勒展开近似}} \right\}$$

可以看出，在邻近梯度法的每个迭代步都需要求解上式中所对应的最优化问题，且除去 $h(\boldsymbol{x})$ 的部分可以看作函数 $g(\boldsymbol{x})$ 在 $\boldsymbol{x}^k$ 处的泰勒展开二次函数近似。如果该问题有较好的性质，则可以得到高效计算该问题最优解的方式，从而大大提升邻近梯度法的计算效率。从另一个角度理解，这也是邻近梯度法的最大优势。在具体的算法设计中，可以根据不可微部分函数 $h(\boldsymbol{x})$ 的结构性质来定制化设计该子问题，这也会在4.4节中详细讨论。相反地，如果该问题没有闭式解或高效求解方式，那么由此设计的邻近梯度法并非求解问题(4.1)的有效方法，可能需要引入更多的技巧进行算法设计。

4.4 广义邻近梯度法

本节考虑将邻近梯度法扩展到更广义距离意义下的方法框架。首先讨论一种经常被使用的扩展距离，即Bregman距离。给定一个严格凸的可微函数 $\eta:\mathbb{R}^n\to\mathbb{R}$，由该函数定义的Bregman距离可以定义为

$$\mathcal{B}(\boldsymbol{x},\boldsymbol{y}) = \eta(\boldsymbol{x}) - \eta(\boldsymbol{y}) - \langle \nabla\eta(\boldsymbol{y}), \boldsymbol{x}-\boldsymbol{y}\rangle \tag{4.7}$$

该距离具有如下性质：

(1) 对任意的 $\boldsymbol{x},\boldsymbol{y}$ 有 $\mathcal{B}(\boldsymbol{x},\boldsymbol{y})\geqslant 0$；且 $\mathcal{B}(\boldsymbol{x},\boldsymbol{y})=0$ 当且仅当 $\boldsymbol{x}=\boldsymbol{y}$；

(2) 不具备对称性，即 $\mathcal{B}(\boldsymbol{x},\boldsymbol{y})\neq\mathcal{B}(\boldsymbol{y},\boldsymbol{x})$；

(3) 如果 $\eta(\boldsymbol{x})=\dfrac{1}{2}\|\boldsymbol{x}\|^2$，则 $\mathcal{B}(\boldsymbol{x},\boldsymbol{y})=\dfrac{1}{2}\|\boldsymbol{x}-\boldsymbol{y}\|^2$。

由这些性质可以看出，Bregman距离并不是严格意义的真正距离，所以只能是一种扩展距离。

广义邻近梯度法的本质是将邻近梯度法所对应的最优性条件，即

$$\boldsymbol{x}^* = \arg\min_{\boldsymbol{x}\in\mathbb{R}^n} \left\{ h(\boldsymbol{x}) + \langle \nabla g(\boldsymbol{x}^*), \boldsymbol{x}-\boldsymbol{x}^*\rangle + \frac{1}{2\alpha}\|\boldsymbol{x}-\boldsymbol{x}^*\|^2 \right\}$$

替换为

$$\boldsymbol{x}^* = \arg\min_{\boldsymbol{x}\in\mathbb{R}^n} \left\{ h(\boldsymbol{x}) + \langle \nabla g(\boldsymbol{x}^*), \boldsymbol{x}-\boldsymbol{x}^*\rangle + \frac{1}{\alpha}\mathcal{B}(\boldsymbol{x},\boldsymbol{x}^*) \right\}$$

该条件可以驱动设计我们所关心的广义邻近梯度法，第 $k+1$ 步迭代形式为

$$\boldsymbol{x}^{k+1} = \arg\min_{\boldsymbol{x}\in\mathbb{R}^n} \left\{ h(\boldsymbol{x}) + \left\langle \nabla g(\boldsymbol{x}^k), \boldsymbol{x}-\boldsymbol{x}^k\right\rangle + \frac{1}{\alpha}\mathcal{B}(\boldsymbol{x},\boldsymbol{x}^k) \right\}$$

基于Bregman距离的广义邻近梯度法具有重要的实际应用意义，且Bregman距离被广泛应用于机器学习。下面通过一个例子来说明Bregman距离定义的广义邻近梯度法相较于邻近梯度法有其存在的必要性和优势。

例 4.4.1 考虑如下最优化问题

$$\min_{\boldsymbol{x}\in\mathbb{R}^n} f(\boldsymbol{x}) = \left\{\delta_{\mathcal{C}}(\boldsymbol{x}) + g(\boldsymbol{x}) \;\middle|\; \mathcal{C} = \left\{\boldsymbol{x}\in\mathbb{R}_+^n \;\middle|\; \|\boldsymbol{x}\|_1 = 1\right\}\right\}$$

此时，分别给出一般邻近梯度法和基于 $\eta(\boldsymbol{x}) = \sum\limits_{i=1}^{n} x_i \log(x_i)$ 定义的广义邻近梯度法的迭代形式：

$$\begin{cases} \boldsymbol{x}^{k+1} = \arg\min_{\boldsymbol{x}\in\mathbb{R}^n} \delta_{\mathcal{C}}(\boldsymbol{x}) + \left\langle \nabla g(\boldsymbol{x}^k), \boldsymbol{x} - \boldsymbol{x}^k \right\rangle + \dfrac{1}{2\alpha_k}\left\|\boldsymbol{x} - \boldsymbol{x}^k\right\|^2 \\ \boldsymbol{x}^{k+1} = \arg\min_{\boldsymbol{x}\in\mathbb{R}^n} \delta_{\mathcal{C}}(\boldsymbol{x}) + \left\langle \nabla g(\boldsymbol{x}^k), \boldsymbol{x} - \boldsymbol{x}^k \right\rangle \\ \qquad\qquad + \dfrac{1}{\alpha_k}\left[\sum\limits_{i=1}^{n} x_i \log\dfrac{x_i}{x_i^k} - \sum\limits_{i=1}^{n} x_i + \sum\limits_{i=1}^{n} x_i^k\right] \end{cases}$$

明显地，广义邻近梯度法的迭代形式虽然看起来复杂，但实际更容易计算，由例2.3.1的结果可知，对于广义邻近梯度法的迭代形式

$$\boldsymbol{x}^{k+1} = \arg\min_{\boldsymbol{x}\in\Delta_n} \left\{\sum_{i=1}^{n} x_i \log x_i + \sum_{i=1}^{n}\left[\alpha_k\left(\nabla g(\boldsymbol{x}^k)\right)_i - 1 - \log x_i^k\right] x_i\right\}$$

从而根据例2.3.1中的结论可以得到该最优化问题的闭式最优解，即

$$x_i^{k+1} = \frac{\mathrm{e}^{\log x_i^k + 1 - \alpha_i\left(\nabla g(\boldsymbol{x}^k)\right)_i}}{\sum\limits_{j=1}^{n} \mathrm{e}^{\log x_j^k + 1 - \alpha_j\left(\nabla g(\boldsymbol{x}^k)\right)_j}}, \quad i = 1, 2, \cdots, n$$

该闭式解可以被高效计算得到，但是一般邻近梯度法的迭代形式无法被高效计算，从而说明广义邻近梯度法的必要性以及结合问题结构的有效性。

4.5 Nesterov加速方法

在讨论具体的Nesterov加速方法之前，我们先讨论为什么需要思考最优化方法加速技术以及为什么需要设计加速方法。对于3.4节中定义的一类问题 $\mathcal{P}(\mathcal{D}, L)$，给定一个一阶方法 $\mathcal{A}\in\Omega$（Ω 是指所有一阶方法的集合），那么该算法 $\mathcal{A}$ 的复杂度可以定义为

$$\mathcal{C}_\epsilon(\mathcal{A}) = \sup_{f\in\mathcal{P}(\mathcal{D},L)} \left\{\min\left\{k \;\middle|\; f(\boldsymbol{x}^k) - f(\boldsymbol{x}^*) \leqslant \epsilon\right\}\right\}$$

该复杂度可以看作是针对 $\mathcal{P}(\mathcal{D}, L)$ 中所有问题 f，该算法 $\mathcal{A}$ 达到 ϵ 计算复杂度所需要的最坏情况迭代步数。参考文献[11]中给出了全面的分析讨论，证明了一阶方法的复杂度满足

$$\mathcal{O}(1)\min\left\{n, \sqrt{L\mathcal{D}^2\epsilon^{-1}}\right\} \leqslant \inf_{\mathcal{A}\in\Omega} \mathcal{C}_\epsilon(\mathcal{A}) \leqslant \sqrt{4L\mathcal{D}^2\epsilon^{-1}}$$

该结论也说明“最优的”一阶方法的复杂度是 $\mathcal{O}(1/\sqrt{\epsilon})$ 阶的。回顾前面关于梯度下降法的迭代复杂度理论性质可知（见定理3.1），一般梯度下降法的复杂度为 $\mathcal{O}(1/\epsilon)$。明显地，

梯度下降法并非“最优的”一阶方法。对于邻近梯度法，一般情况下，其迭代复杂度同样为$\mathcal{O}(1/\epsilon)$（参见文献[10]），因此邻近梯度法属于一阶方法，但不是“最优的”一阶方法。将一阶方法的复杂度从$\mathcal{O}(1/\epsilon)$提升到$\mathcal{O}(1/\sqrt{\epsilon})$，称为方法加速，所得到的方法为加速方法，其中最为有名的加速方法称为Nesterov加速方法，因为其最早被数学家Nesterov提出（参见文献[11]）。下面在梯度下降法和邻近梯度法基础上，分别给出Nesterov加速梯度下降法和Nesterov加速邻近梯度法。

Nesterov 加速梯度下降法：

- 定义序列$\{a_k\}$满足

$$a_k = \frac{1}{2}\left(1 + \sqrt{1 + 4a_{k-1}^2}\right), \quad a_0 = 0$$

  通过数学归纳法可以证明该序列满足对任意的$k \geqslant 1$有$a_k \geqslant \frac{k+1}{2}$；
- 进一步定义序列$\{t^k\}$满足

$$t^k = \frac{a_k - 1}{a_{k+1}}, \quad k \geqslant 1$$

- 方法的具体迭代形式定义为

$$\begin{cases} \boldsymbol{x}^0 = \boldsymbol{x}^1 = \boldsymbol{0} \\ \boldsymbol{y}^{k+1} = \left(1 + t^k\right)\boldsymbol{x}^k - t^k\boldsymbol{x}^{k-1} \\ \boldsymbol{x}^{k+1} = \boldsymbol{y}^{k+1} - \dfrac{1}{L}\nabla f(\boldsymbol{y}^{k+1}) \end{cases} \tag{4.8}$$

Nesterov加速梯度下降法中的关键是序列$\{a_k\}$和$\{t^k\}$的定义，以及迭代序列的合理线性组合。该算法迭代简单有效，且步长是固定的而无须过度调参进行步长选择。Nesterov加速梯度下降法之所以被认为是加速方法，是因为在凸优化问题的假设下，该算法的迭代复杂度可以证明为

$$f(\boldsymbol{x}^k) - f(\boldsymbol{x}^*) \leqslant \frac{2L\left\|\boldsymbol{x}^0 - \boldsymbol{x}^*\right\|^2}{(k+1)(k+2)}, \quad k \geqslant 1$$

所以该方法被认为是一种“最优的”一阶方法。下面进一步介绍Nesterov加速邻近梯度方法，其与Nesterov加速梯度下降法的唯一区别是将式(4.9)中的梯度下降法替换为邻近梯度法。可以通过类似方法建立Nesterov加速邻近梯度法的迭代复杂度为

$$f(\boldsymbol{x}^k) - f(\boldsymbol{x}^*) \leqslant \frac{2L\left\|\boldsymbol{x}^0 - \boldsymbol{x}^*\right\|^2}{(k+1)^2}, \quad k \geqslant 1$$

上述迭代复杂度的理论分析在本书不做强调也不需掌握，但应对加速一阶方法的理论性质有所了解。

Nesterov 加速邻近梯度法（也称为 FISTA）：

- 定义序列 $\{a_k\}$ 满足

$$a_k = \frac{1}{2}\left(1+\sqrt{1+4a_{k-1}^2}\right), \quad a_0 = 0$$

通过数学归纳法可以证明该序列满足对任意的 $k \geqslant 1$ 有 $a_k \geqslant \dfrac{k+1}{2}$；

- 进一步定义序列 $\{t^k\}$ 满足

$$t^k = \frac{a_k - 1}{a_{k+1}}, \quad k \geqslant 1$$

- 算法的具体迭代形式定义为

$$\begin{cases} \boldsymbol{x}^0 = \boldsymbol{x}^1 = \boldsymbol{0} \\ \boldsymbol{y}^{k+1} = \left(1+t^k\right)\boldsymbol{x}^k - t^k\boldsymbol{x}^{k-1} \\ \boldsymbol{x}^{k+1} = \operatorname{Prox}_{\frac{1}{L}h}\left(\boldsymbol{y}^{k+1} - \dfrac{1}{L}\nabla g(\boldsymbol{y}^{k+1})\right) \end{cases} \tag{4.9}$$

“最优的”一阶方法还有多种其他形式的最优化方法，但基本类似于上面介绍的 Nesterov 加速梯度下降法和 Nesterov 加速邻近梯度法，相关算法以及理论分析可以参考文献 [12]。

4.6 应用案例

4.6.1 Lasso问题

Least absolute shrinkage and selection operator（Lasso）是统计学习或机器学习中的一个重要模型，该问题的具体形式为

$$\min_{\boldsymbol{x}\in\mathbb{R}^n} \underbrace{\lambda\|\boldsymbol{x}\|_1}_{h(\boldsymbol{x})} + \underbrace{\frac{1}{2}\|\boldsymbol{A}\boldsymbol{x}-\boldsymbol{b}\|^2}_{g(\boldsymbol{x})} \tag{4.10}$$

其中，矩阵 $\boldsymbol{A}\in\mathbb{R}^{m\times n}$（通常 $m \ll n$）且 $\boldsymbol{b}\in\mathbb{R}^m$。因为 ℓ_1-范数不是处处可微的，所以可以利用邻近梯度法来求解该 Lasso 问题，其第 $k+1$ 步的迭代形式为

$$\begin{aligned} \boldsymbol{x}^{k+1} &= \arg\min_{\boldsymbol{x}} \lambda\|\boldsymbol{x}\|_1 + \frac{1}{2\alpha_k}\left\|\boldsymbol{x} - \left[\boldsymbol{x}^k - \alpha_k\boldsymbol{A}^{\mathrm{T}}\left(\boldsymbol{A}\boldsymbol{x}^k - \boldsymbol{b}\right)\right]\right\|^2 \\ &= \operatorname{Prox}_{\lambda\alpha_k\|\cdot\|_1}\left(\boldsymbol{x}^k - \alpha_k\boldsymbol{A}^{\mathrm{T}}\left(\boldsymbol{A}\boldsymbol{x}^k - \boldsymbol{b}\right)\right) \\ &= \left[\left|\boldsymbol{x}^k - \alpha_k\boldsymbol{A}^{\mathrm{T}}\left(\boldsymbol{A}\boldsymbol{x}^k - \boldsymbol{b}\right)\right| - \lambda\alpha_k\boldsymbol{e}\right]_+ \odot \operatorname{sgn}\left(\boldsymbol{x}^k - \alpha_k\boldsymbol{A}^{\mathrm{T}}\left(\boldsymbol{A}\boldsymbol{x}^k - \boldsymbol{b}\right)\right) \end{aligned}$$

其中，$\operatorname{Prox}_{\lambda\alpha_k\|\cdot\|_1}$ 的闭式解计算可参考式(4.3)。明显地，类似的闭式解计算方式可以保证每个迭代步的计算效率，因此邻近梯度法的算法迭代形式适合 Lasso 问题的求解计算。

本小节针对第1章中介绍的ℓ_1-正则逻辑回归模型(1.2)，通过邻近梯度类方法求解来帮助大家理解邻近梯度法的体系框架。

4.6.2 ℓ_1-正则逻辑回归问题

由1.2节中对ℓ_1-正则逻辑回归模型的介绍可知，其对应的最优化问题的模型为

$$\min_{\boldsymbol{x}\in\mathbb{R}^n}\left\{f(\boldsymbol{x})+\lambda\|\boldsymbol{x}\|_1=\sum_{i=1}^{m}\log\left(1+\exp(-y_i\boldsymbol{z}_i^{\mathrm{T}}\boldsymbol{x})\right)+\lambda\|\boldsymbol{x}\|_1\right\}$$

该问题的变量为$\boldsymbol{x}\in\mathbb{R}^n$，根据该问题模型的结构，可以利用邻近梯度法来求解该问题。下面具体讨论子问题的计算。当采取邻近梯度法时，子问题通过下面的迭代形式计算

$$\boldsymbol{x}^{k+1}=\mathrm{Prox}_{\alpha_k\|\cdot\|_1}\left[\boldsymbol{x}^k-\alpha_k\nabla f(\boldsymbol{x}^k)\right]$$

该问题可以通过式(4.3)中的soft-thresholding运算来计算闭式解。因此，子问题的计算非常简单高效。针对ℓ_1-正则逻辑回归模型的邻近梯度法可总结如下：

面向ℓ_1-正则逻辑回归的邻近梯度法：

- 给定初始值$\boldsymbol{x}^0\in\mathbb{R}^n$；
- 判断终止条件是否满足；
  利用式(4.3)更新计算$\mathrm{Prox}_{\alpha_k\|\cdot\|_1}\left[\boldsymbol{x}^k-\alpha_k\nabla f(\boldsymbol{x}^k)\right]$，其中，
  $$\nabla f(\boldsymbol{x}^k)=\sum_{i=1}^{m}\frac{-y_i\exp(-y_i\boldsymbol{z}_i^{\mathrm{T}}\boldsymbol{x}^k)\boldsymbol{z}_i}{1+\exp(-y_i\boldsymbol{z}_i^{\mathrm{T}}\boldsymbol{x}^k)}$$
- 进入下一个迭代。

4.7 本章小结

本章介绍了邻近梯度法这一重要的一阶方法，并介绍了以邻近梯度法为基础扩展出的广义邻近梯度法。邻近梯度法可以处理梯度下降法不能处理的非光滑目标函数的情况，但是与次梯度方法不同的是，邻近梯度法利用邻近算子的特殊性质以提升所得到算法的求解效率。值得注意的是，邻近梯度法的求解效率依赖于目标函数中非光滑部分函数的邻近算子的计算效率，如果对应的邻近算子有闭式解或者可以被高效计算，那么该问题适合于利用邻近梯度法进行求解。邻近梯度技术可以与后续章节中介绍的块坐标下降类、交替方向乘子法、随机梯度类等方法相结合，以提升所针对的最优化问题的求解效率。

4.8 习题

1. 函数$g:\mathbb{R}^n\to\mathbb{R}$是一个适当的函数，如果$\lambda\neq 0$和$\boldsymbol{a}\in\mathbb{R}^n$，函数$h:\mathbb{R}^n\to\mathbb{R}$定义为$h(\boldsymbol{x})=g(\lambda\boldsymbol{x}+\boldsymbol{a})$，那么请给出该函数对应的邻近算子$\mathrm{Prox}_h(\boldsymbol{x})$。

2. 函数$\mathbb{R}^n \to \mathbb{R}$是适当的，如果$\lambda \neq 0$，函数$h(\boldsymbol{x}) = \lambda g(\boldsymbol{x}/\lambda)$，那么请给出该函数对应的邻近算子$\text{Prox}_h(\boldsymbol{x})$。
3. 函数$h: \mathbb{R}^n \to \mathbb{R}$定义为$h(\boldsymbol{x}) = \lambda\|\boldsymbol{x}\|$，其中，$\lambda > 0$且$\|\cdot\|$代表欧氏范数，那么请给出该函数对应的邻近算子$\text{Prox}_h(\boldsymbol{x})$。
4. 考虑最优传输问题，即

$$\mathcal{L}_{\boldsymbol{C}}(a,b) := \min_{\boldsymbol{P}\in U(a,b)} \langle \boldsymbol{C}, \boldsymbol{P}\rangle := \sum_{i,j} C_{ij}P_{ij} \tag{4.11}$$

其中，$\boldsymbol{C} \in \mathbb{R}^{n\times m}$表示代价矩阵，$C_{ij}$表示从$i$传输到$j$所需要的花费。集合$U(a,b)$定义为

$$U(a,b) := \left\{\boldsymbol{P} \in \mathbb{R}_+^{n\times m} \mid \boldsymbol{P}1_m = a, \boldsymbol{P}^{\mathrm{T}}1_n = b\right\}$$

针对最优传输问题，利用广义邻近梯度方法进行求解，确切说利用广义邻近点方法进行求解计算。首先引入熵函数（Entropy function）并定义基于熵函数的Bregman距离，即

$$H(\boldsymbol{P}) = -\sum_{i,j} P_{i,j}\left(\log\left(P_{i,j}\right) - 1\right)$$

$$\mathcal{D}_H\left(\boldsymbol{P}, \boldsymbol{P}^{(\ell)}\right) = \sum_{i,j} P_{i,j}\left(\log\frac{P_{i,j}}{P_{i,j}^{(\ell)}}\right) - \sum_{i,j} P_{i,j} + \sum_{i,j} P_{i,j}^{(\ell)}$$

以此为基础，请给出面向最优传输问题的广义邻近点方法。值得注意的是，广义邻近点方法的迭代形式如上，但是子问题看起来是不易处理的，实际上可以利用经典的Sinkhorn方法进行高效计算。Sinkhorn方法是求解熵正则最优传输问题的最高效方法，后续在第6章会详细展开介绍。
5. (距离函数的邻近算子)令$C \subseteq \mathbb{R}^n$为非空闭凸集，$\lambda > 0$那么对任意$\boldsymbol{x} \in \mathbb{R}^n$，证明

$$\text{Prox}_{\lambda d_C}(\boldsymbol{x}) = \begin{cases} (1-\theta)\boldsymbol{x} + \theta P_C(\boldsymbol{x}), & d_C > \lambda \\ P_C(\boldsymbol{x}), & d_C(\boldsymbol{x}) \leqslant \lambda \end{cases}$$

其中，$\theta = \dfrac{\lambda}{d_C(\boldsymbol{x})}$。
6. 令$f: \mathbb{R}^n \to \mathbb{R}$为$f(\boldsymbol{x}) = g(\|\boldsymbol{x}\|)$，其中，$g: \mathbb{R} \to \mathbb{R}$是满足$\text{dom}\, g \subseteq [0,\infty)$的适当闭凸函数，那么证明

$$\text{Prox}_f(\boldsymbol{x}) = \begin{cases} \text{Prox}_g(\|\boldsymbol{x}\|)\dfrac{\boldsymbol{x}}{\|\boldsymbol{x}\|}, & \boldsymbol{x} \neq \boldsymbol{0} \\ \{\boldsymbol{u} \in \mathbb{R}^n : \|\boldsymbol{u}\| = \text{Prox}_g(0)\}, & \boldsymbol{x} = \boldsymbol{0} \end{cases}$$

7. (仿射变换与邻近算子)已知函数$g(\boldsymbol{x})$和矩阵$\boldsymbol{A}$，设$h(\boldsymbol{x}) = g(\boldsymbol{A}\boldsymbol{x} + b)$。在通常

情况下，我们不能使用 g 的邻近算子直接计算关于 h 的邻近算子。证明：如果有 $\boldsymbol{A}\boldsymbol{A}^{\mathrm{T}} = \dfrac{1}{\alpha}\boldsymbol{I}$(其中，$\alpha$ 为任意正常数)，则

$$\mathrm{Prox}_h(\boldsymbol{x}) = (\boldsymbol{I} - \alpha\boldsymbol{A}\boldsymbol{A}^{\mathrm{T}})\boldsymbol{x} + \alpha\boldsymbol{A}^{\mathrm{T}}(\mathrm{Prox}_{\alpha^{-1}g}(\boldsymbol{A}\boldsymbol{x} + b) - b)$$

例如，$h(x_1, x_2, \cdots, x_m) = g(x_1 + x_2 + \cdots + x_m)$ 的邻近算子为

$$\mathrm{Prox}_h(x_1, x_2, \cdots, x_m)_i = x_i - \frac{1}{m}(\sum_{j=1}^{m} x_j - \mathrm{Prox}_{mg}(\sum_{j=1}^{m} x_j))$$

8. 对矩阵函数可以类似地定义邻近算子，只需将向量版本中的 ℓ_2-范数替换为矩阵 F 范数，即

$$\mathrm{Prox}_f(\boldsymbol{X}) = \arg\min_{\boldsymbol{U}\in \mathrm{dom}\, f} \left\{f(\boldsymbol{U}) + \frac{1}{2}\|\boldsymbol{U} - \boldsymbol{X}\|_{\mathrm{F}}^2\right\}$$

试求出如下函数的邻近算子表达式：

(1) $f(\boldsymbol{U}) = \|\boldsymbol{U}\|_1$, 其中，$\mathrm{dom}\, f = \mathbb{R}^{m\times n}$；

(2) $f(\boldsymbol{U}) = -\ln\det(\boldsymbol{U})$, 其中 $\mathrm{dom}\, f = \{\boldsymbol{U} \mid \boldsymbol{U} \succ \boldsymbol{0}\}$, 这里邻近算子的自变量 $\boldsymbol{X}$ 为对称矩阵 (不一定正定)；

(3) $f(\boldsymbol{U}) = I_C(\boldsymbol{U})$, 其中，$C = \{\boldsymbol{U} \in S^n \mid \boldsymbol{U} \succeq \boldsymbol{0}\}$；

9. (Moreau 包络的邻近算子) 令 $f : \mathbb{R}^n \to \mathbb{R}$ 为适当闭凸函数，$\mu > 0$。那么对任意 $\boldsymbol{x} \in \mathbb{R}^n$，证明

$$\mathrm{Prox}_{e_f^{\mu}}(\boldsymbol{x}) = \boldsymbol{x} + \frac{1}{\mu + 1}(\mathrm{Prox}_{(\mu+1)f}(\boldsymbol{x}) - \boldsymbol{x})$$

10. 假设 $f : \mathbb{R}^n \to \mathbb{R}$ 是闭凸函数，证明 Moreau 分解的推广成立，即对任意的 $\lambda > 0$，有

$$\boldsymbol{x} = \mathrm{Prox}_f(\boldsymbol{x}) + \lambda\,\mathrm{Prox}_{\lambda^{-1}f^*}\left(\frac{\boldsymbol{x}}{\lambda}\right), \quad \forall \boldsymbol{x}$$

11. (Moreau 包络分解) 令 $f : \mathbb{R}^n \to \mathbb{R}$ 为适当闭凸函数，$\mu > 0$。那么对任意 $\boldsymbol{x} \in \mathbb{R}^n$，证明

$$e_f^{\mu}(\boldsymbol{x}) + e_{f^*}^{1/\mu}\left(\frac{\boldsymbol{x}}{\mu}\right) = \frac{1}{2\mu}\|\boldsymbol{x}\|^2$$

第 5 章

牛顿法和BFGS方法

梯度类方法和邻近梯度法只依赖函数和梯度信息来设计，其对所求解的最优化问题的性质要求并不高，很多机器学习应用问题对应的最优化问题可以使用梯度类方法和邻近梯度法来求解。然而在很多机器学习应用中，建模得到的最优化问题的目标函数也可能是充分光滑的，即可以计算其二阶导数（Hessian 矩阵），因此可以利用二阶导数等信息构造下降方向。牛顿法是最典型的二阶方法，其每步迭代的计算复杂度较高，但是收敛速度比一阶算法显著快。本章中，以牛顿法为基础介绍一种拟牛顿方法，即 BFGS 方法，其通过一阶信息近似估计二阶导数，旨在接近牛顿法在收敛速度方面的能力。进一步地，有限内存 BFGS 方法被提出，而有限内存 BFGS 方法更加适合处理机器学习应用问题。

5.1 牛顿法

牛顿法在第3章中已有简单介绍，其利用最优化问题的二阶梯度信息来提升传统梯度下降方法的优化效率。针对无约束最优化问题，即

$$\min_{\boldsymbol{x}} \left\{ f(\boldsymbol{x}) \,\middle|\, \boldsymbol{x} \in \mathbb{R}^n \right\}$$

其中，目标函数 f 为二次连续可微函数（Hessian 矩阵记为 $\nabla^2 f(\boldsymbol{x})$）。值得注意的是，该最优化问题的一阶最优性条件为

$$\nabla f(\boldsymbol{x}) = 0$$

如果对 $\nabla f(\boldsymbol{x})$ 函数在 $\boldsymbol{y}$ 处进行泰勒展开，则有

$$\nabla f(\boldsymbol{x}) \approx \nabla f(\boldsymbol{y}) + \nabla^2 f(\boldsymbol{y})\,(\boldsymbol{x} - \boldsymbol{y})$$

如果令 $\boldsymbol{y} = \boldsymbol{x}^k$，且希望找到近似最优解 $\boldsymbol{x}^{k+1}$，满足

$$\nabla f(\boldsymbol{x}^{k+1}) \approx \nabla f(\boldsymbol{x}^k) + \nabla^2 f(\boldsymbol{x}^k)\left(\boldsymbol{x}^{k+1} - \boldsymbol{x}^k\right) = 0$$

即

$$\boldsymbol{x}^{k+1} = \boldsymbol{x}^k - \left[\nabla^2 f(\boldsymbol{x}^k)\right]^{-1} \nabla f(\boldsymbol{x}^k) \tag{5.1}$$

则得到了牛顿法的迭代格式。牛顿法的关键核心是二阶导数Hessian矩阵的逆矩阵的计算，其较高计算难度导致牛顿法每步迭代的计算复杂度高，然而同样因为二阶导数的使用带来了牛顿法快速收敛的优势。以牛顿法为基础，进一步设计拟牛顿方法，其中的典型BFGS方法在5.2节中介绍。

5.2 BFGS方法

这个重要方法是由Broyden、Fletcher、Goldfard和Shanno于1970年提出的一种拟牛顿方法[13–16]，简称为BFGS。BFGS针对无约束最优化问题，其中目标函数$f(\boldsymbol{x})$为二次连续可微函数，该目标函数在迭代点$\boldsymbol{x}^k$的二阶近似记为

$$m_k(\boldsymbol{p}) := f(\boldsymbol{x}^k) + \nabla f(\boldsymbol{x}^k)^{\mathrm{T}}\boldsymbol{p} + \frac{1}{2}\boldsymbol{p}^{\mathrm{T}}\boldsymbol{\mathcal{B}}_k\boldsymbol{p} \tag{5.2}$$

其中，$\boldsymbol{\mathcal{B}}_k \in \mathbb{R}^{n\times n}$表示一个对称正定矩阵, 且其会随着迭代进行更新。由式(5.2)可以看出

$$m_k(\mathbf{0}) = f(\boldsymbol{x}^k), \quad \nabla m_k(\mathbf{0}) = \nabla f(\boldsymbol{x}^k)$$

因此在$\boldsymbol{x}^k$的附近可以用m_k来近似目标函数$f(\cdot)$。同时对这个二次凸函数$m_k(\boldsymbol{p})$求极小，可以得到

$$\boldsymbol{p}_k = -\boldsymbol{\mathcal{B}}_k^{-1}\nabla f(\boldsymbol{x}^k) \tag{5.3}$$

此时，$\boldsymbol{p}_k$可以认为是拟牛顿方法迭代格式中的搜索方向, 于是拟牛顿方法的迭代格式可以记为

$$\boldsymbol{x}^{k+1} = \boldsymbol{x}^k + \alpha_k\boldsymbol{p}_k \tag{5.4}$$

其中，$\alpha_k > 0$表示步长。明显地，拟牛顿方法的迭代格式和牛顿法十分类似，关键区别在于拟牛顿方法在二阶近似时并没有使用Hessian矩阵, 而是使用一个对称正定的矩阵$\boldsymbol{\mathcal{B}}_k$作为Hessian矩阵的近似。如何在迭代过程中更新$\boldsymbol{\mathcal{B}}_k$自然成为需要解决的核心问题。若每次迭代都从零开始计算矩阵$\boldsymbol{\mathcal{B}}_k$，则需要很高的计算代价。为了减少计算量，可以在前一步$\boldsymbol{\mathcal{B}}_k$的基础上通过“曲率条件”来计算新的$\boldsymbol{\mathcal{B}}_{k+1}$。

下面重点介绍曲率条件。考虑在$\boldsymbol{x}^{k+1}$处的二阶近似模型:

$$m_{k+1}(\boldsymbol{p}) = f(\boldsymbol{x}^{k+1}) + \nabla f(\boldsymbol{x}^{k+1})^{\mathrm{T}}\boldsymbol{p} + \frac{1}{2}\boldsymbol{p}^{\mathrm{T}}\boldsymbol{\mathcal{B}}_{k+1}\boldsymbol{p} \tag{5.5}$$

m_{k+1}在$\boldsymbol{x}^k - \boldsymbol{x}^{k+1}$处函数值近似函数$f$在$\boldsymbol{x}^k$处函数值。因此主要考虑函数$f$在$\boldsymbol{x}^k$的梯度和$m_{k+1}$在$\boldsymbol{x}^k - \boldsymbol{x}^{k+1}$处的梯度，若两者梯度相等则有

$$\nabla m_{k+1}(\boldsymbol{x}^k - \boldsymbol{x}^{k+1}) = \nabla f(\boldsymbol{x}^{k+1}) + \boldsymbol{\mathcal{B}}_{k+1}(\boldsymbol{x}^k - \boldsymbol{x}^{k+1}) = \nabla f(\boldsymbol{x}^k)$$

该式等价于

$$\boldsymbol{\mathcal{B}}_{k+1}\left(\boldsymbol{x}^{k+1} - \boldsymbol{x}^k\right) = \nabla f(\boldsymbol{x}^{k+1}) - \nabla f(\boldsymbol{x}^k)$$

进一步设定 $\boldsymbol{s}_k = \boldsymbol{x}^{k+1} - \boldsymbol{x}^k$，$\boldsymbol{y}_k = \nabla f(\boldsymbol{x}^{k+1}) - \nabla f(\boldsymbol{x}^k)$，可以得到

$$\mathcal{B}_{k+1}\boldsymbol{s}_k = \boldsymbol{y}_k$$

上式被称为割线方程（Secant equation）。在每次迭代过程中，需要保证矩阵 $\mathcal{B}_k$ 的正定性。所以，在上式两边同时左乘 $\boldsymbol{s}_k^{\mathrm{T}}$ 可以得到

$$\boldsymbol{s}_k^{\mathrm{T}}\mathcal{B}_{k+1}\boldsymbol{s}_k = \boldsymbol{s}_k^{\mathrm{T}}\boldsymbol{y}_k$$

因此如下条件

$$\boldsymbol{s}_k^{\mathrm{T}}\boldsymbol{y}_k > \boldsymbol{0} \tag{5.6}$$

是保证矩阵 $\mathcal{B}_{k+1}$ 正定的一个必要条件，也被称为"曲率条件"。如果函数 f 是强凸函数，不等式(5.6)对任意两点 $\boldsymbol{x}^k$ 和 $\boldsymbol{x}^{k+1}$ 都是满足的。但是对于非强凸函数，需要通过线搜索技术满足Wolfe条件或者强Wolfe条件，以此来保证曲率条件(5.6)成立。

割线方程的解不一定是唯一的，可以进一步添加一些限制条件来对解进行约束，比如要求 $\mathcal{B}_{k+1}$ 与 $\mathcal{B}_k$ 的距离是最近的，即

$$\begin{aligned} \min_{\mathcal{B}} \quad & \|\mathcal{B} - \mathcal{B}_k\|_{\boldsymbol{W}} \\ \text{s.t.} \quad & \mathcal{B} = \mathcal{B}^{\mathrm{T}}, \quad \mathcal{B}\boldsymbol{s}_k = \boldsymbol{y}_k \end{aligned} \tag{5.7}$$

其中，$\boldsymbol{s}_k$ 和 $\boldsymbol{y}_k$ 满足曲率条件(5.6)，且 $\mathcal{B}_k$ 是对称正定的。在优化问题(5.7)中，采用加权Frobenius范数来定义, 即

$$\|\mathcal{B} - \mathcal{B}_k\|_{\boldsymbol{W}} \equiv \left\|\boldsymbol{W}^{1/2}\left(\mathcal{B} - \mathcal{B}_k\right)\boldsymbol{W}^{1/2}\right\|_{\mathrm{F}} \tag{5.8}$$

其中，Frobenius范数的定义见附录。若权重矩阵 $\boldsymbol{W}$ 满足 $\boldsymbol{W}\boldsymbol{y}_k = \boldsymbol{s}_k$，使用矩阵范数 $\|\cdot\|_{\boldsymbol{W}}$，则优化问题(5.7)有唯一解，且该解为

$$\mathcal{B}_{k+1} = \left(\mathcal{I} - \gamma_k \boldsymbol{y}_k \boldsymbol{s}_k^{\mathrm{T}}\right)\mathcal{B}_k\left(\mathcal{I} - \gamma_k \boldsymbol{s}_k \boldsymbol{y}_k^{\mathrm{T}}\right) + \gamma_k \boldsymbol{y}_k \boldsymbol{y}_k^{\mathrm{T}} \tag{5.9}$$

其中，

$$\gamma_k = \frac{1}{\boldsymbol{y}_k^{\mathrm{T}}\boldsymbol{s}_k}$$

式(5.9)最初由Davidon于1959年提出，不久被Fletcher和Powell推广，因此称为DFP公式。如果记 $\mathcal{B}_k^{-1}$ 为 $\mathcal{H}_k$，即 $\mathcal{H}_k = \mathcal{B}_k^{-1}$，进一步使用Sherman-Morrison-Woodbury公式，可以得到Hessian矩阵的逆矩阵的近似矩阵 $\boldsymbol{H}_k$ 的更新公式，即

$$\mathcal{H}_{k+1} = \mathcal{H}_k - \frac{\mathcal{H}_k \boldsymbol{y}_k \boldsymbol{y}_k^{\mathrm{T}} \mathcal{H}_k}{\boldsymbol{y}_k^{\mathrm{T}} \mathcal{H}_k \boldsymbol{y}_k} + \frac{\boldsymbol{s}_k \boldsymbol{s}_k^{\mathrm{T}}}{\boldsymbol{y}_k^{\mathrm{T}} \boldsymbol{s}_k} \tag{5.10}$$

注意，式(5.10)右边的最后两项都是秩为1的矩阵，所以从 $\mathcal{H}_k$ 到 $\mathcal{H}_{k+1}$ 进行了一次秩2更新。类似地, 式(5.9)也是对 $\mathcal{B}_k$ 做秩2更新。这就是拟牛顿方法更新近似矩阵的基本思想：每次迭代更新时，近似矩阵是结合前几步迭代点的目标函数信息对当前近似矩阵 $\mathcal{B}_k$ 或 $\mathcal{H}_k$ 做简单修正。

DFP 公式是一个有效的最优化方法，进一步如果对割线方程做一个小小的变形，即

$$\boldsymbol{\mathcal{H}}_{k+1}\boldsymbol{y}_k = \boldsymbol{s}_k$$

类似地，对 Hessian 矩阵的逆矩阵的近似矩阵 $\boldsymbol{\mathcal{H}}_k$ 提出相应的要求，也可以得到 BFGS 公式，其被认为是所有拟牛顿方法中最有效的方法。在 BFGS 方法中，$\boldsymbol{\mathcal{H}}_{k+1}$ 是下面最优化问题的最优解，即

$$\begin{aligned} \min_{\boldsymbol{\mathcal{H}}} \quad & \|\boldsymbol{\mathcal{H}} - \boldsymbol{\mathcal{H}}_k\|_{\boldsymbol{W}} \\ \text{s.t.} \quad & \boldsymbol{\mathcal{H}} = \boldsymbol{\mathcal{H}}^{\mathrm{T}},\ \boldsymbol{\mathcal{H}}\boldsymbol{y}_k = \boldsymbol{s}_k \end{aligned} \tag{5.11}$$

这里的范数同样采用带权重的 Frobenius 范数，权重矩阵 $\boldsymbol{W}$ 满足 $\boldsymbol{W}\boldsymbol{s}_k = \boldsymbol{y}_k$。通过计算可得到最优化问题(5.11)的唯一解是

$$\boldsymbol{\mathcal{H}}_{k+1} = \left(\boldsymbol{\mathcal{I}} - \rho_k \boldsymbol{s}_k \boldsymbol{y}_k^{\mathrm{T}}\right) \boldsymbol{\mathcal{H}}_k \left(\boldsymbol{\mathcal{I}} - \rho_k \boldsymbol{y}_k \boldsymbol{s}_k^{\mathrm{T}}\right) + \rho_k \boldsymbol{s}_k \boldsymbol{s}_k^{\mathrm{T}} \tag{5.12}$$

其中，

$$\rho_k = \frac{1}{\boldsymbol{y}_k^{\mathrm{T}}\boldsymbol{s}_k}$$

同样地, 可以推导出 BFGS 关于 Hessian 矩阵的近似矩阵 $\boldsymbol{\mathcal{B}}_k$ 的更新公式，对式(5.12)使用 Sherman-Morrison-Woodbury 公式就可以得到

$$\boldsymbol{\mathcal{B}}_{k+1} = \boldsymbol{\mathcal{B}}_k - \frac{\boldsymbol{\mathcal{B}}_k \boldsymbol{s}_k \boldsymbol{s}_k^{\mathrm{T}} \boldsymbol{\mathcal{B}}_k}{\boldsymbol{s}_k^{\mathrm{T}} \boldsymbol{\mathcal{B}}_k \boldsymbol{s}_k} + \frac{\boldsymbol{y}_k \boldsymbol{y}_k^{\mathrm{T}}}{\boldsymbol{y}_k^{\mathrm{T}} \boldsymbol{s}_k} \tag{5.13}$$

总结来看，可以得到如下的 BFGS 方法基本框架。

BFGS 方法:

- 给定初始点 $\boldsymbol{x}^0$，误差容忍度 ϵ，初始点处的 Hessian 矩阵的矩阵逆的近似 $\boldsymbol{\mathcal{H}}_0$，$k \leftarrow 0$;
- 如果 $\|\nabla f(\boldsymbol{x}^k)\| > \epsilon$，则进行下一步；
- 计算搜索方向

$$\boldsymbol{p}_k = -\boldsymbol{\mathcal{H}}_k \nabla f(\boldsymbol{x}^k) \tag{5.14}$$

- 更新迭代点: $\boldsymbol{x}^{k+1} = \boldsymbol{x}^k + \alpha_k \boldsymbol{p}_k$，其中，步长 α_k 通过 Wolfe 线搜索准则得到；
- 计算 $\boldsymbol{s}_k = \boldsymbol{x}^{k+1} - \boldsymbol{x}^k$ 和 $\boldsymbol{y}_k = \nabla f(\boldsymbol{x}^{k+1}) - \nabla f(\boldsymbol{x}^k)$;
- 由式(5.12)计算 $\boldsymbol{\mathcal{H}}_{k+1}$;
- $k \leftarrow k+1$。

BFGS 收敛性质：假设初始矩阵 $\boldsymbol{\mathcal{B}}_0$ 是对称正定矩阵，目标函数 $f(\boldsymbol{x})$ 是二阶连续可微的，且下水平集

$$\mathcal{L} = \left\{\boldsymbol{x} \in \mathbb{R}^n \mid f(\boldsymbol{x}) \leqslant f(\boldsymbol{x}^0)\right\}$$

是凸的，并且存在正数 m 以及 M 使得对于任意的 $\boldsymbol{z} \in \mathbb{R}^n$ 以及任意的 $\boldsymbol{x} \in \mathcal{L}$ 有

$$m\|\boldsymbol{z}\|^2 \leqslant \boldsymbol{z}^{\mathrm{T}}\nabla^2 f(\boldsymbol{x})\boldsymbol{z} \leqslant M\|\boldsymbol{z}\|^2$$

结合Wolfe线搜索的BFGS方法全局收敛到 $f(\boldsymbol{x})$ 的极小值点 $\boldsymbol{x}^*$。如果进一步在最优点 $\boldsymbol{x}^*$ 的一个邻域内Hessian矩阵李普希茨连续，且迭代点列 $\{\boldsymbol{x}^k\}$ 满足

$$\sum_{k=1}^{\infty}\|\boldsymbol{x}^k - \boldsymbol{x}^*\| < \infty$$

则 $\{\boldsymbol{x}^k\}$ 以 Q-超线性收敛到 $\boldsymbol{x}^*$。该部分理论性质需要大家了解，其证明过程无须掌握。

5.3 有限内存的 BFGS 方法

以BFGS为代表的拟牛顿方法虽然克服了计算Hessian矩阵的困难，但是其仍然难以应用在大规模最优化问题中。例如，机器学习应用中的逻辑回归问题，因其数据规模较大, 采用拟牛顿方法仍然需要很高的计算代价。具体来看，拟牛顿矩阵 $\boldsymbol{\mathcal{B}}_k$ 或者 $\boldsymbol{\mathcal{H}}_k$ 均为稠密矩阵，而存储稠密矩阵要消耗大量的内存，这对于大规模最优化问题来说是不可能实现的。本节重点介绍有限内存BFGS方法（Limited memory BFGS, L-BFGS）来解决存储问题。L-BFGS方法可以认为是BFGS方法的扩展, 其中外部的存储被用来加速收敛。该方法适用于大规模最优化问题，因为其所需的存储内存（以及迭代的成本）可以由用户自主控制。另外，L-BFGS方法可以被看作是拟牛顿方法的高效简易实现，主要原因之一是其不需要知道Hessian矩阵的稀疏性，同样也不需要了解目标函数的可分性，从而可以非常简单地进行编程实现。

Liu和Nocedal于1980年提出了有限内存BFGS方法（L-BFGS）[17]，该方法在实现上几乎与众所周知的BFGS方法相同，唯一的区别是其在矩阵更新方面。L-BFGS方法与传统BFGS方法单独进行存储修正不同，当可用的存储空间用完时，前面的修正被删除以便为新的修正腾出存储空间。后续迭代遵循这种格式：用户指定要保留数量为 m 的BFGS修正，提供稀疏的对称正定矩阵 $\boldsymbol{\mathcal{H}}_0$ 并用其近似函数 f 的Hessian矩阵的逆。在前 m 次迭代中，L-BFGS方法与BFGS方法相同。对于 $k > m$，$\boldsymbol{\mathcal{H}}_k$ 基于前面 m 次迭代的信息通过对 $\boldsymbol{\mathcal{H}}_0$ 进行 m 次BFGS迭代格式更新得到。

L-BFGS方法是根据BFGS方法变形而来，为了推导方便，我们以 $\boldsymbol{\mathcal{H}}_k$ 的更新方式(5.12)来推导L-BFGS。首先BFGS方法可以重写成以下形式

$$\boldsymbol{\mathcal{H}}_{k+1} = \boldsymbol{V}_k^{\mathrm{T}}\boldsymbol{\mathcal{H}}_k\boldsymbol{V}_k + \boldsymbol{\rho}_k\boldsymbol{s}_k\boldsymbol{s}_k^{\mathrm{T}} \tag{5.15}$$

其中，

$$\boldsymbol{\rho}_k = \frac{1}{\boldsymbol{y}_k^{\mathrm{T}}\boldsymbol{s}_k}, \quad \boldsymbol{V}_k = \boldsymbol{\mathcal{I}} - \boldsymbol{\rho}_k\boldsymbol{y}_k\boldsymbol{s}_k^{\mathrm{T}}$$

进一步将式(5.12)递推地展开 m 次，其中，m 是一个自主给定的整数，可以得到

$$\begin{aligned}\boldsymbol{\mathcal{H}}_k = &\left(\boldsymbol{V}_{k-1}^{\mathrm{T}}\boldsymbol{V}_{k-2}^{\mathrm{T}}\cdots\boldsymbol{V}_{k-m}^{\mathrm{T}}\right)\boldsymbol{\mathcal{H}}_{k-m}\left(\boldsymbol{V}_{k-m}\boldsymbol{V}_{k-2}\cdots\boldsymbol{V}_{k-1}\right)\\ &+\boldsymbol{\rho}_{k-m}\left(\boldsymbol{V}_{k-1}^{\mathrm{T}}\boldsymbol{V}_{k-2}^{\mathrm{T}}\cdots\boldsymbol{V}_{k-m+1}^{\mathrm{T}}\right)\boldsymbol{s}_{k-m}\boldsymbol{s}_{k-m}^{\mathrm{T}}\left(\boldsymbol{V}_{k-m+1}\boldsymbol{V}_{k-2}\cdots\boldsymbol{V}_{k-1}\right)\\ &+\boldsymbol{\rho}_{k-m+1}\left(\boldsymbol{V}_{k-1}^{\mathrm{T}}\boldsymbol{V}_{k-2}^{\mathrm{T}}\cdots\boldsymbol{V}_{k-m+2}^{\mathrm{T}}\right)\boldsymbol{s}_{k-m+1}\boldsymbol{s}_{k-m+1}^{\mathrm{T}}\left(\boldsymbol{V}_{k-m+2}\boldsymbol{V}_{k-2}\cdots\boldsymbol{V}_{k-1}\right)\\ &+\cdots+\boldsymbol{\rho}_{k-1}\boldsymbol{s}_{k-1}\boldsymbol{s}_{k-1}^{\mathrm{T}}\end{aligned}\tag{5.16}$$

值得注意的是，为了节省内存，上式不可能无限展开下去，但此时 $\boldsymbol{\mathcal{H}}_{k-m}$ 仍然还是无法显式求解得到，一个自然的想法就是用 $\boldsymbol{\mathcal{H}}_{k-m}$ 的近似矩阵来代替 $\boldsymbol{\mathcal{H}}_{k-m}$ 进行计算，近似矩阵的选取方式非常多，而最常见的一种选取方式是选取对角矩阵 $\hat{\boldsymbol{\mathcal{H}}}_{k-m}=\gamma_k\boldsymbol{\mathcal{I}}$ 来代替 $\boldsymbol{\mathcal{H}}_{k-m}$，而 γ_k 选取为BB步长[18]，即

$$\gamma_k=\frac{\boldsymbol{s}_{k-1}^{\mathrm{T}}\boldsymbol{y}_{k-1}}{\boldsymbol{y}_{k-1}^{\mathrm{T}}\boldsymbol{y}_{k-1}}$$

综上所述，可以得到如下的L-BFGS方法框架。

L-BFGS 方法：

- 给定初始点 $\boldsymbol{x}^0$，$0<\beta'<\dfrac{1}{2}$，$\beta'<\beta<1$，误差容忍度 ϵ，初始点处的 Hessian 矩阵的矩阵逆的近似 $\boldsymbol{\mathcal{H}}_0$，$k\leftarrow 0$；
- 如果 $\|\nabla f(\boldsymbol{x}^k)\|>\epsilon$，则进行下一步；
- 计算搜索方向
$$\boldsymbol{d}_k=-\boldsymbol{\mathcal{H}}_k\nabla f(\boldsymbol{x}^k)\tag{5.17}$$
- 更新迭代点：$\boldsymbol{x}^{k+1}=\boldsymbol{x}^k+\alpha_k\boldsymbol{d}_k$，其中步长 α_k（初始步长选为1）通过 Wolfe 线搜索准则得到，即满足
$$f(\boldsymbol{x}^k+\alpha_k\boldsymbol{d}_k)\leqslant f(\boldsymbol{x}^k)+\beta'\alpha_k\nabla f(\boldsymbol{x}^k)^{\mathrm{T}}\boldsymbol{d}_k$$
$$\nabla f(\boldsymbol{x}^k+\alpha_k\boldsymbol{d}_k)^{\mathrm{T}}\boldsymbol{d}_k\geqslant\beta\nabla f(\boldsymbol{x}^k)^{\mathrm{T}}\boldsymbol{d}_k$$
- 计算 $\boldsymbol{s}_k=\boldsymbol{x}^{k+1}-\boldsymbol{x}^k$ 和 $\boldsymbol{y}_k=\nabla f(\boldsymbol{x}^{k+1})-\nabla f(\boldsymbol{x}^k)$；
- 由式(5.15)和式(5.16)计算 $\boldsymbol{\mathcal{H}}_{k+1}$；
- $k\leftarrow k+1$。

5.4 本章小结

本书重点介绍面向机器学习的最优化方法，通常二阶方法并不适用于机器学习中的最优化问题的求解。本章以牛顿法的介绍为基础，重点介绍了BFGS方法，其为重要的拟牛顿方法也可以看作是二阶方法。作为原始BFGS方法改进的有限内存BFGS方法在

机器学习领域被广泛使用，并可以高效计算大规模机器学习问题。二阶方法有其优点也有缺点，合理利用二阶方法的优点可以增加其对于大规模机器学习问题的适应性。

5.5　习题

1. 设 $f(\boldsymbol{x})=\dfrac{3}{2}x_1^2+\dfrac{1}{2}x_2^2-x_1x_2-2x_1$，设初始点 $\boldsymbol{x}^0=(-2,4)^{\mathrm{T}}$，试用牛顿法求极小化 $f(\boldsymbol{x})$ 的最优解。
2. 设函数 $f(\boldsymbol{x})=\|\boldsymbol{x}\|^\beta$, 其中 $\beta>0$ 为给定的常数。考虑使用经典牛顿法 (5.1) 对 $f(\boldsymbol{x})$ 进行极小化，初值 $\boldsymbol{x}^0\neq\boldsymbol{0}$。证明：

   (1) 若 $\beta>1$ 且 $\beta\neq 2$，则 $\boldsymbol{x}^k$ 收敛到 0 的速度是 $\boldsymbol{Q}$-线性的。

   (2) 若 $0<\beta<1$，则牛顿法发散。
3. 分别用牛顿法和拟牛顿法极小化 Rosenbrock 函数
$$f(\boldsymbol{x})=(x_1+10x_2)^2+5(x_3-x_4)^2+(x_2-2x_3)^4+10(x_1-x_4)^4$$
初始点 $\boldsymbol{x}^0=(3,-1,0,1)^{\mathrm{T}}$，解为 $\boldsymbol{x}^*=(0,0,0,0), f(\boldsymbol{x}^*)=0$。
4. 证明拟牛顿方向是椭球范数 $\|\cdot\|_{B_k}$ 意义下的最速下降方向。
5. (1) 如果 f 是强凸函数，证明不等式 (5.6) 对任意两点 x^k 和 x^{k+1} 都是满足的。

   (2) 给出一个满足 $f(0)=-1, f(1)=-\dfrac{1}{4}$ 的单变量函数，证明在这种情况下不等式 (5.6) 是不成立的。
6. 记 $\{x_k\}$、$\{p_k\}$、$\{H_k\}$ 为采用 BFGS 法解决最小化正定二次问题时生成的迭代序列。目标函数为
$$f(\boldsymbol{x})=\frac{1}{2}\boldsymbol{x}^{\mathrm{T}}\boldsymbol{Q}\boldsymbol{x}-\boldsymbol{b}^{\mathrm{T}}\boldsymbol{x}$$
选取 α_k 满足
$$f(\boldsymbol{x}^k+\alpha_k\boldsymbol{p}_k)=\min_{\alpha} f(\boldsymbol{x}^k+\alpha\boldsymbol{p}_k)$$
假设向量 $\boldsymbol{x}^0,\boldsymbol{x}^1,\cdots,\boldsymbol{x}^{k-1}$ 均不是最优值，则：

   (1) 向量 $\boldsymbol{p}_0,\boldsymbol{p}_1,\cdots,\boldsymbol{p}_{k-1}$ 是 $\boldsymbol{Q}$-共轭的。

   (2) 证明：$\boldsymbol{D}^k=\boldsymbol{Q}^{-1}$。
7. 设函数 $f(\boldsymbol{x})$ 是连续可微的凸函数，且 $\nabla f(\boldsymbol{x})$ 满足李普希茨条件
$$\|\nabla f(\boldsymbol{y})-\nabla f(\boldsymbol{z})\|\leqslant M\|\boldsymbol{y}-\boldsymbol{z}\|$$
则由 L-BFGS 方法 $(m=0)$ 产生的点列 x^k 必满足 $\lim_{k\to\infty} f(\boldsymbol{x}^k)=-\infty$ 或者 $\lim_{k\to\infty}\nabla f(\boldsymbol{x}^k)=0$。

第 6 章

块坐标下降法

块坐标下降法（Block Coordinate Descent Method）是一种典型的最优化方法，其设计动机是为了求解大规模最优化问题，即问题变量 $\boldsymbol{x} \in \mathbb{R}^n$ 维数较大的情况。例如，第1章中介绍的深度学习驱动的最优化问题(1.7)，该问题中变量 $\boldsymbol{x}$ 或 $\boldsymbol{w}$ 的规模可以达到 $10^6 \sim 10^7$ 量级。块坐标下降法被广泛应用于机器学习、信号处理、图像处理、通信等最优化问题的求解，且块坐标下降法适合与并行计算或分布式计算等计算架构结合，相关内容也会在本章介绍。

块坐标下降法主要面向结构型无约束最优化问题，即

$$\min_{\boldsymbol{x} \in \mathbb{R}^n} F(\boldsymbol{x}) = \underbrace{f(\boldsymbol{x}_1, \boldsymbol{x}_2, \cdots, \boldsymbol{x}_m)}_{f(\boldsymbol{x})} + \underbrace{\sum_{i=1}^{m} h_i(\boldsymbol{x}_i)}_{h(\boldsymbol{x})} \tag{6.1}$$

其中，$(\boldsymbol{x}_1, \boldsymbol{x}_2, \cdots, \boldsymbol{x}_m)$ 为最优化问题变量 $\boldsymbol{x} \in \mathbb{R}^n$ 的一个分块表示形式，$\boldsymbol{x}_i \in \mathbb{R}^{n_i}$；函数 $f: \mathbb{R}^n \to \mathbb{R}$ 是连续可微 L-光滑的，且其对于每个分块 $\boldsymbol{x}_i$ 是 L_i-光滑的；函数 $h: \mathbb{R}^n \to \mathbb{R}$ 是与变量分块对应的可分函数，每个函数 $h_i: \mathbb{R}^{n_i} \to \mathbb{R}$ 是连续的、不处处可微的函数（注意：函数 h_i 可以看作 $\boldsymbol{x}_i$ 的正则项函数且可以数学抽象刻画为 $\boldsymbol{x}_i$ 的约束）。

6.1 块坐标下降法基本架构

块坐标下降法的核心思想是设计一种适用于问题(6.1)中变量分块的高效算法，求解一系列关于分块变量的小规模问题，并通过整合机制实现整个最优化问题的求解。两个关键环节是：

(1) 关于每个分块变量 $\boldsymbol{x}_i$ 的子问题计算；

(2) 通过变化多样的块坐标选择机制以实现不同分块变量之间的交流。

因此，块坐标下降法的基本框架可以总结为如下：

块坐标下降法基本框架

- 给定初始值 $\boldsymbol{x}^0 \in \mathbb{R}^n$，$k \leftarrow 0$；
- 判断终止条件是否满足；
- 选择块坐标索引 $i_k \in \{1, 2, \cdots, m\}$；
- 更新计算 $\boldsymbol{x}_{i_k}^{k+1}$；
- 对于任意的 $j \neq i_k$，固定 $\boldsymbol{x}_j^{k+1} = \boldsymbol{x}_j^k$ 不变；
- $k \leftarrow k + 1$。

从块坐标下降法的基本框架中可以看出，该方法的基本思路旨在固定其他分块变量，更新被选择的分块变量。这一算法框架可以很好地适应分布式或并行计算，并且我们通常假设分块变量子问题的更新计算复杂度比完全变量 $\boldsymbol{x}$ 的更新计算复杂度要显著小。常见的交替极小化方法可以看作是块坐标下降法的一种特例。交替极小化方法只需考虑两个分块变量通过交替方式进行更新，具体的算法格式如下

$$\begin{cases} \boldsymbol{x}_1^{k+1} = \arg\min_{\boldsymbol{x}_1} f(\boldsymbol{x}_1, \boldsymbol{x}_2^k) + h_1(\boldsymbol{x}_1) \\ \boldsymbol{x}_2^{k+1} = \arg\min_{\boldsymbol{x}_2} f(\boldsymbol{x}_1^{k+1}, \boldsymbol{x}_2) + h_2(\boldsymbol{x}_2) \end{cases}$$

交替极小化方法只是在块坐标选择机制上使用了交替选择方式，但是在子问题计算上采取精确极小化的方式。下面将在这两方面展开详细介绍。

6.2 子问题更新机制

子问题更新机制代表的是每个分块变量 $\boldsymbol{x}_i$ 所对应的子问题的计算方式，可以从多个角度来理解并设计具体的更新机制，例如，子问题计算效率、计算精度等。下面具体介绍几种子问题更新机制。

1. 块坐标精确极小化机制（Block coordinate minimization）

子问题精确计算以得到分块变量的最优解。精确极小化可以通过计算闭式最优解实现，而大部分情况下通过优化方法迭代求解，当达到足够精度时以近似最优解终止算法。值得注意的是，如果子问题更新机制采用精确极小化机制，那么所得到的序列也有可能是发散的，可以在文献 [19] 中找到反例。这也促使了新的子问题计算更新机制设计，使得能够在保证算法收敛性的前提下设计更简单的子问题。如果将函数 f 简记为

$$f(\boldsymbol{x}_{i_k}, \boldsymbol{x}_{\neq i_k}) = f(\boldsymbol{x}_1, \cdots, \boldsymbol{x}_{i_k-1}, \boldsymbol{x}_{i_k}, \boldsymbol{x}_{i_k+1}, \cdots, \boldsymbol{x}_m)$$

那么此时块坐标精确极小化方法的第 $k+1$ 步迭代格式可以记为

$$\boldsymbol{x}_{i_k}^{k+1} = \arg\min_{\boldsymbol{x}_{i_k}} f(\boldsymbol{x}_{i_k}, \boldsymbol{x}_{\neq i_k}^k) + h_{i_k}(\boldsymbol{x}_{i_k})$$

在进一步讨论更新机制前，我们先给出函数 f 关于 $\boldsymbol{x}$ 以及分块变量 $\boldsymbol{x}_i$ 的李普希茨光滑性质。

- 函数 f 整体上关于 $\boldsymbol{x}$ 是 L-光滑的，即

$$\|\nabla f(\boldsymbol{x})-\nabla f(\boldsymbol{y})\| \leqslant L\,\|\boldsymbol{x}-\boldsymbol{y}\|$$

其中，L 为光滑参数；

- 函数 f 关于分块变量 $\boldsymbol{x}_i$ 是 L_i-光滑的，即

$$\|\nabla_i f(\boldsymbol{x}_i,\boldsymbol{x}_{\neq i})-\nabla f(\boldsymbol{y}_i,\boldsymbol{x}_{\neq i})\| \leqslant L_i\,\|\boldsymbol{x}_i-\boldsymbol{y}_i\|$$

其中，L_i 为光滑参数。

2. 块坐标邻近梯度机制（Block coordinate proximal gradient）

该机制旨在利用邻近梯度技术来计算关于每个分块变量 $\boldsymbol{x}_i$ 的子问题，此时第 $k+1$ 步迭代格式可以记为

$$\begin{aligned}\boldsymbol{x}_{i_k}^{k+1}&=\arg\min_{\boldsymbol{x}_{i_k}} h_{i_k}(\boldsymbol{x}_{i_k})+\left\langle\nabla_{i_k} f(\boldsymbol{x}^k),\boldsymbol{x}_{i_k}-\boldsymbol{x}_{i_k}^k\right\rangle+\frac{1}{2\alpha_{i_k}}\left\|\boldsymbol{x}_{i_k}-\boldsymbol{x}_{i_k}^k\right\|^2\\&=\mathrm{Prox}_{\alpha_{i_k}h_{i_k}}\left[\boldsymbol{x}_{i_k}^k-\alpha_{i_k}\nabla_{i_k} f(\boldsymbol{x}^k)\right]\end{aligned}$$

明显地，如果 $h_{i_k}(\boldsymbol{x}_{i_k})=0$，那么块坐标邻近梯度机制可以退化为块坐标梯度下降机制（Block coordinate gradient descent），即

$$\begin{aligned}\boldsymbol{x}_{i_k}^{k+1}&=\arg\min_{\boldsymbol{x}_{i_k}}\left\langle\nabla_{i_k} f(\boldsymbol{x}^k),\boldsymbol{x}_{i_k}-\boldsymbol{x}_{i_k}^k\right\rangle+\frac{1}{2\alpha_{i_k}}\left\|\boldsymbol{x}_{i_k}-\boldsymbol{x}_{i_k}^k\right\|^2\\&=\boldsymbol{x}_{i_k}^k-\alpha_{i_k}\nabla_{i_k} f(\boldsymbol{x}^k)\end{aligned}$$

进一步地，借鉴 Nesterov 加速技巧，可以设计外延方式来对算法进行加速，类似技巧同样适用于分块问题更新机制设计，例如，如下迭代格式

$$\begin{cases}\hat{\boldsymbol{x}}_{i_k}^k=\boldsymbol{x}_{i_k}^k+w_{i_k}^k(\boldsymbol{x}_{i_k}^k-\boldsymbol{x}_{i_k}^{k-1})\\ \boldsymbol{x}_{i_k}^{k+1}=\arg\min_{\boldsymbol{x}_{i_k}} h_{i_k}(\boldsymbol{x}_{i_k})+\left\langle\nabla_{i_k} f(\hat{\boldsymbol{x}}_{i_k}^k,\boldsymbol{x}_{\neq i_k}^k),\boldsymbol{x}_{i_k}-\boldsymbol{x}_{i_k}^k\right\rangle+\dfrac{1}{2\alpha_{i_k}}\left\|\boldsymbol{x}_{i_k}-\hat{\boldsymbol{x}}_{i_k}^k\right\|^2\end{cases}$$

6.3 块坐标选择机制

本节主要讨论另一个关键问题，即块坐标选择机制。本节主要介绍循环机制、随机机制和贪婪机制等。块坐标选择机制对于块坐标下降算法是非常重要的，可以根据问题模型的结构性质来选择合适的块坐标选择机制。块坐标选择机制的具体介绍如下：

1. 循环机制

- 简单循环：对任意的 $k\in\mathbb{N}^+$，选择 $i_k=(k \bmod m)+1$。注意到，该机制即为一般情况循环机制，从第 1 个分块 $\boldsymbol{x}_1$ 选择到第 m 个分块 $\boldsymbol{x}_m$，再回到第 1 个分块 $\boldsymbol{x}_1$。

- 充分循环（Essentially Cyclic）：对任意的迭代步数$\ell \gg m$，每一个分块都需要至少被选择过一次，即

$$\bigcup_{j=0}^{\ell}\{i_{k-j}\}=\{1,2,\cdots,m\},\quad \forall k \geqslant \ell$$

注意到，充分循环一定程度上保证了在任意的一段大于m的迭代步数长度内，每一个分块变量都至少被更新1次，实现对所有分块的充分覆盖。

2. 随机机制

- 均匀采样：在每个迭代步，以相同概率从所有分块中选择i_k，即对于$j \in \{1,2,\cdots,m\}$，有

$$P(i_k=j)=\frac{1}{m}$$

- 重要性采样：根据分块变量所对应的分块光滑参数$\{L_i\}$来计算采样概率，从所有分块中选择i_k，即对于$j \in \{1,2,\cdots,m\}$，有

$$P(i_k=j)=\frac{L_j^{\alpha}}{\sum_{i=1}^{m}L_i^{\alpha}}$$

- 任意性采样：以任意概率对分块变量进行采样选择，即对于$j \in \{1,2,\cdots,m\}$，有

$$P(i_k=j)=p_j$$

其中，$0<p_j<1$，$\sum_{j=1}^{m}p_j=1$。

3. 贪婪机制

- Guass-Southwell机制：根据分块变量所对应梯度范数的大小选择，即选择范数最大的分块（范数越大越需要优化计算）

$$i_k=\arg\max_{j\in\{1,2,\cdots,m\}}\left\|\nabla_j f(\boldsymbol{x}^k)\right\|$$

- 最大分块改进机制：根据分块变量所对应目标函数值的大小进行选择，即选择下降最大的分块

$$i_k=\arg\min_{j\in\{1,2,\cdots,m\}} f(\hat{\boldsymbol{x}}_j,\boldsymbol{x}_{\neq j}^k),\quad \text{s.t.}\quad \hat{\boldsymbol{x}}_j=\arg\min_{\boldsymbol{x}_j} f(\boldsymbol{x}_j,\boldsymbol{x}_{\neq j}^k)$$

- Gauss-Southwell-李普希茨机制：在Gauss-Southwell机制基础上进一步结合光滑参数$\{L_j\}$进行选择，即

$$i_k=\arg\max_{j\in\{1,2,\cdots,m\}}\frac{\left\|\nabla_j f(\boldsymbol{x}^k)\right\|}{\sqrt{L_j}}$$

讨论： 循环机制，尤其是简单循环机制，是最易实现的。循环机制无须在每一个迭代步为了选择分块变量而付出计算量，尤其适合分块变量之间耦合不紧密的情形（互相影响不大）。如果分块变量之间耦合较紧密，循环机制所对应算法的收敛性、收敛速度等

可能比随机机制和贪婪机制差。需要强调的另一点是，对于一个非凸最优化问题，采用精确极小化机制来计算分块子问题，再采用循环机制选择分块变量可能导致算法不收敛。

随机机制同样简单容易实现，且其理论分析也较为简单，基于期望意义下会退化到标准形式的算法理论分析。需要强调的另一点是随机机制对于非凸问题更容易跳出局部最优，而且随机机制更适合于并行计算。随机机制具有一定的不确定性，且在每个迭代步的计算复杂度比循环机制稍微高一点。根据经验，如果分块变量耦合度较弱，则随机机制的速度只是循环机制速度的二分之一到三分之一。

贪婪机制通常情况下会导致较少的迭代步数，从理论和实验上均可得到证明，其尤其适用于稀疏最优解的情况（需要更少的运算）。贪婪机制同样可以被并行化计算处理。虽然贪婪机制所需要的迭代步数可能较少，但是每个迭代步所需要的计算量最多（相比于循环机制和随机机制），除非贪婪系数的计算较为简单。

块坐标下降法是一类处理大规模最优化问题的有效算法。通过对不同分块变量子问题计算机制和分块选择机制的组合可以得到不同的块坐标下降法。针对不同最优化问题，可以充分利用问题的结构特点，使用不同的块坐标下降法，以实现对最优化问题的高效求解。6.4 节将统一给出一系列不同组合的块坐标下降法供读者参考。

6.4 系列块坐标下降法汇总

本节主要介绍块坐标梯度下降法、块坐标邻近梯度法、随机块坐标梯度下降/邻近梯度法、Gauss-Southwell 块坐标梯度下降/邻近梯度法等几种典型的块坐标下降法。

1. 块坐标梯度下降法

- 给定初始值 $\boldsymbol{x}^0 \in \mathbb{R}^n$，$k \leftarrow 0$；
- 判断终止条件是否满足；
  - 选择块坐标索引 $i_k \in \{1, 2, \cdots, m\}$；
  - 更新计算 $\boldsymbol{x}_{i_k}^{k+1} = \boldsymbol{x}_{i_k}^k - \alpha_{i_k} \nabla_{i_k} f(\boldsymbol{x}^k)$；
  - 对于任意的 $j \neq i_k$，固定 $\boldsymbol{x}_j^{k+1} = \boldsymbol{x}_j^k$ 不变；
- $k \leftarrow k+1$。

2. 块坐标邻近梯度法

- 给定初始值 $\boldsymbol{x}^0 \in \mathbb{R}^n$，$k \leftarrow 0$；
- 判断终止条件是否满足；
  - 选择块坐标索引 $i_k \in \{1, 2, \cdots, m\}$；
  - 更新计算 $\boldsymbol{x}_{i_k}^{k+1} = \mathrm{Prox}_{\alpha_{i_k} h_{i_k}} \left[\boldsymbol{x}_{i_k}^k - \alpha_{i_k} \nabla_{i_k} f(\boldsymbol{x}^k)\right]$；

- 对于任意的 $j \neq i_k$，固定 $\boldsymbol{x}_j^{k+1} = \boldsymbol{x}_j^k$ 不变；

\- $k \leftarrow k+1$。

3. 随机块坐标梯度下降/邻近梯度法

\- 给定初始值 $\boldsymbol{x}^0 \in \mathbb{R}^n$，$k \leftarrow 0$；

\- 判断终止条件是否满足；

- 根据某一随机机制（均匀采样、重要性采样、任意性采样等）选择块坐标索引 $i_k \in \{1, 2, \cdots, m\}$；
- 更新计算

$$\boldsymbol{x}_{i_k}^{k+1} = \begin{cases} \boldsymbol{x}_{i_k}^k - \alpha_{i_k} \nabla_{i_k} f(\boldsymbol{x}^k), & \text{梯度下降} \\ \text{Prox}_{\alpha_{i_k} h_{i_k}} \left[\boldsymbol{x}_{i_k}^k - \alpha_{i_k} \nabla_{i_k} f(\boldsymbol{x}^k) \right], & \text{邻近梯度} \end{cases}$$

- 对于任意的 $j \neq i_k$，固定 $\boldsymbol{x}_j^{k+1} = \boldsymbol{x}_j^k$ 不变；

\- $k \leftarrow k+1$。

4. Gauss-Southwell 块坐标梯度下降/邻近梯度法

\- 给定初始值 $\boldsymbol{x}^0 \in \mathbb{R}^n$，$k \leftarrow 0$；

\- 判断终止条件是否满足；

- 根据 Gauss-Southwell 机制选择块坐标索引

$$i_k = \arg \max_{j \in \{1, \cdots, m\}} \|\nabla_j f(\boldsymbol{x}^k)\|$$

- 更新计算

$$\boldsymbol{x}_{i_k}^{k+1} = \begin{cases} \boldsymbol{x}_{i_k}^k - \alpha_{i_k} \nabla_{i_k} f(\boldsymbol{x}^k), & \text{梯度下降} \\ \text{Prox}_{\alpha_{i_k} h_{i_k}} \left[\boldsymbol{x}_{i_k}^k - \alpha_{i_k} \nabla_{i_k} f(\boldsymbol{x}^k) \right], & \text{邻近梯度} \end{cases}$$

- 对于任意的 $j \neq i_k$，固定 $\boldsymbol{x}_j^{k+1} = \boldsymbol{x}_j^k$ 不变；

\- $k \leftarrow k+1$。

6.5 应用案例

本节通过对两个典型的机器学习应用问题，运用块坐标下降类算法求解来帮助大家理解块坐标下降法体系框架，两个典型问题为第1章中介绍的 ℓ_1-正则逻辑回归问题(1.2)和非负矩阵分解问题(1.6)。

6.5.1 ℓ_1-正则逻辑回归问题

由1.2节中对ℓ_1-正则逻辑回归问题的介绍可知，其对应的最优化问题的模型为

$$\min_{\boldsymbol{x}\in\mathbb{R}^n}\left\{f(\boldsymbol{x})+\lambda\|\boldsymbol{x}\|_1=\sum_{i=1}^{m}\log\left(1+\exp(-y_i\boldsymbol{z}_i^{\mathrm{T}}\boldsymbol{x})\right)+\lambda\|\boldsymbol{x}\|_1\right\}$$

可以将参数变量$\boldsymbol{x}\in\mathbb{R}^n$分解为$m$个分块变量$(\boldsymbol{x}_1,\boldsymbol{x}_2,\cdots,\boldsymbol{x}_m)$，从而根据该问题模型的结构以及块坐标下降类方法的特点，利用块坐标邻近梯度法来求解该问题。下面具体讨论子问题计算方式，当采取块坐标邻近梯度法时，子问题可通过下面的迭代格式计算

$$\boldsymbol{x}_{i_k}^{k+1}=\mathrm{Prox}_{\alpha_{i_k}\|\cdot\|_1}\left[\boldsymbol{x}_{i_k}^k-\alpha_{i_k}\nabla_{i_k}f(\boldsymbol{x}^k)\right]$$

该问题可以通过式(4.3)中的soft-thresholding运算来计算闭式解。因此，子问题的计算非常简单高效，尤其是对于参数维度较低的分块变量$\boldsymbol{x}_i$。至于分块坐标选择方式，可以采用适合于实际情况的一种方式，如循环、随机等方式。针对ℓ_1-正则逻辑回归模型的块坐标邻近梯度法可总结如下：

面向ℓ_1-正则逻辑回归问题的块坐标邻近梯度法

- 给定初始值$\boldsymbol{x}^0\in\mathbb{R}^n$，$k\leftarrow 0$；
- 判断终止条件是否满足；
  - 选择块坐标索引$i_k\in\{1,2,\cdots,m\}$；
  - 利用式(4.3)更新计算$\mathrm{Prox}_{\alpha_{i_k}\|\cdot\|_1}\left[\boldsymbol{x}_{i_k}^k-\alpha_{i_k}\nabla_{i_k}f(\boldsymbol{x}^k)\right]$；
  - 对于任意的$j\neq i_k$，固定$\boldsymbol{x}_j^{k+1}=\boldsymbol{x}_j^k$不变；
- $k\leftarrow k+1$。

6.5.2 非负矩阵分解问题

由1.2节中对非负矩阵分解问题的介绍可知，其可以建模为如下的带约束的最优化问题：

$$\min_{\boldsymbol{W}\in\mathbb{R}^{m\times k},\boldsymbol{H}\in\mathbb{R}^{k\times n}}\underbrace{\|\boldsymbol{V}-\boldsymbol{W}\boldsymbol{H}\|_{\mathrm{F}}^2}_{g(\boldsymbol{W},\boldsymbol{H})},\quad \text{s.t.}\quad \boldsymbol{W}\geqslant\boldsymbol{0},\boldsymbol{H}\geqslant\boldsymbol{0}$$

因为模型变量包括$\boldsymbol{W}$和$\boldsymbol{H}$，所以很自然地可以将非负矩阵分解问题的参数变量表示为两个分块，从而利用块坐标邻近梯度法求解该模型。因为只有两个分块，所以采用的块坐标选择机制可以采用简单有效的循环机制，该思路可以推导出如下方法。

面向非负矩阵分解的交替块坐标邻近梯度法

- 给定初始值 $\boldsymbol{W}^0, \boldsymbol{H}^0$，$k \leftarrow 0$；
- 判断终止条件是否满足；
  - 利用如下计算方式更新矩阵 $\boldsymbol{H}$

$$
\begin{aligned}
\boldsymbol{H}^{k+1} &= \arg\min_{\boldsymbol{H}\geqslant \boldsymbol{0}} \left\|\boldsymbol{H} - \left(\boldsymbol{H}^k - \alpha_k \nabla_{\boldsymbol{H}} g(\boldsymbol{W}^k, \boldsymbol{H}^k)\right)\right\|_{\mathrm{F}}^2 \\
&= \max\left(0, \boldsymbol{H}^k - \alpha_k \nabla_{\boldsymbol{H}} g(\boldsymbol{W}^k, \boldsymbol{H}^k)\right) \\
&= \max\left(0, \boldsymbol{H}^k - \alpha_k \left(\boldsymbol{W}^k\right)^{\mathrm{T}} \left(\boldsymbol{W}^k \boldsymbol{H}^k - \boldsymbol{V}\right)\right)
\end{aligned}
$$

  - 利用如下计算方式更新矩阵 $\boldsymbol{W}$

$$
\begin{aligned}
\boldsymbol{W}^{k+1} &= \arg\min_{\boldsymbol{W}\geqslant \boldsymbol{0}} \left\|\boldsymbol{W} - \left(\boldsymbol{W}^k - \alpha_k \nabla_{\boldsymbol{W}} g(\boldsymbol{W}^k, \boldsymbol{H}^k)\right)\right\|_{\mathrm{F}}^2 \\
&= \max\left(0, \boldsymbol{W}^k - \alpha_k \nabla_{\boldsymbol{W}} g(\boldsymbol{W}^k, \boldsymbol{H}^k)\right) \\
&= \max\left(0, \boldsymbol{W}^k - \alpha_k \left(\boldsymbol{W}^k \boldsymbol{H}^k - \boldsymbol{V}\right) \left(\boldsymbol{H}^k\right)^{\mathrm{T}}\right)
\end{aligned}
$$

- $k \leftarrow k+1$。

明显地，关于 $\boldsymbol{H}$ 和 $\boldsymbol{W}$ 的子问题都可以通过闭式解来高效计算，且块坐标选择方式是简单的，因此利用交替块坐标邻近梯度法来计算求解非负矩阵分解问题是高效的。进一步地，如果矩阵 $\boldsymbol{W}$ 和 $\boldsymbol{H}$ 的规模较大，直接计算两个子问题依然计算复杂度较高（或者是存储空间复杂度），那么可以进一步采用更细粒度的方式来对参数变量进行分块。以其中一种对矩阵 $\boldsymbol{W}$ 和 $\boldsymbol{H}$ 分别进行按列和按行分块为例，讨论一种更细粒度的块坐标邻近梯度法。首先分别将矩阵 $\boldsymbol{W}$ 和 $\boldsymbol{H}$ 表示为按列和按行分块的形式，即

$$
\boldsymbol{W} = [\boldsymbol{W}(:,1), \cdots, \boldsymbol{W}(:,i), \cdots, \boldsymbol{W}(:,k)]
$$

$$
\boldsymbol{H} = [\boldsymbol{H}(1,:), \cdots, \boldsymbol{H}(j,:), \cdots, \boldsymbol{H}(k,:)]
$$

当我们对每个分块变量 $\boldsymbol{W}(:,i) \in \mathbb{R}^m$ 和 $\boldsymbol{H}(j,:) \in \mathbb{R}^n$ 应用块坐标下降法时，需要强调一点的是，算法中依然保持对 $\boldsymbol{W}$ 和 $\boldsymbol{H}$ 问题求解的交替顺序，只需分别选择需要更新的分块。下面详细讨论关于 $\boldsymbol{W}(:,i)$ 和 $\boldsymbol{H}(j,:)$ 分块进行更新计算的方式，在第 $k+1$ 次迭代中的两个子问题分别为

$$
\begin{aligned}
\boldsymbol{W}(:,i_k)^{k+1} &= \operatorname{argmin}_{\boldsymbol{W}(:,i_k)\geqslant \boldsymbol{0}} \left\|\boldsymbol{W}(:,i_k) - \left[\boldsymbol{W}(:,i_k)^k - \alpha_{i_k} \nabla_{\boldsymbol{W}(:,i_k)} g(\boldsymbol{W}^k, \boldsymbol{H}^k)\right]\right\|_2^2 \\
&= \max\left\{0, \boldsymbol{W}(:,i_k)^k - \alpha_{i_k} \left[\left(\boldsymbol{W}^k \boldsymbol{H}^k - \boldsymbol{V}\right)\left(\boldsymbol{H}(i_k,:)\right)^{\mathrm{T}}\right]\right\}
\end{aligned}
$$

$$
\begin{aligned}
\boldsymbol{H}(j_k,:)^{k+1} &= \operatorname{argmin}_{\boldsymbol{H}(j_k,:)\geqslant \boldsymbol{0}} \left\|\boldsymbol{H}(j_k,:) - \left[\boldsymbol{H}(j_k,:)^k - \alpha_{j_k} \nabla_{\boldsymbol{H}(j_k,:)} g(\boldsymbol{W}^k, \boldsymbol{H}^k)\right]\right\|_2^2 \\
&= \max\left\{0, \boldsymbol{H}(j_k,:)^k - \alpha_{j_k} \left[\boldsymbol{W}(:,j_k)^{\mathrm{T}} \left(\boldsymbol{W}^k \boldsymbol{H}^k - \boldsymbol{V}\right)\right]\right\}
\end{aligned}
$$

根据上面具体的子问题计算方式，可总结出如下更细粒度的块坐标梯度下降法的具体方法。

面向非负矩阵分解的细粒度交替块坐标邻近梯度度法

- 给定初始值 $\boldsymbol{W}^0, \boldsymbol{H}^0$，$k \leftarrow 0$；
- 判断终止条件是否满足；
  - 根据某种块坐标选择方式选取分块 $j_k \in \{1,2,\cdots,k\}$，对选择分块 $\boldsymbol{H}(j_k,:)$ 进行更新
    $\boldsymbol{H}(j_k,:)^{k+1} = \max\left\{0, \boldsymbol{H}(j_k,:)^k - \alpha_{j_k}\left[\boldsymbol{W}(:,j_k)^{\mathrm{T}}\left(\boldsymbol{W}^k\boldsymbol{H}^k - \boldsymbol{V}\right)^{\mathrm{T}}\right]\right\}$
  - 根据某种块坐标选择方式选取分块 $i_k \in \{1,2,\cdots,k\}$，对选择分块 $\boldsymbol{W}(:,i_k)$ 进行更新
    $\boldsymbol{W}(:,i_k)^{k+1} = \max\left\{0, \boldsymbol{W}(:,i_k)^k - \alpha_{i_k}\left[\left(\boldsymbol{W}^k\boldsymbol{H}^k - \boldsymbol{V}\right)\left(\boldsymbol{H}(i_k,:)\right)^{\mathrm{T}}\right]\right\}$
- $k \leftarrow k+1$。

对于非负矩阵分解模型，具体采用哪种块坐标邻近梯度法来进行求解，可以根据问题的实际情况，这充分说明块坐标下降法具有较强的灵活性，可以设计问题驱动的块坐标下降法。读者后续可以进一步进行扩展研究，探索块坐标下降法在其他机器学习问题中的应用。

6.6 本章小结

块坐标下降法是求解大规模最优化问题的重要最优化方法之一，其核心是将大规模问题参数拆分为一批小规模问题求解，再通过合理的顺序调度和组成，实现对大规模最优化问题的高效求解。块坐标选择机制是块坐标下降法的核心，建立合理的块坐标选择机制不仅可以保证算法收敛性，还可以提高算法的计算效率。块坐标下降法的基本机制与邻近梯度法技术一样，可以与最优化方法相结合，形成适应于问题特征的高效最优化方法。

6.7 习题

1. 考虑如下 Group Lasso 问题：

$$\min_{\boldsymbol{x}} \frac{1}{2}\|\boldsymbol{A}\boldsymbol{x}-\boldsymbol{b}\|^2 + \lambda\sum_{\ell=1}^{L}\|\boldsymbol{x}_\ell\|_2$$

其中，$\boldsymbol{A} \in \mathbb{R}^{n\times m}$ 可以认为是数据矩阵，并且 $\boldsymbol{x} = (\boldsymbol{x}_1, \boldsymbol{x}_2, \cdots, \boldsymbol{x}_L) \in \mathbb{R}^m$ 认为是该回归问题的特征系数（优化变量）。该问题可以认为是在线性回归模型的基础上增加了一种刻画稀疏性的正则项，可以看出，该正则项是建立在变量分块上

的。请写出求解该问题的块坐标下降法（或块坐标邻近梯度法）。

2. 考虑正则化最优传输问题，即

$$\begin{aligned}\mathcal{L}_{\boldsymbol{C}}(a,b) &:= \min_{\boldsymbol{P}\in\mathcal{U}(a,b)} \langle \boldsymbol{C},\boldsymbol{P}\rangle - H(\boldsymbol{P}) \\ &:= \min_{\boldsymbol{P}\in\mathcal{U}(a,b)} \sum_{i,j} C_{ij}P_{ij} + \sum_{i,j} P_{i,j}\big(\log(P_{i,j})-1\big)\end{aligned} \tag{6.2}$$

其中，$\boldsymbol{C}\in\mathbb{R}^{n\times m}$表示代价矩阵，$C_{ij}$表示从$i$传输到$j$所需要的花费。集合$\mathcal{U}(a,b)$定义为

$$\mathcal{U}(a,b) := \left\{\boldsymbol{P}\in\mathbb{R}_+^{n\times m} \mid \boldsymbol{P}\mathbf{1}_m = a, \boldsymbol{P}^{\mathrm{T}}\mathbf{1}_n = b\right\}$$

请写出该正则化最优传输问题的对偶问题，并利用块坐标下降法求解对偶问题，并与Sinkhorn算法建立联系。

3. 考虑如下稀疏字典学习问题：

$$\min_{\mathcal{D},\{\boldsymbol{\alpha}_n\}\in\mathbb{R}^K} \frac{1}{N}\sum_{n=1}^{N}\frac{1}{2}\|\boldsymbol{x}_n - \mathcal{D}\boldsymbol{\alpha}_n\|_2^2 + \lambda\|\boldsymbol{\alpha}_n\|_1$$

其中，$\mathcal{D}$代表需要构建的字典，而$\{\alpha_n\}$是对应训练样本$\{\boldsymbol{x}_n\}$的表示稀疏系数向量，λ表示惩罚参数。请写出求解该问题的块坐标下降法（或块坐标邻近梯度法）。

4. 考虑函数$f(x,y)=x^2-2xy+10y^2-4x-20y$，试写出求解此问题的梯度法和分块坐标下降法并分析它们的收敛性和收敛速度以及造成两者收敛速度差异的原因。

5. 令$F(x_1,x_2,x_3)=-x_1x_2-x_2x_3-x_3x_1+\sum_{i=1}^{3}[(x_i-1)_+^2+(x_i+1)^2]$，对于$\delta>0$，取初始点$\boldsymbol{x}^0=\left(-1-\delta,1+\dfrac{\delta}{2},-1-\dfrac{\delta}{4}\right)$，考虑分块坐标下降法：

$$\begin{cases} x_1^k = \arg\min\limits_{x_1}\left\{F(x_1,x_2^{k-1},x_3^{k-1})\right\} \\ x_2^k = \arg\min\limits_{x_2}\left\{F(x_1^k,x_2,x_3^{k-1})\right\} \\ x_3^k = \arg\min\limits_{x_3}\left\{F(x_1^k,x_2^k,x_3)\right\} \end{cases}$$

试讨论该算法的收敛性。

6. 考虑广义岭回归问题：

$$\min_{\boldsymbol{x}}\frac{1}{2}\|A\boldsymbol{x}-b\|^2+\mu\|B\boldsymbol{x}\|_2^2$$

试写出利用分块坐标下降法计算LASSO问题的迭代格式。

7. 考虑支持向量机问题：

$$\begin{aligned}&\max_{\boldsymbol{w}\in\mathbb{R}^n,b\in\mathbb{R}} \frac{1}{\|\boldsymbol{w}\|} \\ &\text{s.t.}\ \ y_i(\boldsymbol{w}^{\mathrm{T}}x_i+b)\geqslant 1, i=1,2,\cdots,m\end{aligned}$$

写出它的对偶问题以及块坐标下降法求解其对偶问题的迭代格式。

8. 设函数 $f(x_1,x_2,\cdots,x_m)$ 连续可微，且存在 $L_i>0$，使得

$$\|\nabla_{x_i} f(x_1,x_2,\cdots,x_{i-1},x_i+d,x_{i+1},\cdots,x_m)-\nabla_{x_i} f(x_1,\cdots,x_m)\|\leqslant L_i\|d\|,\ \forall d$$

证明:

$$\begin{aligned}f(x_1,x_2,\cdots,x_{i-1},x_i+d,x_{i+1},\cdots,x_m)&\leqslant f(x_1,x_2,\cdots,x_m)\\+\langle\nabla_{x_i} f(x_1,x_2,\cdots,x_m),d\rangle+\frac{L_i}{2}\|d\|^2,\ \forall d\end{aligned}$$

9. 考虑如下优化问题:

$$\min_{x,y} f(\boldsymbol{x})+g(\boldsymbol{y})+h(\boldsymbol{x},\boldsymbol{y})$$

其中，f 和 g 是适当强制的下半连续函数，∇h 存在且 L-李普希茨连续。取 $\gamma\in(1,\infty)$，考虑如下分块坐标下降算法:

$$\begin{cases}\boldsymbol{x}^{k+1}\in \operatorname{prox}_{\frac{1}{\gamma L}f}(\boldsymbol{x}^k-\dfrac{1}{\gamma L}\nabla_{\boldsymbol{x}} h(\boldsymbol{x}^k,\boldsymbol{y}^k))\\ \boldsymbol{y}^{k+1}\in \operatorname{prox}_{\frac{1}{\gamma L}g}(\boldsymbol{y}^k-\dfrac{1}{\gamma L}\nabla_{\boldsymbol{x}} h(\boldsymbol{x}^{k+1},\boldsymbol{y}^k))\end{cases}$$

证明: (1) 上述算法的子问题至少有一个解。

(2) 上述算法生成的点列 $\{\boldsymbol{x}^k,\boldsymbol{y}^k\}$ 满足下降性:

$$F_k-F_{k+1}\geqslant\frac{(\gamma-1)L}{2}\left(\|\boldsymbol{x}^{k+1}-\boldsymbol{x}^k\|^2+\|\boldsymbol{y}^{k+1}-\boldsymbol{y}^k\|^2\right)$$

其中，$F_k=f(\boldsymbol{x}^k)+g(\boldsymbol{y}^k)+h(\boldsymbol{x}^k,\boldsymbol{y}^k)$。

第7章

随机梯度类方法

第6章介绍了求解大规模最优化问题的块坐标下降法，块坐标下降法主要针对大规模参数维度的情形。以大规模监督机器学习问题为例，监督学习任务所对应的训练数据集包含n条数据$\{(\boldsymbol{x}_i, y_i), i=1,2,\cdots,n\}$。假设预测模型为$h(\boldsymbol{x}, \boldsymbol{w})$，其中，参数$\boldsymbol{w}$为预测模型的参数，且$\boldsymbol{w} \in \mathbb{R}^d$。带正则项的监督学习任务可以建模为

$$\min_{\boldsymbol{w} \in \mathbb{R}^d} \frac{1}{n} \sum_{i=1}^{n} \ell\left(h(\boldsymbol{x}_i, \boldsymbol{w}); y_i\right) + \lambda r(\boldsymbol{w}) \tag{7.1}$$

第6章介绍的块坐标下降法主要针对大规模参数变量维度d，通过对变量分块计算实现对问题的高效求解。本章将重点关注另一种大规模情形，即数据量n是大规模的情形。基于随机梯度技巧的随机梯度类方法是处理这类问题的有效方法。进一步地，如果需要同时处理大规模数据量n和大规模参数维度d，则可以结合块坐标下降法和随机梯度法以设计更有针对性的求解方法。

随机梯度法（Stochastic Gradient Descent Method，SGD）最早在1951年由Robbins和Monro提出[20]，经过长期发展，在最近十几年因机器学习问题的计算需要而得到迅速发展。随机梯度法除了具备处理大规模数据量的优势，还适用于现代机器学习任务求解。对于上面介绍的监督学习任务(7.1)，其参数化模型可以被归纳为

$$\min_{\boldsymbol{w} \in \mathbb{R}^d} \underbrace{\frac{1}{n} \sum_{i=1}^{n} f_i(\boldsymbol{w})}_{g(\boldsymbol{w})} \tag{7.2}$$

其中，$f_i(\boldsymbol{w}) = \ell\left(h(\boldsymbol{x}_i, \boldsymbol{w}); y_i\right) + \lambda r(\boldsymbol{w})$。该问题通常被称为有限求和经验风险极小化问题，这也是机器学习任务中经常面对的结构型最优化问题，但是机器学习任务更重要的核心目标是极小化测试任务中的风险（损失）。在处理机器学习任务时，没有必要过度强调对训练阶段任务的求解计算精度，而更应关注测试阶段的任务，即所得到的“最优解”在测试阶段的表现。因此，针对以监督学习为代表的机器学习任务，所设计的算法应该具备快速高效求解能力，这种算法适合处理海量数据，而无须为过高的求解精度而付出过多的迭代计算代价。

注： 在本书中，我们只介绍针对问题模型(7.2)的随机梯度法，然而，所介绍的随机梯度法也适用于求解期望意义下的极小化随机优化问题，即

$$\min_{\boldsymbol{w}\in\mathbb{R}^d} \ \mathbb{E}_{\xi\sim\Xi}\left[f(\boldsymbol{w},\xi)\right]$$

读者可以在参考文献 [21,22] 中找到更多的相关介绍。

7.1 经典随机梯度法

针对有限求和的结构型最优化问题(7.2)，即

$$\min_{\boldsymbol{w}\in\mathbb{R}^d} \ \frac{1}{n}\sum_{i=1}^{n} f_i(\boldsymbol{w})$$

此时面向该问题的经典随机梯度法（Stochastic Gradient Descent Method，SGD）的基本迭代框架为

$$\boldsymbol{w}^{k+1} = \boldsymbol{w}^k - \alpha_k \nabla f_{i(k)}\left(\boldsymbol{w}^k\right) \tag{7.3}$$

其中，$i(k)$ 是从 $\{1,2,\cdots,n\}$ 中允许放回的按均匀分布（每个 f_i 被选择概率是 $\frac{1}{n}$）随机选取的。此时可以定义 Polyak-Ruppert 平均为

$$\bar{\boldsymbol{w}}_k = \frac{1}{k+1}\sum_{j=1}^{k}\boldsymbol{w}^j \tag{7.4}$$

对于该基本随机梯度法可以证明其对于凸优化问题的收敛性和收敛速度，而对于非凸问题在本书中暂时不作讨论。如果函数 f_i 均为凸函数且为 L-光滑的，那么可以证明得到

$$\mathbb{E}\left[g\left(\bar{\boldsymbol{w}}_k\right) - g\left(\boldsymbol{w}^*\right)\right] \leqslant \mathcal{O}\left(\frac{1}{\sqrt{k}}\right), \quad \alpha_k = \frac{1}{L\sqrt{k}} \tag{7.5}$$

该结论同时说明了算法的收敛性和收敛速度，可以看出，对于一般的凸优化问题，基本随机梯度法比经典梯度下降法的收敛速度慢但随机梯度法每个迭代步不需要计算整体目标函数 $g(\boldsymbol{w})$ 的梯度，只需随机选择一条数据进行梯度计算，计算复杂度会显著降低。然而，这并不说明随机梯度法一定会比梯度下降法更优，我们需要根据问题结构选择合适的方法，但是随机梯度法适合现代大规模机器学习问题求解计算。进一步地，如果函数 $g(\boldsymbol{w})$ 为 μ-强凸函数，那么可以进一步证明得到

$$\mathbb{E}\left[g\left(\bar{\boldsymbol{w}}_k\right) - g\left(\boldsymbol{w}^*\right)\right] \leqslant \mathcal{O}\left(\frac{1}{\mu k}\right), \quad \alpha_k = \frac{1}{\mu k} \tag{7.6}$$

其可以达到 $\mathcal{O}(1/k)$ 的迭代复杂度，但是相比于梯度下降法在强凸假设前提下的线性收敛速度仍要慢。关于式(7.5)和式(7.6)的理论证明，不在本书中讨论，可以参考文献 [21]。

在经典随机梯度法的基础上，为了提高算法计算和求解效率，可以考虑在每一个迭代步中采样批量数据进行梯度的估计计算，而不是只采样一条数据，这种改进版本的随机梯度方法称为小批量随机梯度法（Mini-batch SGD）。如果选取 m 条数据进行梯度计

算，那么小批量随机梯度法的具体迭代格式可以记作：

$$\boldsymbol{w}^{k+1}=\boldsymbol{w}^{k}-\frac{\alpha_k}{m}\sum_{j=1}^{m}\nabla f_{i(k,j)}\left(\boldsymbol{w}^{k}\right) \tag{7.7}$$

其中，每个 $i(k,j)$ 均是从 $\{1,2,\cdots,n\}$ 中允许放回的按均匀分布（每个 f_i 被选择概率是 $\frac{1}{n}$）随机选取的，共 m 个。小批量随机梯度法可以看作是介于梯度法与随机梯度法之间的方法，可以根据所选取的数据量的多少（m 的大小）来平衡数据处理能力和算法计算效率。如果服务器可以有效处理 m 条数据并计算梯度，那么采用小批量随机梯度法可以取得比采用经典梯度下降法更高的计算效率。

7.2 随机平均梯度法

从经典随机梯度法来看，每一个迭代步都只利用当前迭代步所选择到的数据进行更新，而未充分利用历史梯度信息。随机平均梯度法的基本思想是将计算过的 f_i 的梯度都保存在内存中，并不断更新且用于算法设计，其可以看作是随机版本的增量平均梯度方法。下面给出随机平均梯度法（Stochastic Average Gradient Method，SAG）[23] 的具体步骤。

随机平均梯度法

- 函数 f_i 在第 k 步迭代所对应的梯度记作 $\boldsymbol{y}_i^k$；
- 随机可放回地选择 $i(k)\in\{1,2,\cdots,n\}$；
- 更新梯度信息，即

$$\begin{cases}\boldsymbol{y}_j^{k+1}=\nabla f_j(\boldsymbol{w}^k), & j=i(k)\\ \boldsymbol{y}_j^{k+1}=\boldsymbol{y}_j^{k}, & j\neq i(k)\end{cases}$$

- 更新参数变量 $\boldsymbol{w}^{k+1}$，即

$$\boldsymbol{w}^{k+1}=\boldsymbol{w}^{k}-\frac{\alpha_k}{n}\sum_{j=1}^{n}y_j^{k+1}$$

随机平均梯度法与经典随机梯度法一致，在每个迭代步只需计算一次单个函数梯度，但是随机平均梯度法需要在内存中存储 n 个 d 维梯度向量，在存储需求方面比随机梯度法显著增加。理论上，随机平均梯度法在 μ-强凸假设下可以达到线性收敛速度，即

$$\mathbb{E}\left[g\left(\bar{\boldsymbol{w}}_k\right)-g(\boldsymbol{w}^*)\right]\leqslant\mathcal{O}\left\{\left(1-\min\left\{\frac{1}{8n},\frac{\mu}{16L}\right\}\right)^k\right\}$$

而这一优势也是因为对已计算历史梯度信息的充分利用所获得的。相关理论分析可参考文献 [23]。

7.3 方差减小随机梯度法

方差减小技巧是统计学中的一种常用技巧，其核心是通过设计一个新的随机变量，并结合采样技术降低已知随机变量的方差。假如 $\mathbb{X}$ 为已知随机变量，给定一个新的随机变量 $\mathbb{Y}$ 以及他的期望为 $\mathbb{E}[\mathbb{Y}]$，定义新的随机变量 $\mathbb{Z}_\alpha$，使得

$$\mathbb{Z}_\alpha = \alpha\left(\mathbb{X} - \mathbb{Y}\right) + \mathbb{E}[\mathbb{Y}]$$

该随机变量 $\mathbb{Z}_\alpha$ 的期望是

$$\mathbb{E}\left[\mathbb{Z}_\alpha\right] = \alpha\mathbb{E}[\mathbb{X}] + (1-\alpha)\mathbb{E}[\mathbb{Y}]$$

而方差是

$$\operatorname{Var}\left[\mathbb{Z}_\alpha\right] = \alpha^2\left[\operatorname{Var}\left[\mathbb{X}\right] + \operatorname{Var}\left[\mathbb{Y}\right] - 2\operatorname{Cov}\left(\mathbb{X}, \mathbb{Y}\right)\right]$$

值得注意的是，如果 $\alpha = 1$，那么可以得到 $\mathbb{E}\left[\mathbb{Z}_\alpha\right] = \mathbb{E}\left[\mathbb{X}\right]$，即随机变量 $\mathbb{Z}_\alpha$ 可以看作为 $\mathbb{E}[\mathbb{X}]$ 的一种无偏随机变量估计。但是此时同时可以得到 $\operatorname{Var}\left[\mathbb{Z}_\alpha\right] < \operatorname{Var}\left[\mathbb{X}\right]$，尤其是当 $\mathbb{Y}$ 与 $\mathbb{X}$ 正相关时。如果 $\alpha < 1$，那么虽然 $\mathbb{Z}_\alpha$ 是有偏的，但是 $\operatorname{Var}\left[\mathbb{Z}_\alpha\right]$ 依然比 $\operatorname{Var}\left[\mathbb{X}\right]$ 小。

为什么以及如何利用方差减小技巧来提升随机梯度法的求解计算效率？首先回到经典随机梯度法，其迭代格式为

$$\boldsymbol{w}^{k+1} = \boldsymbol{w}^k - \alpha_k \nabla f_{i(k)}\left(\boldsymbol{w}^k\right)$$

值得注意的是，如果把方差减小技术中随机变量 $\mathbb{X}$ 定义为 $\nabla f_{i(k)}\left(\boldsymbol{w}^k\right)$，那么

$$\mathbb{E}\left[\mathbb{X}\right] = \mathbb{E}\left[\nabla f_{i(k)}\left(\boldsymbol{w}^k\right)\right] = \frac{1}{n}\sum_{j=1}^{n}\nabla f_j(\boldsymbol{w}^k) = \nabla g(\boldsymbol{w}^k)$$

该随机变量 $\mathbb{X}$ 的期望为整个目标函数 $g(\boldsymbol{w})$ 在 $\boldsymbol{w}^k$ 的梯度，那么随机梯度法所用的梯度信息可以看作为对整体函数梯度的随机采样。既然可以看作为随机采样，我们希望在 $\mathbb{X}$ 的基础上建立一种新的随机变量进行梯度采样，这个新的随机变量依然是整体梯度的无偏估计，但是比随机变量 $\mathbb{X}$ 有更小的方差，从而使得每一个的随机变量采样估计更加稳定(波动更小)。此时根据方差减小技巧，引入 $\mathbb{Y} = \nabla f_{i(k)}(\tilde{\boldsymbol{w}})$，其中，$\tilde{\boldsymbol{w}}$ 为某一个固定参数，α 设定为1，那么

$$\begin{aligned}
\mathbb{Z}_1 &= \mathbb{X} - \mathbb{Y} + \mathbb{E}[\mathbb{Y}] \\
&= \underbrace{\nabla f_{i(k)}\left(\boldsymbol{w}^k\right)}_{\mathbb{X}} - \underbrace{\nabla f_{i(k)}(\tilde{\boldsymbol{w}})}_{\mathbb{Y}} + \underbrace{\mathbb{E}\left[\nabla f_{i(k)}(\tilde{\boldsymbol{w}})\right]}_{\mathbb{E}[\mathbb{Y}]} \\
&= \nabla f_{i(k)}\left(\boldsymbol{w}^k\right) - \nabla f_{i(k)}(\tilde{\boldsymbol{w}}) + \frac{1}{n}\sum_{i=1}^{n} f_i(\tilde{\boldsymbol{w}})
\end{aligned}$$

因此，可以利用新定义的随机变量 $\mathbb{Z}_1$ 来设计新的方差减小随机梯度。根据上面的介

绍，下面给出结合方差减小技巧的随机梯度法（Stochastic Variance Reduced Gradient method，SVRG）[24]。

方差减小随机梯度法

- 给定初始值 $\tilde{\boldsymbol{w}} \in \mathbb{R}^d$；
- 外层迭代 $i = 1, 2, \cdots$
  - 计算在 $\tilde{\boldsymbol{w}}$ 处整个目标函数的梯度信息
  $$\nabla g(\tilde{\boldsymbol{w}}) = \frac{1}{n}\sum_{j=1}^{n} \nabla f_j(\tilde{\boldsymbol{w}})$$
  - 令 $\boldsymbol{w}^0 = \tilde{\boldsymbol{w}}$；
  - 内层迭代 $k = 0, 1, \cdots, \ell - 1$
    ① 选择 $i(k)$
    ② 计算更新 $\boldsymbol{w}^{k+1}$
    $$\boldsymbol{w}^{k+1} = \boldsymbol{w}^k - \alpha_k \left[\nabla f_{i(k)}\left(\boldsymbol{w}^k\right) - \nabla f_{i(k)}(\tilde{\boldsymbol{w}}) + \nabla g(\tilde{\boldsymbol{w}})\right] \tag{7.8}$$
  - 更新 $\tilde{\boldsymbol{w}} = \boldsymbol{w}^{\ell}$；
- 输出 $\tilde{\boldsymbol{w}}$。

方差减小随机梯度法的核心由式(7.8)表示，而算法通过两层迭代来实现方差减小。外层迭代一般次数较少，所以全梯度的计算量通常会较小，并不是主要的计算。式(7.8)可以看作方差减小随机梯度法的代表迭代格式。

7.4 随机梯度法的扩展讨论

首先，总结比较一下本章介绍的几种随机梯度法。

$$\begin{cases} \text{SGD}: & \boldsymbol{w}^{k+1} = \boldsymbol{w}^k - \alpha_k \nabla f_{i(k)}(\boldsymbol{w}^k) \\ \text{M-SGD}: & \boldsymbol{w}^{k+1} = \boldsymbol{w}^k - \dfrac{\alpha_k}{m}\displaystyle\sum_{j=1}^{m} \nabla f_{i(k,j)}(\boldsymbol{w}^k) \\ \text{SAG}^{[23]}: & \boldsymbol{w}^{k+1} = \boldsymbol{w}^k - \alpha_k \left[\frac{1}{n}\left(\nabla f_{i(k)}(\boldsymbol{w}^k) - \boldsymbol{y}_{i(k)}^k\right) + \dfrac{1}{n}\displaystyle\sum_{i=1}^{n} \boldsymbol{y}_i^k\right] \\ \text{SVRG}^{[24]}: & \boldsymbol{w}^{k+1} = \boldsymbol{w}^k - \alpha_k \left[\nabla f_{i(k)}(\boldsymbol{w}^k) - \nabla f_{i(k)}(\tilde{\boldsymbol{w}}) + \dfrac{1}{n}\displaystyle\sum_{i=1}^{n} \nabla f_i(\tilde{\boldsymbol{w}})\right] \\ \text{SAGA}^{[25]}: & \boldsymbol{w}^{k+1} = \boldsymbol{w}^k - \alpha_k \left[\nabla f_{i(k)}(\boldsymbol{w}^k) - \boldsymbol{y}_{i(k)}^k + \dfrac{1}{n}\displaystyle\sum_{i=1}^{n} \boldsymbol{y}_i^k\right] \end{cases}$$

从上面的比较可以看出，SAG 接近于一种方差减小的随机梯度方法，但是相当于方差减小机制中 α 选择为 $\dfrac{1}{n}$，从而该算法遵循有偏的方差减小方式。因此SAG的作者进一步提出了SAGA，该算法为无偏的方差减小随机梯度方法，与SVRG有较多相似之处，但也有许多不同，并不能直接比较其与SVRG的好坏。需要特别说明的是，SVRG和SAGA同样可以达到与SAG一样的收敛速度阶数，但是常数系数会更优，它们的收敛速度可以显著超过SGD。

注：邻近梯度技巧可以被用来加速随机梯度类方法，如果所考虑的问题为

$$\min_{\boldsymbol{w}\in\mathbb{R}^d} \frac{1}{n}\sum_{i=1}^{n}[f_i(\boldsymbol{w})+h(\boldsymbol{w})]$$

其中，正则项不是处处可微的，但是其邻近算子$\mathrm{Prox}_h(\cdot)$可以被高效计算，则可以用邻近梯度技巧提高每个迭代步的计算效率。

随机梯度类方法是机器学习模型训练的最重要的最优化方法，尤其是以深度学习为代表的机器学习模型训练。本章介绍了几种典型随机梯度类方法，更多方法大家可以在综述论文 [26] 中发现，其核心目的是通过各种不同的技巧来提高大规模结构型最优化问题的计算求解效率。

7.5 面向深度学习的随机优化方法

深度学习作为机器学习中的最典型、最热门的研究方向，也是专用最优化方法的研究重点。目前已提出的一系列以随机梯度法为基础的面向深度学习的最优化方法，通过各种加速技巧以提升对深度学习模型的优化效率和优化性能。深度学习模型的目标函数所具有的非凸性以及复杂性，导致很难找到全局最优解。而面向深度学习的优化方法通常以随机梯度法为基础进行设计，所以首先回顾一下随机梯度法。与随机梯度法所面向的最优化问题一样，我们关心如下的结构型最优化问题：

$$\min_{\boldsymbol{x}\in\mathbb{R}^n} \frac{1}{n}\sum_{i=1}^{n} f_i(\boldsymbol{x})$$

深度学习模型通常也表示为这样的形式。求解该问题的梯度下降法、随机梯度法以及小批量（Mini-batch）随机梯度法分别为

$$\begin{cases} \text{梯度下降法：} \boldsymbol{x}^{k+1}=\boldsymbol{x}^k-\alpha_k\dfrac{1}{n}\displaystyle\sum_{i=1}^{n}\nabla f_i(\boldsymbol{x}^k) \\ \text{随机梯度法：} \boldsymbol{x}^{k+1}=\boldsymbol{x}^k-\alpha_k\nabla f_{i(k)}(\boldsymbol{x}^k) \\ \text{小批量随机梯度法：} \boldsymbol{x}^{k+1}=\boldsymbol{x}^k-\dfrac{\alpha_k}{m}\displaystyle\sum_{j=1}^{m}\nabla f_{i(k,j)}(\boldsymbol{x}^k) \end{cases}$$

深度学习模型是一种以数据为核心的机器学习模型，而随机梯度法可以有针对性地处理海量数据，以适应深度学习模型的结构。深度学习模型虽然通常是非凸的，但是很多工

作证明深度学习模型的最优解未必是最佳的，因其模型在训练数据上的局限性，所以需要计算泛化能力更好的“最优解”。随机梯度法这样一类计算效率高但计算精度稍弱的最优化方法也为找到泛化能力更好的解带来更多可能性。优化深度学习模型的挑战主要在于：

（1）学习率的选择（步长的选择）；

（2）学习率自适应调整机制；

（3）避免陷入坏的局部最优解。

下面介绍的一系列面向深度学习的最优化方法都以解决上述问题为核心目标。

7.5.1 动量加速随机梯度法

随机梯度法在深度学习目标函数的“峡谷”中寻优是困难的，而动量技巧的引入有助于加速算法寻优。动量技巧的核心是利用上一步迭代的信息来构造对当前迭代步的动量加速。在动量加速方法中，定义除了算法序列$\{\boldsymbol{x}^k\}$之外的另一个更新序列$\{\boldsymbol{v}^k\}$，并引入一个常数γ来帮助更新序列$\{\boldsymbol{v}^k\}$，而γ通常选取为0.9。动量加速随机梯度法[27]的基本迭代格式为

$$\begin{cases} \boldsymbol{v}^{k+1} = \gamma \boldsymbol{v}^k + \eta \nabla f_{i(k)}(\boldsymbol{x}^k) \\ \boldsymbol{x}^{k+1} = \boldsymbol{x}^k - \boldsymbol{v}^{k+1} \end{cases} \tag{7.9}$$

动量加速随机梯度法的迭代格式说明该算法在梯度方向发生改变时减少更新，在梯度方向保持不变时加大更新力度，也在一定程度上说明了其自适应动态更新的能力。

7.5.2 Adagrad方法

Adagrad方法[28]全称为自适应梯度方法（Adaptive gradient algorithm），其设计的初衷是希望打破传统固定步长（学习率）机制的限制，根据参数变量自适应调整每个迭代步的步长（学习率）。Adagrad核心思想是将传统步长除以历史梯度信息来建立自适应步长机制，从而自适应地调整步长。Adagrad的具体迭代格式为

$$\boldsymbol{x}^{k+1} = \boldsymbol{x}^k - \frac{\eta}{\sqrt{\boldsymbol{\mathcal{G}}_{k+1} + \epsilon}} \nabla f_{i(k)}(\boldsymbol{x}^k)$$

其中，$\boldsymbol{\mathcal{G}}_{k+1} \in \mathbb{R}^{n\times n}$是一个对角矩阵，且$\mathcal{G}_{k+1}(i,i)$是从迭代步1到迭代步$k$所有梯度信息的第$i$个元素的累积平方和。因此上面迭代格式中的数学运算都是基于单个维度，即

$$x_i^{k+1} = x_i^k - \frac{\eta}{\sqrt{\mathcal{G}_{k+1}(i,i) + \epsilon}} \left(\nabla f_{i(k)}(\boldsymbol{x}^k)\right)_i$$

而$\epsilon > 0$存在的意义是防止分母为0。后续算法中的相关运算也基本与Adagrad方法一致。

Adagrad方法的主要弱点是其在分母中积累了梯度平方，且由于增加的每一项都是正数，所以随着训练过程的发展，分母不会增长。因此，步长（学习率）会越来越小，甚

至会变得非常小，从而算法将不会再获得额外的知识信息。下面介绍的最优化方法旨在进一步解决这一问题。

7.5.3 Adadelta方法

Adadelta方法[29]被认为是Adagrad方法的一种扩展，它试图降低Adagrad方法的过度的学习率单调递减。与Adagrad方法累计所有历史梯度有所不同，Adadelta将累加限制在固定大小窗口内的历史梯度。Adadelta方法采用递归方式来对历史梯度平方的衰减平均值进行求和，而不是低效地存储固定长度的梯度平方和。每个迭代步的累积梯度平方是当前迭代步梯度平方和历史平均的加权平均值，即

$$\mathcal{E}(\nabla f^2)_{k+1} = \gamma \mathcal{E}(\nabla f^2)_k + (1-\gamma)\left\|\nabla f_{i(k)}(\boldsymbol{x}^k)\right\|^2$$

其中，γ类似于动量加速中的参数，通常可以设置为0.9，经验表明，该参数并不敏感。那么基本版本Adadelta方法的迭代格式可以表示为

$$\left(\boldsymbol{x}^{k+1}\right)_i = \left(\boldsymbol{x}^k\right)_i - \frac{\eta}{\sqrt{(\mathcal{E}(\nabla f^2)_{k+1})_i + \epsilon}}\left(\nabla f_{i(k)}(\boldsymbol{x}^k)\right)_i \tag{7.10}$$

基本版本Adadelta方法与Adagrad的区别在于将$\boldsymbol{\mathcal{G}}_{k+1}$替换为$\mathcal{E}(\nabla f^2)$，从而在一定程度上解决了学习率逐渐减小的问题。基本版本Adadelta方法中学习率项中分母记作为

$$\mathrm{RMS}\left[\nabla f\right]_{k+1} := \sqrt{\mathcal{E}(\nabla f^2)_{k+1} + \epsilon}$$

在式(7.10)中，η为默认学习率。进一步对基本版本Adadelta方法进行改进，将η替换为$\mathrm{RMS}\left[\nabla f\right]_k$，从而得到最终版本Adadelta方法，其迭代格式为

$$\boldsymbol{x}^{k+1} = \boldsymbol{x}^k - \frac{\mathrm{RMS}\left[\nabla f\right]_k}{\mathrm{RMS}\left[\nabla f\right]_{k+1}}\nabla f_{i(k)}(\boldsymbol{x}^k) \tag{7.11}$$

最终版本Adadelta方法不需要设置默认学习率η。

7.5.4 RMSprop方法

RMSprop方法[30]是图灵奖获得者Geoffry Hinton提出的一种自适应学习率调整方法（未正式发表）。RMSprop方法和Adadelta方法几乎都是在同一时间独立被提出，它们均源于解决Adagrad方法学习率急剧下降的需要。RMSprop方法实际上与基本版本Adadelta方法是一样的，即

$$\boldsymbol{x}^{k+1} = \boldsymbol{x}^k - \frac{\eta}{\sqrt{\mathcal{E}(\nabla f^2)_{k+1} + \epsilon}}\nabla f_{i(k)}(\boldsymbol{x}^k)$$

RMSprop方法γ设置为0.9，学习率η设置为0.001。

7.5.5 Adam方法

Adam方法[31]的全称为自适应矩估计方法（Adaptive moment estimation）是另一个使用自适应学习率的方法。与Adadelta方法和RMSprop方法类似，除了保存历史梯

度平方的指数衰减平均值，Adam 方法还利用历史梯度的指数衰减平均值，类似动量加速方法。动量方法可以看作是一个从斜坡上滚下来的球，Adam 的表现类似一个有摩擦力的重球，因此它更倾向于在误差面上寻找更加平坦的极小值点。

历史梯度和历史梯度平方的衰减平均分别通过 $\{\boldsymbol{m}_k\}$ 和 $\{\boldsymbol{v}_k\}$ 来表示，其递归公式表示如下：

$$
\begin{cases}
(\boldsymbol{m}_{k+1})_i = \beta_1 (\boldsymbol{m}_k)_i + (1-\beta_1)\left(\nabla f_{i(k)}(\boldsymbol{x}^k)\right)_i \\
(\boldsymbol{v}_{k+1})_i = \beta_2 (\boldsymbol{v}_k)_i + (1-\beta_2)\left\|\left(\nabla f_{i(k)}(\boldsymbol{x}^k)\right)_i\right\|^2
\end{cases}
$$

其中，β_1 和 β_2 分别表示对应的衰减率。$\boldsymbol{m}_k$ 和 $\boldsymbol{v}_k$ 分别估计了梯度的一阶矩和二阶矩，这也是该方法被称为 Adam 方法的原因。$\boldsymbol{m}_k$ 和 $\boldsymbol{v}_k$ 均以 $\mathbf{0}$ 为初始值，但是 Adam 方法的提出者发现它们在 $\mathbf{0}$ 处都是有偏估计，尤其是在最初几个迭代步或衰减较慢的时候（β_1 和 β_2 接近 1 时）。因此，Adam 方法进一步通过偏差校正技术被改进，从而得到

$$
\hat{\boldsymbol{m}}_k = \frac{\boldsymbol{m}_k}{1-\beta_1^k}, \quad \hat{\boldsymbol{v}}_k = \frac{\boldsymbol{v}_k}{1-\beta_2^k}
$$

最终可以利用 $\hat{\boldsymbol{m}}_k$ 和 $\hat{\boldsymbol{v}}_k$ 来设计 Adam 方法，所用的迭代格式类似于 Adadelta 方法和 RMSprop 方法，Adam 方法的具体迭代格式为

$$
\boldsymbol{x}^{k+1} = \boldsymbol{x}^k - \frac{\eta}{\sqrt{\hat{\boldsymbol{v}}_{k+1}}+\epsilon}\hat{\boldsymbol{m}}_{k+1} \tag{7.12}
$$

在 Adam 方法中，β_1 和 β_2 通常分别设置为 0.9 和 0.999，ϵ 设置为 10^{-8}。大量实验结果表明，Adam 运行稳定且优于其他自适应学习随机梯度法。

一系列基于 Adam 方法的自适应学习随机梯度法也陆续被提出，如 AdaMax、Nadm、AMSGrad、AdamW、QHAdam 等，这些方法通过增加一些额外的技巧来提升算法的计算效率。但是 RMSprop 方法和 Adam 方法是最常用的面向深度学习的最优化方法，被广泛应用部署于各大深度学习平台。考虑到无处不在的大规模数据以及低成本集群的可用性，分布式部署随机梯度方法是进一步提速的显而易见的选择。随机梯度法本身是内在顺序执行的方法，即一步步朝着最小值演进。当面对大规模数据时，直接运行随机梯度法会得到较好的收敛效果，但是可能会较慢。相反地，异步执行随机梯度法效率更高，但是往往会因为通信不佳导致收敛性较差。此外，我们可以在单机上并行运行随机梯度法，而不需要依赖大规模计算集群。系列相关方法不断被提出用于并行和分布式计算，但本书对此不做过多介绍。

7.6 本章小结

随机梯度类方法是机器学习中问题求解的核心方法，因其在处理海量数据时的优势奠定了随机梯度类方法在机器学习问题求解时的绝对地位。以经典随机梯度法为基础，

一系列变形的随机梯度方法被提出，从求解效率、理论支撑等方面取得了突破性的进展，并广泛应用于机器学习。深度学习作为一类特殊的机器学习问题，随着深度学习模型规模和数据量的显著增加，对随机梯度类方法的需求也逐步增加，引入动量、自适应步长等技术的新型随机梯度类方法被提出，显著增强了随机梯度类方法处理深度学习问题的能力。

7.7 习题

1. 给定数据集 $\{(\boldsymbol{x}_i, y_i)\}$（$i=1,2,\cdots,n$），考虑线性最小二乘问题，即

$$\min_{\boldsymbol{w}} \frac{1}{2}\sum_{i=1}^{n}\left(y_i - \boldsymbol{w}^{\mathrm{T}}\boldsymbol{x}_i\right)^2$$

请写出随机梯度法或者其他随机梯度法求解该问题的迭代格式。

2. 给定数据集 $\{(\boldsymbol{x}_i, y_i)\}$（$i=1,2,\cdots,n$），考虑如下支撑向量机问题，即

$$\min_{\boldsymbol{w},b} \frac{1}{2}\boldsymbol{w}^{\mathrm{T}}\boldsymbol{w} + C\sum_{i}\max\left(0, 1-y_i\left(\boldsymbol{w}^{\mathrm{T}}\boldsymbol{x}_i + b\right)\right)$$

请写出随机梯度法或者其他随机梯度法求解该问题的迭代格式。

3. 考虑如下矩阵分解问题，其最优化模型可以表示为

$$\min_{\boldsymbol{P},\boldsymbol{Q}} \sum_{(u,v)\in\mathcal{R}} \left(r_{u,v} - \boldsymbol{p}_u\boldsymbol{q}_v^{\mathrm{T}}\right)^2 + \lambda_{\boldsymbol{P}}\|\boldsymbol{p}_u\|^2 + \lambda_{\boldsymbol{Q}}\|\boldsymbol{q}_v\|^2$$

其中，$\boldsymbol{p}_u$ 和 $\boldsymbol{q}_v$ 分别表示矩阵 $\boldsymbol{P}$ 和 $\boldsymbol{Q}$ 的第 u 行和第 v 行。请写出随机梯度法或者其他随机梯度法求解该问题的迭代格式。

4. 考虑带 l_2-范数平方正则项的逻辑回归问题：

$$\min_{\boldsymbol{x}\in\mathbb{R}^n} \frac{1}{N}\sum_{i=1}^{N}\ln(1+\exp(-b_i\boldsymbol{a}_i^{\mathrm{T}}\boldsymbol{x})) + \lambda\|\boldsymbol{x}\|^2$$

试写出求解此问题的随机梯度法及其变体 (至少两种) 的迭代格式。

5. 考虑凸优化问题：

$$\min_{\boldsymbol{x}\in\mathbb{R}^n} \frac{1}{N}\sum_{i=1}^{N} f_i(\boldsymbol{x})$$

假设每个 $f_i(\boldsymbol{x})$ 是可微的凸函数且随机梯度的二阶矩一致有界，即存在 M，对任意的 $\boldsymbol{x}\in\mathbb{R}^n$ 以及随机下标 s_k，有 $\mathbb{E}_{s_k}[\|\nabla f_{s_k}\|^2] \leqslant M^2$。设 $\boldsymbol{x}^{k+1} = \boldsymbol{x}^k - \alpha_k\nabla f_{s_k}(\boldsymbol{x}^k)$，$\boldsymbol{x}^*$ 是上述问题的一个解。证明：

(1)

$$\sum_{k=1}^{K}\alpha_k\mathbb{E}[f(\boldsymbol{x}^k) - f(\boldsymbol{x}^*)] \leqslant \frac{1}{2}\mathbb{E}[\|\boldsymbol{x}^1 - \boldsymbol{x}^*\|^2] + \frac{M^2}{2}\sum_{k=1}^{K}\alpha_k$$

(2) $\mathbb{E}[f(\bar{\boldsymbol{x}}^K) - f(\boldsymbol{x}^*)] \leqslant \dfrac{\|\boldsymbol{x}^1 - \boldsymbol{x}^*\|^2 + M^2 \sum\limits_{k=1}^{K} \alpha_k}{2 \sum\limits_{k=1}^{K} \alpha_k}$，其中，$\bar{\boldsymbol{x}}^K = \dfrac{\sum\limits_{k=1}^{K} \alpha_k \boldsymbol{x}^k}{\sum\limits_{k=1}^{K} \alpha_k}$

(3) 若取 $\alpha_k = \dfrac{1}{\sqrt{k}}$，则

$$\mathbb{E}[f(\bar{\boldsymbol{x}}^K) - f(\boldsymbol{x}^*)] = O\left(\frac{1}{\sqrt{K}}\right)$$

6. 设 $f(\boldsymbol{x}) = \dfrac{1}{N}\sum\limits_{i=1}^{N} f_i(\boldsymbol{x})$, 其中每个 $f_i(\boldsymbol{x})$ 是可微函数，且 $f(\boldsymbol{x})$ 的梯度 L-李普希茨连续。$\{\boldsymbol{x}^k\}$ 是由随机梯度下降法迭代产生的序列，s_k 为第 k 步的随机下标。证明：

$$\mathbb{E}[\|\nabla f_{s_k}(\boldsymbol{x}^k)\|^2] \leqslant L^2 \mathbb{E}[\|\boldsymbol{x}^k - \boldsymbol{x}^*\|^2] + E[\|\nabla f_{s_k}(\boldsymbol{x}^k) - \nabla f(\boldsymbol{x}^k)\|^2]$$

其中，$\boldsymbol{x}^*$ 是 $f(\boldsymbol{x})$ 的一个最小值点。

7. 设 $f(\boldsymbol{x}) = \dfrac{1}{N}\sum\limits_{i=1}^{N} f_i(\boldsymbol{x})$，其中每个 $f_i(\boldsymbol{x})$ 是可微凸函数，且其梯度 L-李普希茨连续；函数 $f(\boldsymbol{x})$ 是 μ-强凸的。在 SVRG 算法中取步长 $\alpha \in (0, \dfrac{1}{2L}]$，取 m 充分大使得 $\dfrac{1}{\mu\alpha(1-2L\alpha)m} + \dfrac{2L\alpha}{1-2L\alpha} < 1$。设 $\{\tilde{\boldsymbol{x}}^k\}$ 是 SVRG 算法产生的参考点，$\boldsymbol{x}^*$ 是 $f(\boldsymbol{x})$ 的一个最小值点。试证明：

$$\mathbb{E}[f(\tilde{\boldsymbol{x}}^k) - f(\boldsymbol{x}^*)] \leqslant \rho \mathbb{E}[f(\tilde{\boldsymbol{x}}^{k-1}) - f(\boldsymbol{x}^*)]$$

8. 在 SAGA 算法中，每一步的下降方向取为 $v^k = \nabla f_{s_k}(\boldsymbol{x}^k) - g_{s_k}^{k-1} + \dfrac{1}{N}\sum\limits_{i=1}^{N} g_i^{k-1}$，假设初值 $g_i^0 = 0$，$i = 1, 2, \cdots, N$。证明：

$$\mathbb{E}[v^k | s_1, s_2, \cdots, s_{k-1}] = \nabla f(\boldsymbol{x}^k)$$

第 8 章

增广拉格朗日方法和交替方向乘子法

前几章主要关注无约束最优化问题，本章将讨论一类具有结构的带线性等式约束的最优化问题。通过合理有效地利用对偶变量，并结合分解思想，可以建立高效的算法体系，并引导后续算法设计。在本章中，我们考虑如下带线性等式约束的凸优化问题，即

$$\min_{\boldsymbol{x}\in\mathbb{R}^n} \left\{f(\boldsymbol{x}) \mid \boldsymbol{A}\boldsymbol{x}=\boldsymbol{b}\right\} \tag{8.1}$$

其中，目标函数 $f:\mathbb{R}^n\to\mathbb{R}$ 是一个连续函数，通常考虑 f 为凸函数；矩阵 $\boldsymbol{A}\in\mathbb{R}^{m\times n}$ 和向量 $\boldsymbol{b}\in\mathbb{R}^m$。针对该问题，引入拉格朗日对偶变量 $\boldsymbol{\lambda}\in\mathbb{R}^m$，则拉格朗日函数记为

$$\mathcal{L}(\boldsymbol{x},\boldsymbol{\lambda})=f(\boldsymbol{x})-\boldsymbol{\lambda}^{\mathrm{T}}\left(\boldsymbol{A}\boldsymbol{x}-\boldsymbol{b}\right)$$

进一步地，该最优化问题(8.1)的对偶函数可以记为

$$g(\boldsymbol{\lambda})=\inf_{\boldsymbol{x}}\mathcal{L}(\boldsymbol{x},\boldsymbol{\lambda})$$

因此最优化问题(8.1)的对偶问题定义为

$$\max_{\boldsymbol{\lambda}}\ g(\boldsymbol{\lambda}) \tag{8.2}$$

值得注意的是，如果对偶问题的最优解为 $\boldsymbol{\lambda}^*$，那么原始问题的最优解可以通过

$$\boldsymbol{x}^*=\arg\min_{\boldsymbol{x}}\mathcal{L}(\boldsymbol{x},\boldsymbol{\lambda}^*)$$

求解计算得到。下面将基于这些基础概念展开具体方法介绍。

8.1 对偶上升方法

既然问题(8.1)的原始形式和对偶形式均是明确的，根据对偶问题的性质，我们知道对偶问题一定是一个凸优化问题。很自然地，我们可以设计对偶梯度（次梯度）上升方法（等价于面对最小化问题的梯度下降法）来计算对偶问题(8.2)，其迭代格式为

$$\boldsymbol{\lambda}^{k+1}=\boldsymbol{\lambda}^k+\beta_k\nabla g(\boldsymbol{\lambda}^k)$$

根据性质2.1中的结论可知，对偶问题的梯度（次梯度）是容易计算的，其表示为

$$\nabla g(\boldsymbol{\lambda})=-(\boldsymbol{A}\hat{\boldsymbol{x}}-\boldsymbol{b}),\quad \hat{\boldsymbol{x}}=\arg\min_{\boldsymbol{x}}\mathcal{L}(\boldsymbol{x},\boldsymbol{\lambda})$$

进一步综合对偶梯度上升方法的迭代格式可知，面向带线性约束最优化问题的对偶上升方法可以归纳为

$$\begin{cases} \boldsymbol{x}^{k+1} = \arg\min_{\boldsymbol{x}\in\mathbb{R}^n} \mathcal{L}\left(\boldsymbol{x}, \boldsymbol{\lambda}^k\right) \\ \boldsymbol{\lambda}^{k+1} = \boldsymbol{\lambda}^k - \beta_k \left(\boldsymbol{A}\boldsymbol{x}^{k+1} - \boldsymbol{b}\right) \end{cases} \tag{8.3}$$

对偶上升方法非常简洁，但是从经验上看该算法不稳定，且需要增加许多对问题的假设才能建立其理论收敛性质。然而对偶上升方法具备对偶分解的优势，该优势可以帮助算法的分布式实现或并行实现。假设目标函数具有可分结构，即

$$f(\boldsymbol{x}) = \sum_{i=1}^{m} f_i(\boldsymbol{x}_i)$$

那么拉格朗日函数也自然具备了可分结构，即

$$\mathcal{L}\left(\boldsymbol{x}, \boldsymbol{\lambda}\right) = \sum_{i=1}^{m} \left\{\mathcal{L}_i(\boldsymbol{x}_i, \boldsymbol{\lambda}) := f_i(\boldsymbol{x}_i) - \boldsymbol{\lambda}^{\mathrm{T}}\boldsymbol{A}_i\boldsymbol{x}_i\right\} + \boldsymbol{\lambda}^{\mathrm{T}}\boldsymbol{b}$$

此时，如果进一步实现对偶上升方法，则可以直接采用并行计算技巧同时计算所有$\{\boldsymbol{x}_i\}$的子问题以提高计算效率。对偶上升方法的这一优势在后续介绍交替方向乘子法时还会再次讨论。这个延伸方法被称为对偶分解方法：

$$\begin{cases} \boldsymbol{x}_i^{k+1} = \arg\min_{\boldsymbol{x}_i\in\mathbb{R}^{n_i}} \mathcal{L}_i\left(\boldsymbol{x}_i, \boldsymbol{\lambda}^k\right),\ i = 1, 2, \cdots, m \\ \boldsymbol{\lambda}^{k+1} = \boldsymbol{\lambda}^k - \beta_k \left(\displaystyle\sum_{i=1}^{m} \boldsymbol{A}_i\boldsymbol{x}_i^{k+1} - \boldsymbol{b}\right) \end{cases} \tag{8.4}$$

对偶分解方法通过并行计算$\boldsymbol{x}_i^{k+1}$，再汇聚计算$\sum_{i=1}^{m} \boldsymbol{A}_i\boldsymbol{x}_i^{k+1}$以更新$\boldsymbol{\lambda}^{k+1}$。对偶分解方法适用于求解大规模问题，其原始子问题进行并行迭代计算，其对偶变量的更新起到了协同计算的作用。但是对偶分解方法由对偶上升方法延伸得到，所以其理论性质仍然较弱且收敛较慢。

8.2 增广拉格朗日方法

为了增强对偶上升方法的稳定性，尤其是计算过程中的稳定性，本节进一步介绍一类新型方法，即增广拉格朗日方法。该方法与对偶上升方法的区别之一是增广拉格朗日函数的引入，其定义为

$$\mathcal{L}_\beta\left(\boldsymbol{x}, \boldsymbol{\lambda}\right) = f(\boldsymbol{x}) - \boldsymbol{\lambda}^{\mathrm{T}}\left(\boldsymbol{A}\boldsymbol{x} - \boldsymbol{b}\right) + \frac{\beta}{2}\left\|\boldsymbol{A}\boldsymbol{x} - \boldsymbol{b}\right\|_2^2 \tag{8.5}$$

该函数是在拉格朗日函数的基础上增加了线性等式约束的二次惩罚项以提升其鲁棒性。增广拉格朗日方法则是在增广拉格朗日函数的基础上对对偶上升方法的顺势改进，其迭代格式可以表示为

$$\begin{cases} \boldsymbol{x}^{k+1} = \arg\min_{\boldsymbol{x}\in\mathbb{R}^n} \mathcal{L}_{\beta_k}\left(\boldsymbol{x}, \boldsymbol{\lambda}^k\right) \\ \boldsymbol{\lambda}^{k+1} = \boldsymbol{\lambda}^k - \beta_k\left(\boldsymbol{A}\boldsymbol{x}^{k+1} - \boldsymbol{b}\right) \end{cases} \tag{8.6}$$

其与对偶上升方法的区别是在计算 $\boldsymbol{x}^{k+1}$ 时将拉格朗日函数修改为更稳定的增广拉格朗日函数。理论上，我们可以分析为什么增广拉格朗日方法相对更加稳定。

首先假设问题(8.1)的目标函数 f 是可微的，那么该带线性等式约束的最优化问题的最优性条件（KKT 条件）可以表达为

$$\begin{cases} \boldsymbol{A}\boldsymbol{x}^* - \boldsymbol{b} = 0 & \rightarrow \quad \text{原始问题可行} \\ \nabla f(\boldsymbol{x}^*) - \boldsymbol{A}^{\mathrm{T}}\boldsymbol{\lambda}^* = 0 & \rightarrow \quad \text{拉格朗日函数梯度为}0 \end{cases} \tag{8.7}$$

其中，$\boldsymbol{x}^*$ 和 $\boldsymbol{\lambda}^*$ 分别表示原始和对偶最优解。回到增广拉格朗日方法中关于 $\boldsymbol{x}^{k+1}$ 的子问题，因为 $\boldsymbol{x}^{k+1}$ 是子问题(8.6)的最优解，所以其满足

$$\begin{aligned} \nabla_{\boldsymbol{x}}\mathcal{L}_\beta\left(\boldsymbol{x}^{k+1}, \boldsymbol{\lambda}^k\right) = 0 \quad &\Rightarrow \quad \nabla_{\boldsymbol{x}} f(\boldsymbol{x}^{k+1}) - \boldsymbol{A}^{\mathrm{T}}\left[\boldsymbol{\lambda}^k - \beta_k\left(\boldsymbol{A}\boldsymbol{x}^{k+1} - \boldsymbol{b}\right)\right] = 0 \\ &\Rightarrow \quad \nabla_{\boldsymbol{x}} f(\boldsymbol{x}^{k+1}) - \boldsymbol{A}^{\mathrm{T}}\boldsymbol{\lambda}^{k+1} = 0 \end{aligned}$$

这也意味着增广拉格朗日方法所得到的序列 $\left\{\boldsymbol{x}^k, \boldsymbol{\lambda}^k\right\}$ 在每个迭代步都自动满足最优性条件中的第二个等式，从而在一定程度上说明了该算法的鲁棒性。同时可以进一步证明该算法的原始问题约束可行性可以渐进满足，即

$$\boldsymbol{A}\boldsymbol{x}^k - \boldsymbol{b} \rightarrow 0$$

增广拉格函数可以看成 $\begin{cases} \min \widetilde{f}(\boldsymbol{x}) = f(\boldsymbol{x}) + \dfrac{\beta}{2}||\boldsymbol{A}\boldsymbol{x} - \boldsymbol{b}||^2 \\ \boldsymbol{A}\boldsymbol{x} = \boldsymbol{b} \end{cases}$ 的拉格朗日函数，因为 $\widetilde{f}$ 比 f 的性质更好，保证增广拉格朗日方法收敛性的假设条件远比对偶上升方法收敛所需要的假设条件弱。但是因为线性约束二次惩罚项破坏了关于原始变量 $\boldsymbol{x}$ 的可分结构性质，所以不能再采用分解方法进行高效计算（如并行计算），从而进一步引导设计可以分解的增广拉格朗日方法。读者可以在参考文献 [32] 中找到对增广拉格朗日方法的更详细介绍。

8.3 交替方向乘子法

交替方向乘子法是最近十几年工程界最热门的方法之一，尤其在机器学习领域中有着重要且广泛的应用。经典交替方向乘子法的设计动机是希望在保持增广拉格朗日方法稳定性的基础上，设计一种可分解计算架构以提高计算效率（因此也可以称其为鲁棒对偶分解方法或分解增广拉格朗日方法）。此时，可以考虑一种带线性约束的可分结构最优化问题（该问题也可以将问题(8.1)中的目标函数看作可分解的）：

$$\min_{\boldsymbol{x}_1\in\mathbb{R}^{n_1}, \boldsymbol{x}_2\in\mathbb{R}^{n_2}} \left\{f_1(\boldsymbol{x}_1) + f_2(\boldsymbol{x}_2) \mid \boldsymbol{A}_1\boldsymbol{x}_1 + \boldsymbol{A}_2\boldsymbol{x}_2 = \boldsymbol{b}\right\} \tag{8.8}$$

其中，$f_1 : \mathbb{R}^{n_1} \to \mathbb{R}$ 和 $f_2 : \mathbb{R}^{n_2} \to \mathbb{R}$ 均为连续函数，通常假设其均为凸函数；矩阵 $\boldsymbol{A}_1 \in \mathbb{R}^{m\times n_1}$ 和 $\boldsymbol{A}_2 \in \mathbb{R}^{m\times n_2}$ 组成了矩阵 $\boldsymbol{A}$。许多机器学习模型可以被归纳到这一模型框架，或者经过简单的等价变型后被归纳到这一模型框架。这里的两个分块变量 $\boldsymbol{x}_1$ 和 $\boldsymbol{x}_2$ 可以是向量也可以是矩阵，且其如何分块是由目标函数的结构所决定的。此时，该问题的增广朗格朗日函数可以定义为

$$\mathcal{L}_\beta(\boldsymbol{x}_1, \boldsymbol{x}_2, \boldsymbol{\lambda}) = f_1(\boldsymbol{x}_1) + f_2(\boldsymbol{x}_2) - \boldsymbol{\lambda}^{\mathrm{T}}(\boldsymbol{A}_1\boldsymbol{x}_1 + \boldsymbol{A}_2\boldsymbol{x}_2 - \boldsymbol{b}) + \frac{\beta}{2}\|\boldsymbol{A}_1\boldsymbol{x}_1 + \boldsymbol{A}_2\boldsymbol{x}_2 - \boldsymbol{b}\|^2$$

当首先采用增广拉格朗日方法来求解计算该问题时，可以得到

$$\begin{cases} (\boldsymbol{x}_1^{k+1}, \boldsymbol{x}_2^{k+1}) = \arg\min_{\boldsymbol{x}_1,\boldsymbol{x}_2} \mathcal{L}_\beta(\boldsymbol{x}_1, \boldsymbol{x}_2, \boldsymbol{\lambda}^k) \\ \boldsymbol{\lambda}^{k=1} = \boldsymbol{\lambda}^k - \beta(\boldsymbol{A}_1\boldsymbol{x}_1^{k+1} + \boldsymbol{A}_2\boldsymbol{x}_2^{k+1} - \boldsymbol{b}) \end{cases} \tag{8.9}$$

明显地，增广拉格朗日方法无法把 $\boldsymbol{x}_1$ 和 $\boldsymbol{x}_2$ 的两个分块变量的求解分开，所以不能充分利用分解技巧来提高子问题求解效率。

顾名思义,交替方向乘子法(Alternating Direction Method of Multipliers, ADMM)[33] 通过交替方向的计算方式来改进式(8.9)的求解方式，其基本框架为

$$\begin{cases} \boldsymbol{x}_1^{k+1} = \arg\min_{\boldsymbol{x}_1} \mathcal{L}_\beta(\boldsymbol{x}_1, \boldsymbol{x}_2^k, \boldsymbol{\lambda}^k) \\ \boldsymbol{x}_2^{k+1} = \arg\min_{\boldsymbol{x}_2} \mathcal{L}_\beta(\boldsymbol{x}_1^{k+1}, \boldsymbol{x}_2, \boldsymbol{\lambda}^k) \\ \boldsymbol{\lambda}^{k+1} = \boldsymbol{\lambda}^k - \beta(\boldsymbol{A}_1\boldsymbol{x}_1^{k+1} + \boldsymbol{A}_2\boldsymbol{x}_2^{k+1} - \boldsymbol{b}) \end{cases} \tag{8.10}$$

交替方向乘子法利用Gauss-Seidel技巧[34] 来提升算法计算效率，该分解技巧可以在固定 $\boldsymbol{x}_2$ 的情况下优化 $\boldsymbol{x}_1$，反之亦然。与增广拉格朗日方法类似，我们可以分析交替方向乘子法的理论优势。假设问题(8.8)中的目标函数 f_1 和 f_2 都是可微的凸函数，则该问题的最优性条件（KKT条件）可以记作

$$\begin{cases} \boldsymbol{A}_1\boldsymbol{x}_1^* + \boldsymbol{A}_2\boldsymbol{x}_2^* - \boldsymbol{b} = 0 & \Rightarrow \quad \text{原始可行性} \\ \left.\begin{array}{l} \nabla f_1(\boldsymbol{x}_1^*) - \boldsymbol{A}_1^{\mathrm{T}}\boldsymbol{\lambda}^* = 0 \\ \nabla f_2(\boldsymbol{x}_2^*) - \boldsymbol{A}_2^{\mathrm{T}}\boldsymbol{\lambda}^* = 0 \end{array}\right\} & \Rightarrow \quad \text{拉格朗日函数梯度为0} \end{cases}$$

回到交替方向乘子法(8.10),从关于 $\boldsymbol{x}_2$ 的子问题可知,$\boldsymbol{x}_2^{k+1}$ 是对于函数 $\mathcal{L}_\beta(\boldsymbol{x}_1^{k+1}, \boldsymbol{x}_2, \boldsymbol{\lambda}^k)$ 关于 $\boldsymbol{x}_2$ 的最小解，所以 $\boldsymbol{x}_2^{k+1}$ 满足最优性条件

$$\begin{aligned} &\nabla f_2(\boldsymbol{x}_2^{k+1}) - \boldsymbol{A}_2^{\mathrm{T}}\boldsymbol{\lambda}^k + \beta\boldsymbol{A}_2^{\mathrm{T}}(\boldsymbol{A}_1\boldsymbol{x}_1^{k+1} + \boldsymbol{A}_2\boldsymbol{x}_2^{k+1} - \boldsymbol{b}) = 0 \\ \Rightarrow \quad &\nabla f_2(\boldsymbol{x}_2^{k+1}) - \boldsymbol{A}_2^{\mathrm{T}}\boldsymbol{\lambda}^{k+1} = 0 \end{aligned}$$

所以 $(\boldsymbol{x}_1^{k+1}, \boldsymbol{x}_2^{k+1}, \boldsymbol{\lambda}^{k+1})$ 自动满足最优化条件的第二个对偶可行性条件（拉格朗日函数梯度为0），而第一个对偶可行性条件和原始可行性条件在 $k \to \infty$ 时可以得到。交替

方向乘子法的理论结果（包括收敛性、迭代复杂度、线性收敛速度等）可以见参考文献 [33,35,36]。

交替方向乘子法(8.10)迭代格式针对两块可分结构的带线性约束最优化问题，可以继续扩展求解更复杂的带线性约束结构化最优化问题，比如多块（大于或等于 3 块）可分带线性约束凸优化问题：

$$\min_{\{\boldsymbol{x}_i\in\mathbb{R}^{n_i}\}}\left\{\sum_{i=1}^{m} f_i(\boldsymbol{x}_i)\ \Big|\ \sum_{i=1}^{m}\boldsymbol{A}_i\boldsymbol{x}_i=\boldsymbol{b}\right\} \tag{8.11}$$

其中，该问题的目标函数具有 $m(\geqslant 3)$ 块可分结构，$f_i:\mathbb{R}^{n_i}\to\mathbb{R}$，$\boldsymbol{A}_i\in\mathbb{R}^{m\times n_i}$，$\boldsymbol{b}\in\mathbb{R}^m$。针对该问题的直接推广交替方向乘子法可以被用来高效求解该复杂的最优化问题，且直接推广多块交替方向乘子法迭代格式为

$$\left\{\begin{array}{l}
\boldsymbol{x}_1^{k+1}=\arg\min_{\boldsymbol{x}_1}\mathcal{L}_\beta\left(\boldsymbol{x}_1,\boldsymbol{x}_2^k,\cdots,\boldsymbol{x}_m^k,\boldsymbol{\lambda}^k\right)\\
\vdots\\
\boldsymbol{x}_i^{k+1}=\arg\min_{\boldsymbol{x}_i}\mathcal{L}_\beta\left(\boldsymbol{x}_1^{k+1},\cdots,\boldsymbol{x}_{i-1}^{k+1},\boldsymbol{x}_i,\boldsymbol{x}_{i+1}^k,\cdots,\boldsymbol{x}_m^k,\boldsymbol{\lambda}^k\right)\\
\vdots\\
\boldsymbol{x}_m^{k+1}=\arg\min_{\boldsymbol{x}_m}\mathcal{L}_\beta\left(\boldsymbol{x}_1^{k+1},\cdots,\boldsymbol{x}_{m-1}^{k+1},\boldsymbol{x}_m,\boldsymbol{\lambda}^k\right)\\
\boldsymbol{\lambda}^{k+1}=\boldsymbol{\lambda}^k-\beta\left(\sum_{i=1}^{m}\boldsymbol{A}_i\boldsymbol{x}_i^{k+1}-\boldsymbol{b}\right)
\end{array}\right. \tag{8.12}$$

针对该问题的直接推广交替方向乘子法可能有一些局限性，如通常情况下无法建立算法收敛性等。相关内容不在本书中详细说明，可以参考文献 [37,38]。

随机置换交替方向乘子法

随机置换交替方向乘子法（Randomly Permuted ADMM）是在多块交替方向乘子法(8.12)基础上扩展出来的一种交替方向乘子法，其利用随机置换排列的方式打乱变量 $\boldsymbol{x}_i$ 的更新顺序，从随机角度提升多块交替方向乘子法计算效率[39]。在随机置换交替方向乘子法的每一个迭代中，首先均匀采样 $\{1,2,\cdots,n\}$ 的一个随机置换排列 σ。随机置换交替方向乘子法的迭代格式为

$$\left\{\begin{array}{l}
\boldsymbol{x}_{\sigma(i)}^{k+1}=\arg\min_{\boldsymbol{x}_{\sigma(i)}}\mathcal{L}_\beta\left(\boldsymbol{x}_{\sigma(1)}^{k+1},\cdots,\boldsymbol{x}_{\sigma(i-1)}^{k+1},\boldsymbol{x}_{\sigma(i)},\boldsymbol{x}_{\sigma(i+1)}^k,\cdots,\boldsymbol{x}_{\sigma(m)}^k,\boldsymbol{\lambda}^k\right),\\
\qquad i=1,2,\cdots,m\\
\boldsymbol{\lambda}^{k+1}=\boldsymbol{\lambda}^k-\beta\left(\sum_{i=1}^{m}\boldsymbol{A}_i\boldsymbol{x}_i^{k+1}-\boldsymbol{b}\right)
\end{array}\right. \tag{8.13}$$

总体而言，增广拉格朗日方法和交替方向乘子法都是处理带线性等式约束的最优化

问题的有效方法，也均被广泛应用于机器学习模型的求解计算。以这两个方法为基础，延伸出了一系列随机、并行、分布式等版本，可以针对机器学习模型的不同结构特性来设计更有效的方法。

8.4 应用案例

本节通过一系列机器学习应用问题来验证两种方法求解问题的适应性和效率。几个应用问题分别为一致性最优化问题、带约束的凸优化问题、Lasso问题，我们将分别利用增广拉格朗日方法和交替方向乘子法对这些应用问题进行求解。

8.4.1 一致性最优化问题

在一个多智能体组成的网络中，智能体寻求合作来完成特定任务。例如，分布式数据库服务器可以协作进行参数学习，以便充分利用从各个服务器收集的数据；大规模机器学习应用中的计算任务可以由具有单独存储器和存储空间的协作微处理器执行。由于问题规模大、局部数据量大、能量约束和隐私问题等原因，集中所有局部信息进行集中优化计算并不总是有效的，因此分布式优化变得更加有必要。分布式优化中的一个典型问题就是一致性最优化问题[40]，其基本的数学模型可以表示为

$$\min_{\boldsymbol{x}\in\mathbb{R}^m}\sum_{i=1}^{m}f_i(\boldsymbol{x})$$

其中，$f_i:\mathbb{R}^n\to\mathbb{R}$可以看作为在节点$i$上的最优化任务，可以假设其为凸函数。该一致性最优化问题的目标是寻找一致的$\boldsymbol{x}^*$，其可以最小化所有节点统一的目标函数。通过引入针对每个节点i的新变量$\boldsymbol{x}_i$，可以将一致性最优化问题等价改写为

$$\min_{\boldsymbol{x},\{\boldsymbol{x}_i\}}\left\{\sum_{i=1}^{m}f_i(\boldsymbol{x}_i)\mid \boldsymbol{x}_i=\boldsymbol{x},\ i=1,2,\cdots,m\right\}\tag{8.14}$$

该问题的增广拉格朗日函数可以表示为

$$\mathcal{L}_\beta\left(\{\boldsymbol{x}_i\},\boldsymbol{x},\{\boldsymbol{\lambda}_i\}\right)=\sum_{i=1}^{m}\left\{f_i(\boldsymbol{x}_i)-\sum_{i=1}^{m}\boldsymbol{\lambda}_i^{\mathrm{T}}\left(\boldsymbol{x}_i-\boldsymbol{x}\right)+\frac{\beta}{2}\left\|\boldsymbol{x}_i-\boldsymbol{x}\right\|^2\right\}$$

其中，$\boldsymbol{\lambda}_i$是对应于等式约束$\boldsymbol{x}_i=\boldsymbol{x}$的拉格朗日对偶变量。如果将原始变量$\{\boldsymbol{x}_i\}$和$\boldsymbol{x}$作为整体考虑，可以应用增广拉格朗日方法来求解该问题，所对应的迭代格式为

$$\begin{cases}\left(\{\boldsymbol{x}_i^{k+1}\},\boldsymbol{x}^{k+1}\right)=\arg\min\mathcal{L}_\beta\left(\{\boldsymbol{x}_i\},\boldsymbol{x},\{\boldsymbol{\lambda}_i^k\}\right)\\ \boldsymbol{\lambda}_i^{k+1}=\boldsymbol{\lambda}_i^k-\beta\left(\boldsymbol{x}_i^{k+1}-\boldsymbol{x}^{k+1}\right),\ i=1,2,\cdots,m\end{cases}$$

可以看出，在增广拉格朗日方法中，原始变量之间是耦合在一起的，需要同时优化，从

而显著降低了求解效率，不能充分利用问题结构。进一步地，如果将原始变量 $\{\boldsymbol{x}_i\}$ 和 $\boldsymbol{x}$ 看作为两个分块变量，那么可以应用交替方向乘子法进行求解，即

$$\begin{cases} \boldsymbol{x}_i^{k+1} = \arg\min_{\boldsymbol{x}_i} f_i(\boldsymbol{x}_i) + \dfrac{\beta}{2}\left\|\boldsymbol{x}_i - \boldsymbol{x}^k - \dfrac{\boldsymbol{\lambda}_i^k}{\beta}\right\|^2, \ i = 1, 2, \cdots, m \\ \boldsymbol{x}^{k+1} = \arg\min_{\boldsymbol{x}} \displaystyle\sum_{i=1}^{m} \left\|\boldsymbol{x} - \boldsymbol{x}_i^{k+1} + \dfrac{\boldsymbol{\lambda}_i^k}{\beta}\right\|^2 \\ \boldsymbol{\lambda}_i^{k+1} = \boldsymbol{\lambda}_i^k - \beta\left(\boldsymbol{x}_i^{k+1} - \boldsymbol{x}^{k+1}\right), \ i = 1, 2, \cdots, m \end{cases}$$

明显地，交替方向乘子法在求解一致性最优化问题时，自然地具备分布式并行计算的特性，因此也称为分布式最优化方法。

8.4.2 带约束的凸优化问题

带约束的凸优化问题也是一种典型最优化问题模型，很多机器学习问题都可以建模为带约束的凸优化问题，其基本形式可以记为

$$\min_{\boldsymbol{x}\in\mathbb{R}^n} \{f(\boldsymbol{x}) \mid \boldsymbol{x} \in \mathcal{C}\}$$

其中，目标函数 $f : \mathbb{R}^n \to \mathbb{R}$ 是一个闭凸函数，集合 $\mathcal{C}$ 是一个闭凸集。仔细观察，可以看到该问题的难点在于极小化目标函数 f 的同时，还需要考虑约束集合 $\mathcal{C}$，而且前面介绍的邻近梯度法可以用来求解该问题（此时约束集合 $\mathcal{C}$ 对应的邻近算子即为投影算子）。然而为了利用交替方向乘子法求解该问题，首先引入新的变量 $\boldsymbol{y} \in \mathbb{R}^n$ 对该问题进行等价变形，即

$$\min_{\boldsymbol{x},\boldsymbol{y}} \{f(\boldsymbol{x}) \mid \boldsymbol{x} = \boldsymbol{y}, \ \boldsymbol{y} \in \mathcal{C}\}$$

该问题的增广拉格朗日函数为

$$\mathcal{L}_\beta(\boldsymbol{x}, \boldsymbol{y}, \boldsymbol{\lambda}) = f(\boldsymbol{x}) + I_{\mathcal{C}}(y) - \boldsymbol{\lambda}^{\mathrm{T}}(\boldsymbol{x} - \boldsymbol{y}) + \frac{\beta}{2}\|\boldsymbol{x} - \boldsymbol{y}\|^2$$

其中，$I_{\mathcal{C}}(y)$ 表示集合 $\mathcal{C}$ 上定义的指示函数。新的变量引入促使设计算法将目标函数优化的困难与约束集合的困难分解，这也是交替方法的优势所在，因此我们直接利用交替方向乘子法来求解该问题，可以得到其迭代格式为

$$\begin{cases} \boldsymbol{x}^{k+1} = \arg\min_{\boldsymbol{x}} f(\boldsymbol{x}) + \dfrac{\beta}{2}\left\|\boldsymbol{x} - \boldsymbol{y}^k - \dfrac{\boldsymbol{\lambda}^k}{\beta}\right\|^2 \\ \boldsymbol{y}^{k+1} = \arg\min_{\boldsymbol{y}\in\mathcal{C}} \dfrac{\beta}{2}\left\|\boldsymbol{y} - \boldsymbol{x}^{k+1} + \dfrac{\boldsymbol{\lambda}^k}{\beta}\right\|^2 = \mathrm{Proj}_{\mathcal{C}}\left(\boldsymbol{x}^{k+1} - \dfrac{\boldsymbol{\lambda}^k}{\beta}\right) \\ \boldsymbol{\lambda}^{k+1} = \boldsymbol{\lambda}^k - \beta\left(\boldsymbol{x}^{k+1} - \boldsymbol{y}^{k+1}\right) \end{cases}$$

可以看出，用交替方向乘子法来求解该问题的优势就是将问题的两个困难点分解（目标函数极小化和约束 $\mathcal{C}$），通过分别计算 $\boldsymbol{x}$ 和 $\boldsymbol{y}$ 的子问题，再通过对偶变量的交互实现对原问题的计算。

8.4.3 Lasso问题

Lasso 问题是一种面向机器学习、统计学的典型模型[41]，其核心是在回归模型中增加ℓ_1-范数正则项来寻找稀疏最优解，该模型的基本形式为

$$\min_{\boldsymbol{x}\in\mathbb{R}^n} \frac{1}{2}\|\boldsymbol{A}\boldsymbol{x}-\boldsymbol{b}\|^2+\mu\|\boldsymbol{x}\|_1$$

其中，$\boldsymbol{A}\in\mathbb{R}^{m\times n}$，$\boldsymbol{b}\in\mathbb{R}^m$，且$m\ll n$。Lasso 问题可以通过邻近梯度法、块坐标邻近梯度法进行求解，但Lasso 问题同样可以用交替方向乘子法来求解。首先引入新的变量$\boldsymbol{y}$，使得模型等价转化为

$$\min_{\boldsymbol{x},\boldsymbol{y}}\left\{\frac{1}{2}\|\boldsymbol{A}\boldsymbol{x}-\boldsymbol{b}\|^2+\mu\|\boldsymbol{y}\|_1 \mid \boldsymbol{x}=\boldsymbol{y}\right\}$$

该问题的增广拉格朗日函数为

$$\mathcal{L}_\beta(\boldsymbol{x},\boldsymbol{y},\boldsymbol{\lambda})=\frac{1}{2}\|\boldsymbol{A}\boldsymbol{x}-\boldsymbol{b}\|^2+\mu\|\boldsymbol{y}\|_1-\boldsymbol{\lambda}^{\mathrm{T}}(\boldsymbol{x}-\boldsymbol{y})+\frac{\beta}{2}\|\boldsymbol{x}-\boldsymbol{y}\|^2$$

进一步地，应用交替方向乘子法进行求解计算，其迭代格式为

$$\begin{cases}\boldsymbol{x}^{k+1} & =\arg\min_{\boldsymbol{x}}\frac{1}{2}\|\boldsymbol{A}\boldsymbol{x}-\boldsymbol{b}\|^2+\frac{\beta}{2}\left\|\boldsymbol{x}-\boldsymbol{y}^k-\frac{\boldsymbol{\lambda}^k}{\beta}\right\|^2\\ & =\left(\boldsymbol{A}^{\mathrm{T}}\boldsymbol{A}+\beta\boldsymbol{I}\right)^{-1}\left[\boldsymbol{A}^{\mathrm{T}}\boldsymbol{b}+\beta\left(\boldsymbol{y}^k+\frac{\boldsymbol{\lambda}^k}{\beta}\right)\right]\\ \boldsymbol{y}^{k+1} & =\arg\min_{\boldsymbol{y}}\mu\|\boldsymbol{y}\|_1+\frac{\beta}{2}\left\|\boldsymbol{y}-\boldsymbol{x}^{k+1}+\frac{\boldsymbol{\lambda}^k}{\beta}\right\|^2\\ & =\mathcal{T}_{\frac{\mu}{\beta}}\left(\boldsymbol{x}^{k+1}-\frac{\boldsymbol{\lambda}^k}{\beta}\right)\\ \boldsymbol{\lambda}^{k+1} & =\boldsymbol{\lambda}^k-\beta\left(\boldsymbol{x}^{k+1}-\boldsymbol{y}^{k+1}\right)\end{cases}$$

利用交替方向乘子法来求解Lasso 问题的优势是可以构建两个有闭式解的子问题来协作求解Lasso 问题，而不需要像邻近梯度法和块坐标邻近梯度法一样去做近似计算。

8.5 本章小结

交替方向乘子法通常旨在处理带线性约束的结构型最优化问题，其利用“分解-整合”的计算思想，充分结合问题特殊结构性质，形成的一套结构型最优化方法。交替方向乘子法保留了增广拉格朗日乘子法的稳定性优点，并充分发挥问题结构性质，从而设计出更有效的交替方向乘子法。交替方向乘子法被广泛应用于机器学习应用问题，以经典交替方向乘子法为基础衍生出来的一系列扩展方法也被广泛应用，如读者有兴趣，可参考南京大学何炳生教授的主页和报告继续学习。

8.6 习题

1. 考虑 Dantzig Selector 问题，其数学模型表示为

$$\min_{\boldsymbol{w}\in\mathbb{R}^p} \|\boldsymbol{w}\|_1 \quad \text{s.t.} \quad \left\|\boldsymbol{A}^{\mathrm{T}}(\boldsymbol{A}\boldsymbol{w}-\boldsymbol{y})\right\|_\infty \leqslant \delta$$

其中，矩阵 $\boldsymbol{A}\in\mathbb{R}^{n\times p}$ 表示数据矩阵，$\boldsymbol{y}\in\mathbb{R}^n$ 表示观测结果，$\boldsymbol{w}\in\mathbb{R}^p$ 表示回归系数，$\delta>0$ 表示惩罚参数。Dantzig Selector 问题与 Lasso 问题密切相关。请写出求解该问题的交替方向乘子法迭代格式。

2. 考虑如下的矩阵分解问题，其旨在将给定的矩阵 $\boldsymbol{C}\in\mathbb{R}^{m\times n}$，即

$$\min_{\boldsymbol{A},\boldsymbol{E}} \|\boldsymbol{A}\|_* + \tau\|\boldsymbol{E}\|_1 \quad \text{s.t.} \quad \boldsymbol{A}+\boldsymbol{E}=\boldsymbol{C}$$

其中，$\|\cdot\|_*$ 表示矩阵的核范数，$\|\cdot\|_1$ 表示矩阵的 ℓ_1-范数。请写出求解该问题的交替方向乘子法迭代格式。

3. 考虑如下的矩阵完整化问题，即

$$\min_{\boldsymbol{X}\in\mathbb{R}^{m\times n}} \|\boldsymbol{X}\|_* \quad \text{s.t.} \quad \|\boldsymbol{X}_\Omega-\boldsymbol{M}_\Omega\|_{\mathrm{F}} \leqslant \delta$$

其中，$\|\cdot\|_*$ 表示矩阵的核范数，$(\cdot)_\Omega$ 表示采样算子（如果 $(i,j)\in\Omega$ 那么 $(\boldsymbol{X}_\Omega)_{ij}=X_{ij}$，其他情况 $X_{ij}=0$）。

第 9 章

双层规划

双层规划（Bi-level Programming）是运筹优化领域的一个重要研究方向，近年来越来越受到关注和重视，尤其是在机器学习领域，被认为是处理复杂机器学习任务的强大理论工具，可以广泛地用于刻画元学习、超参数优化、神经网络结构搜索、对抗性学习、生成对抗网络、强化学习等机器学习任务[42]。为了深入介绍双层规划及相关方法，本章内容参考了南方科技大学张进教授在其公众号发表的文章以及其他参考文献[43]。

9.1 双层规划基础知识

双层规划是一个分层优化问题，它的约束中包含另一个优化问题，数学上通常将其写作以下标准形式：

$$\min_{\boldsymbol{x},\boldsymbol{y}} F(\boldsymbol{x},\boldsymbol{y}),\quad \text{s.t.}\quad \boldsymbol{y}\in\mathcal{S}(\boldsymbol{x})$$

其中，集合 $\mathcal{S}(\boldsymbol{x})$ 是下层子问题的解集

$$\mathcal{S}(\boldsymbol{x}) := \arg\min_{\boldsymbol{y}} f(\boldsymbol{x},\boldsymbol{y})$$

F 和 f 分别为上层目标函数和下层目标函数，而 $\boldsymbol{x}$ 和 $\boldsymbol{y}$ 为上层变量和下层变量。双层规划起源于博弈论中的Stackelberg均衡，用于刻画委托人和代理人之间的博弈关系，即委托代理道德风险模型。双层规划的应用范围已经涵盖了管理科学、经济学、博弈论、交通运输、工程设计、政策设计、最优定价、最优控制等众多领域，并显示出强有力的生命力，成为数学优化的重要分支之一。

双层规划问题是非凸优化问题，即使最简单的线性双层规划也已被证明是NP-难问题。双层规划的另一个特点是，即使所涉及的函数都是有界的连续函数，也不能保证原问题存在最优解。处理双层优化的难点在于其自身的嵌套结构，即上层问题与下层问题都受彼此决策变量的影响。不难理解，与普通的单层数学优化问题相比，双层优化问题的求解要困难得多。

1. 超参数优化双层规划模型

超参数优化（Hyper-parameter Optimization）是机器学习领域的一类经典任务。机

器学习的算法中包含许多参数，有的参数可以从数据中学习得到，如神经网络中的权重、支撑向量机中的支撑向量等，称为模型参数；而有一部分参数无法靠数据学习得到，如学习率、批样本数量等，这类参数称为超参数（Hyper-parameter）。

模型参数是模型内部的配置变量，需要借助数据来估计或学习，进行模型预测时需要用模型参数来定义模型的功能。超参数是模型外部的配置，不能从数据估计或者学习得到，主要应用于估计模型参数的过程中，且通常需要根据给定的预测建模问题而不断地调整。因此，两类参数的最大区别是其是否需要借助数据进行估计或者学习，即模型参数是从数据中自动学习的，而超参数是预先手动设置的，且定义了关于模型更高层次的概念。超参数在机器学习模型中发挥着举足轻重的作用，超参数的选择对模型最终的效果有极大的影响，例如，

（1）学习率：过大会导致算法的收敛结果差，而过小又会影响算法的收敛速度；

（2）网络层数：太多会导致梯度训练失败，而太少又不能提取更复杂的数据特征；

（3）批样本数量：过少会因样本间的较大差异性而导致算法不收敛，过多又容易陷入局部最优解从而降低模型的精度。

选择合适的超参数是一个困难问题，超参数优化就显得十分必要。超参数优化希望为机器学习模型选择一组最优或较优的超参数，以提高学习的性能和效率。标准的机器学习问题通常会被转化为优化问题，这些问题优化的是训练集上的损失函数，模型容易陷入过拟合状态，因此需要添加正则项来约束模型复杂度。超参数优化与之不同，其目的是确保模型不需要通过调整正则化系数来过滤其数据，自动实现损失函数与正则项之间的平衡，得到最优或者较优的解。

双层规划模型可以用于刻画超参数优化的过程。针对机器学习模型的数学结构和超参数类型，可将机器学习中的超参数优化问题从最优化角度归类，进而有针对性地设计双层优化算法，实现高效的高维超参数调优，即将样本数据划分为训练集 $\mathcal{D}_{\text{train}}$ 和验证集 $\mathcal{D}_{\text{val}}$，基于超参数优化的目的建立上层目标函数 $F(w,\lambda;\mathcal{D}_{\text{val}})$，用于输出上层变量超参数 λ；基于机器学习算法目的建立下层目标函数 $f(w,\lambda;\mathcal{D}_{\text{train}})$，用于输出下层变量模型参数 w。

2. 基于元学习的小样本图像分类双层规划模型

元学习（Meta Learning）希望使模型获取一种“学会学习”（learn to learn）的能力，使其可以在获取已有“知识”的基础上快速学习新任务。众所周知，深度学习是机器学习领域中的一个重要研究方向，其在数据挖掘、机器学习、机器翻译、自然语言处理以及其他相关领域都取得了诸多优秀成果。然而，深度学习算法的成功应用需要依赖大规模的训练集，因此它有很明显的局限性，如在小样本集上深度学习算法更易陷入过拟合状态而导致其无法训练；此外，深度学习算法无法利用已有的相关“知识”去学习新的任务，而需从零开始重新训练新的模型。

元学习提供了一种新的范式，通过学习多个相关任务获得“经验”，并利用这种“经验”提高其在新任务中的学习性能。元学习算法能够模仿人类学习的能力，将学到的东西归纳为多个概念并从中学习，即元学习能够生成一个通用的人工智能模型来学习执行各种任务。元学习的这种特点使得它在学习的过程中有许多突出的优点，如可以更加有效地利用数据集，从而在小样本学习任务中得到更优秀的学习效率；对内部相差较大或总数比较庞大的任务集，可以快速适应新的任务以提升学习的速度。

元学习在小样本图像识别、无监督学习、数据高效、自导向强化学习、超参数优化和神经结构搜索等领域有诸多成功的应用。与一般的机器学习任务只需要优化单层问题不同，元学习一般包含两阶段的任务，其中学习任务称为Meta-training，新的任务称为Meta-testing。

以元学习范式下的小样本图像分类任务为例，训练集中包含多个类别，每个类别中又包含多个样本，小样本图像分类任务在Meta-training阶段从训练集随机抽取N个类别，从每个类别抽取K个样本，构建一个Meta-task，用不同Meta-task训练出的模型去检验测试集中的样本。在小样本学习中，Meta-training 阶段内数据集被分解为不同的Meta-task去学习类别变化的情况下网络模型的共性“知识”。在Meta-testing 阶段，面对全新的学习任务，在已有的共性“知识”上对训练集进一步学习，获得一个新的机器学习模型，从而可完成测试集中新任务的分类。元学习范式下的小样本图像分类任务可以表示成一个双层规划问题。在对应的双层规划模型中，样本集合被划分为训练集$\mathcal{D}_{\text{train}}$和检验集$\mathcal{D}_{\text{val}}$，设定上层目标函数$F\left(\boldsymbol{x},\{\boldsymbol{y}^j\};\left\{\mathcal{D}_{\text{val}}^j\right\}\right)$和下层目标函数$f\left(\boldsymbol{x},\{\boldsymbol{y}^j\};\left\{\mathcal{D}_{\text{train}}^j\right\}\right)$的任务损失，再利用上层变量$\boldsymbol{x}$参数化共享层，下层变量$\boldsymbol{y}$参数化输出元特征和逻辑回归层来进行建模。

总体而言，由于上层变量和下层变量之间复杂的嵌套关系，双层规划问题很难求解，接下来将从不同角度出发，分别介绍几种设计算法求解不同类型的双层规划问题的思路。

9.2 基于梯度的逼近方法

如前所述，双层规划模型具有强大的建模能力，但上层变量和下层变量之间复杂的依赖关系也导致求解双层规划存在着极大的困难。主要原因在于其可行集通常有非光滑性、奇异性、有间断点等不好的性质，这就严重限制了常规算法在双层规划上的应用。

在最优化领域中，传统求解双层规划的方法是将下层问题通过KKT条件重新刻画，将原问题再定式为均衡约束数学规划问题。然而，乘子的引入会带来诸多分析和求解的难点。尤其是对于具有海量数据规模的机器学习领域涌现的双层规划问题，过多的乘子引入会严重影响计算性能，使得均衡约束数学规划问题再定式方法难以应用到复杂的机器学习任务中。此外，也有其他基于下层最优值函数或下层最优性条件，以及利用交互式算法的求解途径。

近些年涌现了一系列基于梯度的一阶算法（gradient-based Frist-Order Method, FOM）来求解双层规划问题。基于梯度的一阶算法大致可分为隐式梯度法和显式梯度法两大类。这些基于梯度的方法可以由以下统一的算法框架描述。先将原问题转化为以下单层优化问题：

$$\min_{\boldsymbol{x}\in\mathcal{X}} \psi(\boldsymbol{x})$$

其中，$\psi(\boldsymbol{x})$ 是如下所谓简单双层规划（simple bi-level programming）的价值函数（Value Function）：

$$\psi(\boldsymbol{x}) := \min_{\boldsymbol{y}} F(\boldsymbol{x},\boldsymbol{y}), \quad \text{s.t.} \quad \boldsymbol{y}\in\mathcal{S}(\boldsymbol{x}) = \arg\min_{\boldsymbol{y}} f(\boldsymbol{x},\boldsymbol{y}) \tag{9.1}$$

对于取定的 $\boldsymbol{x}$，这个双层规划子问题的上下层都只是关于变量 $\boldsymbol{y}$ 做优化，并且下层问题解集是固定的，因此被称为简单双层规划问题。

当考虑使用基于梯度的一阶算法对 $\min_{\boldsymbol{x}\in\mathcal{X}} \psi(\boldsymbol{x})$ 进行求解时，需要计算 $\psi(\boldsymbol{x})$ 的梯度。若对任意取定的 $\boldsymbol{x}$，下层问题都有唯一的解，记为 $\boldsymbol{y}^*(\boldsymbol{x})$，则 $\psi(\boldsymbol{x}) = F(\boldsymbol{x},\boldsymbol{y}^*(\boldsymbol{x}))$，从而根据链式法则，当 $\boldsymbol{y}^*(\boldsymbol{x})$ 连续可导时，有

$$\frac{\partial\psi(\boldsymbol{x})}{\partial\boldsymbol{x}} = \frac{\partial F(\boldsymbol{x},\boldsymbol{y}^*(\boldsymbol{x}))}{\partial\boldsymbol{x}} + \left(\frac{\partial\boldsymbol{y}^*(\boldsymbol{x})}{\partial\boldsymbol{x}}\right)^{\mathrm{T}} \frac{\partial F(\boldsymbol{x},\boldsymbol{y}^*)}{\partial\boldsymbol{y}^*} \tag{9.2}$$

隐式梯度法是在下层问题强凸并且二次光滑的条件下，通过对下层问题的最优性条件

$$\frac{\partial f(\boldsymbol{x},\boldsymbol{y}^*(\boldsymbol{x}))}{\partial\boldsymbol{y}} = 0$$

运用隐函数定理得到

$$\frac{\partial\boldsymbol{y}^*(\boldsymbol{x})}{\partial\boldsymbol{x}} = -\left(\frac{\partial^2 f(\boldsymbol{x},\boldsymbol{y}^*(\boldsymbol{x}))}{\partial\boldsymbol{y}\partial\boldsymbol{y}}\right)^{-1} \frac{\partial^2 f(\boldsymbol{x},\boldsymbol{y}^*(\boldsymbol{x}))}{\partial\boldsymbol{y}\partial\boldsymbol{x}}$$

从而可以进一步计算出 $\dfrac{\partial\psi(\boldsymbol{x})}{\partial\boldsymbol{x}}$，然而此过程涉及计算高维 Hessian 矩阵的逆，因此计算复杂度非常高。

然而当下层问题不具有一致强凸性时，$\psi(\boldsymbol{x})$ 作为价值函数往往是不可导的，因此显式梯度方法考虑通过构造一系列的光滑函数来逼近 $\psi(\boldsymbol{x})$，将求解复杂的双层规划问题转化成求解一系列无约束、光滑的优化问题，进而计算逼近问题的梯度进行训练。显式梯度法同样在下层问题解唯一的假设下，使用针对下层问题的 T 步迭代得到的 $\boldsymbol{y}_T(\boldsymbol{x})$ 来近似 $\boldsymbol{y}^*(\boldsymbol{x})$：

$$\boldsymbol{y}_{t+1}(\boldsymbol{x}) = \Psi_t(\boldsymbol{x},\boldsymbol{y}_t(\boldsymbol{x})), \quad t = 0,1,\cdots,T-1$$

那么根据链式法则，有

$$\frac{\partial\boldsymbol{y}_t(\boldsymbol{x})}{\partial\boldsymbol{x}} = \left(\frac{\partial\Psi_{t-1}(\boldsymbol{x},\boldsymbol{y}_{t-1})}{\partial\boldsymbol{y}_{t-1}}\right)^{\mathrm{T}} \frac{\partial\boldsymbol{y}_{t-1}(\boldsymbol{x})}{\partial\boldsymbol{x}} + \frac{\partial\Psi_{t-1}(\boldsymbol{x},\boldsymbol{y}_{t-1})}{\partial\boldsymbol{x}}$$

从而可以得到非光滑价值函数 $\psi(\boldsymbol{x})$ 的光滑逼近 $\psi_T(\boldsymbol{x}) = F(\boldsymbol{x},\boldsymbol{y}_T(\boldsymbol{x}))$，并且可以使用

单层光滑优化问题 $\min_{\boldsymbol{x}} \psi_T(\boldsymbol{x})$ 作为原问题的逼近，再进一步采用自动微分（Automatic Differentiation，AD）的技巧来计算得到 $\dfrac{\partial \boldsymbol{y}_T(\boldsymbol{x})}{\partial \boldsymbol{x}}$ 进行求解即可。

已有的基于梯度的一阶算法通常包含两方面的要求：一是下层问题的解集 $\mathcal{S}(\boldsymbol{x})$ 是单点集（Lower-Level Singleton，LLS），即 $\boldsymbol{y}^*(\boldsymbol{x}) = \arg\min_{\boldsymbol{y}} f(\boldsymbol{x},\boldsymbol{y})$，二是下层的目标函数为凸函数（Lower-Level Convexity，LLC）。然而，对于实际问题中的机器学习任务，许多并不满足LLS和LLC。为此，新的显式梯度法（Bi-level Descent Aggregation（BDA））被提出，来解决不满足LLS条件的问题，并提出了Initialization Auxiliary and Pessimistic Trajectory Truncated Gradient Method（IAPTT-GM）来解决LLS和LLC条件都不满足的问题[44]。

9.2.1 BDA/BMO方法

已有的显式梯度法往往只利用下层子问题的梯度信息来迭代得到 $\boldsymbol{y}_T(\boldsymbol{x})$ 作为式(9.2)中 $\boldsymbol{y}^*(\boldsymbol{x})$ 的逼近，例如，直接采用梯度下降：

$$\boldsymbol{y}_{t+1}(\boldsymbol{x}) = \varPsi_t\big(\boldsymbol{x},\boldsymbol{y}_t(\boldsymbol{x})\big) = \boldsymbol{y}_t(\boldsymbol{x}) - s_t\frac{\partial f\big(\boldsymbol{x},\boldsymbol{y}_t(\boldsymbol{x})\big)}{\partial \boldsymbol{y}_t}$$

其中，$s_t > 0$ 是对应的步长。在下层强凸的假设下，满足LLS条件，此时已有的主流方法可以有效逼近 $\boldsymbol{y}_T(\boldsymbol{x})$ 作为下层问题最优解 $\boldsymbol{y}^*(\boldsymbol{x})$ 的近似，于是可以得到单层无约束优化问题 $\min\limits_{\boldsymbol{x}} \psi_T(\boldsymbol{x}) = F(\boldsymbol{x},\boldsymbol{y}_T(\boldsymbol{x}))$ 作为原问题的逼近，再进一步采用自动微分的技巧来求解即可。

然而，当下层问题的解不唯一（LLS条件不成立）时，即下层问题是凸问题但非强凸时，这些已有方法存在一个普遍的问题，即无法保证迭代得到的 $\boldsymbol{y}_T(\boldsymbol{x})$ 同时也在最小化上层目标函数。因此 $\boldsymbol{y}_T(\boldsymbol{x})$ 并不能作为简单双层规划问题(9.1)的近似解，若此时直接用 $F(\boldsymbol{x},\boldsymbol{y}_T(\boldsymbol{x}))$ 作为 $F(\boldsymbol{x},\boldsymbol{y}^*(\boldsymbol{x}))$ 的逼近，则无法收敛到原问题的解。为了克服LLS条件的限制，Bi-level Descent Aggregation（BDA）算法[44]与已有的显式梯度法不同，在设计式(9.2)中 $\boldsymbol{y}^*(\boldsymbol{x})$ 的逼近 $\boldsymbol{y}_T(\boldsymbol{x})$ 的迭代格式时，考虑到 $\boldsymbol{y}_T(\boldsymbol{x})$ 应该为求解简单双层规划问题(9.1)的近似解，同时汇集了上层和下层子问题的信息。具体来说，对于给定的 $\boldsymbol{x}$，分别记上层和下层目标函数的梯度方向为

$$d_t^F(\boldsymbol{x}) = s_u\frac{\partial F(\boldsymbol{x},\boldsymbol{y}_t)}{\partial \boldsymbol{y}_t}$$

$$d_t^f(\boldsymbol{x}) = s_l\frac{\partial F(\boldsymbol{x},\boldsymbol{y}_t)}{\partial \boldsymbol{y}_t}$$

其中，$s_u > 0, s_l > 0$ 是对应的步长，考虑下面的迭代格式用于生成 $\boldsymbol{y}^*(\boldsymbol{x})$ 的逼近 $\boldsymbol{y}_T(\boldsymbol{x})$：

$$\boldsymbol{y}_{t+1}(\boldsymbol{x}) = \mathcal{T}_t\big(\boldsymbol{x},\boldsymbol{y}_T(\boldsymbol{x})\big) = \boldsymbol{y}_T(\boldsymbol{x}) - \Big(\mu\alpha_t d_t^F(\boldsymbol{x}) + (1-\mu)\beta_t d_t^f(\boldsymbol{x})\Big)$$

其中，参数 $\mu \in (0,1), \alpha_t, \beta_t \in (0,1], t = 0,1,\cdots,T-1$。在得到 $\boldsymbol{y}_T(\boldsymbol{x})$ 后，对于 $\min\limits_{\boldsymbol{x}} \psi_T(\boldsymbol{x}) = F(\boldsymbol{x},\boldsymbol{y}_T(\boldsymbol{x}))$，则可以采用自动微分的技巧来计算得到其梯度，并直接采用（随机）梯度

下降来求解上层变量 $\boldsymbol{x}$。

在BDA算法框架下，由逼近问题 $\psi_T(\boldsymbol{x})$ 的全局（局部）最优解可以得到原问题的全局（局部）最优解的收敛性。进一步地，为了求解更广泛的一类双层规划模型，其下层问题由算子不动点形式所定义，这类问题除了可以涵盖传统的优化模型，还可以包含更多机器学习中的隐式定义的网络结构，文献[45]利用算子的非扩张性质所提出了Bi-level Meta Optimization（BMO）算法，其求解可以为优化衍生的学习问题提供统一的算法框架。算法的收敛性结果在下层问题算子满足非扩张性的条件下给出。

9.2.2 IAPTT-GM方法

为了进一步突破LLS和LLC条件的限制，文献[44]设计了一种新的显式梯度算法，即Initialization Auxiliary and Pessimistic Trajectory Truncated Gradient Method（IAPTT-GM）。一方面，对于下层最优解的逼近过程，引入初值点作为辅助变量（Initialization Auxiliary）；另一方面，在逼近上层目标时，即在外层迭代中，从悲观的角度截断迭代轨迹（Pessimistic Trajectory Truncated）。这两种机制能够有效地处理复杂（LLS和LLC均不成立）的双层规划问题。

具体来说，在产生序列 $\boldsymbol{y}_t$ 时，我们考虑引入初始点 $\boldsymbol{z}$ 作为辅助变量，进行如下迭代：

$$\boldsymbol{y}_0(\boldsymbol{x},\boldsymbol{z})=\boldsymbol{z}$$
$$\boldsymbol{y}_{t+1}(\boldsymbol{x},\boldsymbol{z})=\boldsymbol{y}_t(\boldsymbol{x},\boldsymbol{z})-\alpha_{\boldsymbol{y}}^t\frac{\partial f(\boldsymbol{x},\boldsymbol{y}_t(\boldsymbol{x},\boldsymbol{z}))}{\partial \boldsymbol{y}_t},\quad t=0,1,\cdots,T-1$$

其中，$\alpha_{\boldsymbol{y}}^t$ 为步长序列。在引入初值点后，我们所得到的逼近问题将包含上层变量 $\boldsymbol{x}$ 和辅助变量 $\boldsymbol{z}$。因此当我们求解时，辅助变量 $\boldsymbol{z}$ 会和上层变量 $\boldsymbol{x}$ 同时更新。最终可以找到“最好的”初值点，以此为初值点所得到的 $\boldsymbol{y}_t$ 既在下层问题的解集内，同时又能最小化上层目标。

然而，仅仅依靠引入初值点作为辅助变量并不能保证逼近问题的收敛性。因为当下层问题非凸时，使用梯度下降格式所产生的 $\boldsymbol{y}_t(\boldsymbol{x},\boldsymbol{z})$ 并不能保证关于 $\boldsymbol{x}$ 和 $\boldsymbol{z}$ 一致收敛到下层问题的解集。因此，若直接将 $\boldsymbol{y}_t(\boldsymbol{x},\boldsymbol{z})$ 代入上层目标 $F(\boldsymbol{x},\boldsymbol{y})$，所得到的问题不一定是原问题的逼近问题。然而，我们注意到在 T 趋于无穷的过程中，一定存在 $\tilde{T}$，使得 $\boldsymbol{y}_T(\boldsymbol{x},\boldsymbol{z})$ 关于 $\boldsymbol{x}$ 和 $\boldsymbol{z}$ 一致收敛到下层问题的稳定点解集合。基于此，我们提出了从悲观的角度截断迭代轨迹的策略：最小化所有 $\boldsymbol{y}_t(\boldsymbol{x},\boldsymbol{z})$ 的最差情况，即

$$\max_{1\leqslant t\leqslant T}\ \{F(\boldsymbol{x},\boldsymbol{y}_t(\boldsymbol{x},\boldsymbol{z}))\}$$

从而可以得到原双层规划问题(9.1)的逼近问题

$$\max_{\boldsymbol{x},\boldsymbol{z}}\ \psi_T(\boldsymbol{x},\boldsymbol{z}):=\max_{1\leqslant t\leqslant T}\ \{F(\boldsymbol{x},\boldsymbol{y}_t(\boldsymbol{x},\boldsymbol{z}))\}$$

这种从悲观角度截断迭代轨迹策略不仅保证了LLC条件不成立（下层非凸）时算法的收敛性，同时也降低了利用自动微分计算近似问题梯度时所需的计算量。

9.3 基于价值函数的算法

显式梯度法整体上有一个明显的缺点，即在实际计算梯度时，需要计算多层迭代的嵌套（离散的动力系统），这个过程会导致巨大的计算量和存储负担。为此，文献 [46] 和文献 [47] 从价值函数的角度考虑对原问题的刻画，分别设计了 Bi-level Value-Function-based Sequential Minimization Method (BVFSM) 算法和 Task-Oriented Latent Feasibility (TOLF) 算法。而文献 [48] 和文献 [49] 则针对一类特殊的双层规划问题（超参选择问题），利用其价值函数的结构特点将这类双层问题转化为单层的凸差（Difference of Convex, DC）问题，进而设计了 Value Function based Difference-of-Convex Algorithm with Inexactness （VF-iDCA）算法。

BVFSM算法

BVFSM 算法与显式梯度法都旨在构建逼近原问题的光滑优化问题序列，从而可以使用梯度类算法进行求解。但是不同于显式梯度法考虑使用求解下层问题的离散动力系统替代下层问题，BVFSM 算法基于使用下层问题价值函数（零阶信息）对下层问题约束进行重新刻画。借助零阶信息，BVFSM 算法克服了显式梯度法计算量过大的困难。

将原问题转化为(9.1)式中的问题后，首先记下层问题的价值函数为

$$f^*(\boldsymbol{x}) = \min_{\boldsymbol{y}} \ f(\boldsymbol{x}, \boldsymbol{y})$$

那么式(9.1)中的约束 $\boldsymbol{y} \in \mathcal{S}(\boldsymbol{x})$ 可以改写为不等式约束

$$f(\boldsymbol{x}, \boldsymbol{y}) \leqslant f^*(\boldsymbol{x})$$

将定义 $\psi(\boldsymbol{x})$ 的简单双层规划问题转化为带有不等式约束的单层问题，即

$$\psi(\boldsymbol{x}) = \min_{\boldsymbol{y}} \{F(\boldsymbol{x}, \boldsymbol{y}) \ : \ f(\boldsymbol{x}, \boldsymbol{y}) \leqslant f^*(\boldsymbol{x})\}$$

进一步地，可以添加正则项，用

$$f_\mu^*(\boldsymbol{x}) = \min_{\boldsymbol{y}} \left\{ f(\boldsymbol{x}, \boldsymbol{y}) + \frac{\mu}{2} \|\boldsymbol{y}\|^2 \right\}$$

来近似 $f^*(\boldsymbol{x})$，其中，参数 $\mu > 0$。记

$$\boldsymbol{z}_\mu^*(\boldsymbol{x}) = \arg\min_{\boldsymbol{y}} \left\{ f(\boldsymbol{x}, \boldsymbol{y}) + \frac{\mu}{2} \|\boldsymbol{y}\|^2 \right\}$$

此时对于上层目标再添加一项关于不等式约束的罚函数/障碍函数（将不等式约束罚到目标函数上）和一个正则项，可以得到

$$\psi_{\mu,\theta,\sigma}(\boldsymbol{x}) = \min_{\boldsymbol{y}} \left\{ F(\boldsymbol{x}, \boldsymbol{y}) + P_\sigma \left(f(\boldsymbol{x}, \boldsymbol{y}) - f_\mu^*(\boldsymbol{x}) \right) + \frac{\theta}{2} \|\boldsymbol{y}\|^2 \right\}$$

作为 $\psi(\boldsymbol{x})$ 的逼近，其中，参数 $(\mu, \theta, \sigma) > 0$，$P_\sigma : \mathbb{R} \to \mathbb{R} \cup \{\infty\}$ 表示罚函数/障碍函数（Penalty/Barrier Function）记

$$\boldsymbol{y}^*_{\mu,\theta,\sigma}(\boldsymbol{x}) = \arg\min_{\boldsymbol{y}} \left\{ F(\boldsymbol{x},\boldsymbol{y}) + P_\sigma\left(f(\boldsymbol{x},\boldsymbol{y}) - f^*_\mu(\boldsymbol{x})\right) + \frac{\theta}{2}\|\boldsymbol{y}\|^2 \right\}$$

则可以得到

$$\frac{\partial \psi_{\mu,\theta,\sigma}(\boldsymbol{x})}{\partial \boldsymbol{x}} = \frac{\partial F(\boldsymbol{x},\boldsymbol{y})}{\partial \boldsymbol{x}} + \left.\frac{\partial P_\sigma\left(f(\boldsymbol{x},\boldsymbol{y}) - f^*_\mu(\boldsymbol{x})\right)}{\partial \boldsymbol{x}}\right|_{\boldsymbol{y}=\boldsymbol{y}^*_{\mu,\theta,\sigma}(\boldsymbol{x})}$$

其中，

$$f^*_\mu(\boldsymbol{x}) = f(\boldsymbol{x}, \boldsymbol{z}^*_\mu(\boldsymbol{x})) + \frac{\mu}{2}\left\|\boldsymbol{z}^*_\mu(\boldsymbol{x})\right\|^2$$

$$\frac{f^*_\mu(\boldsymbol{x})}{\partial \boldsymbol{x}} = \left.\frac{\partial f(\boldsymbol{x},\boldsymbol{y})}{\partial \boldsymbol{x}}\right|_{\boldsymbol{y}=\boldsymbol{z}^*_\mu(\boldsymbol{x})}$$

在不同的参数取值下，可以得到一系列的$\psi_{\mu,\theta,\sigma}(\boldsymbol{x})$，即随着$(\mu,\theta,\sigma)\to 0$，可以构建出逼近原问题的无约束优化问题序列。由于BVFSM算法利用了下层问题的价值函数（零阶信息），此方法可以在下层问题不满足LLC条件时具备收敛性，且与以往的显式梯度法相比，所需计算量显著降低，时间复杂度可以下降一个数量级。

9.4 应用案例

9.4.1 超参优化问题

对于超参优化这类特殊的双层规划问题，文献 [48] 和文献 [49] 观察到这类问题具有特殊的联合凸结构特点，并通过引入下层问题价值函数的方式，将双层规划问题转化为 Difference of Convex (DC) 形式的单层规划问题，并提出了 iP-iDCA 算法。

正则化模型在统计机器学习中被广泛使用，例如，将Lasso模型用于回归问题，将支撑向量机（Support Vector Machines）用于分类问题等。而在使用这些模型的时候，如何选取合适的正则化参数一直是一个重要的问题。一种常用的正则化参数选择方法是交叉检验（Cross Validation）方法，即将数据集拆分成训练集和验证集，在训练集上训练模型，选取验证集上误差最小的正则化参数。这种通过交叉检验方法确定正则化参数的过程可以视作双层规划。为了求解这类应用问题，首先给出如下形式的双层规划问题：

$$\begin{aligned} &\min_{x,y} \quad F(x,y) := F_1(x,y) - F_2(x,y) \\ &\text{s.t.} \quad x \in X, y \in \mathcal{S}(x) := \arg\min_{y\in Y}\{f(x,y) \ \text{ s.t. } \ g(x,y) \leqslant 0\} \end{aligned}$$

其中，上式中X和Y是非空闭凸集，g、f、F_1、F_2是凸函数。

记下层问题的价值函数为

$$V(x) = \inf_{y\in Y}\left\{f(x,y) \mid g(x,y) \leqslant 0\right\}$$

若下层的f和g是联合凸函数，则由集合X和Y的凸性，可以得到$V(x)$是凸函数。借助透视函数（Perspective Function）和超参解耦（Hyperparameter Decoupling）的方法将超参选择问题模型中的下层问题转化为一个联合凸的问题。进一步地，利用联合凸问题的价值函数的凸性，双层规划问题可改写为如下DC问题：

$$\begin{aligned}\min_{(x,y)\in\mathcal{C}} \quad & F_1(x,y)-F_2(x,y)\\ \text{s.t.} \quad & f(x,y)-V(x)\leqslant 0\end{aligned}$$

其中，

$$\mathcal{C}=\{(x,y)\in X\times Y \mid g(x,y)\leqslant 0\}$$

然而，由于上述问题在任意可行点都不满足约束规格MFCQ/NNAMCQ，于是考虑在不等式约束的右端引入松弛常数ϵ，得到以下近似问题：

$$\begin{aligned}\min_{(x,y)\in\mathcal{C}} \quad & F_1(x,y)-F_2(x,y)\\ \text{s.t.} \quad & f(x,y)-V(x)\leqslant \epsilon\end{aligned}$$

其中，$\epsilon>0$。此时可以证明该问题在集合$\mathcal{C}$上始终满足EMFCQ/ENNAMCQ，并且可以证明随着松弛常数ϵ趋向于0，松弛问题能够收敛到原问题。

由于此松弛问题为DC问题，所以可以采取DC算法的思想进行求解。在第k步迭代中，取

$$\xi_0^k\in\partial F_2(\boldsymbol{x}^k,\boldsymbol{y}^k),\ \xi_1^k\in\partial_x f\left(\boldsymbol{x}^k,\tilde{\boldsymbol{y}}^k\right)+\partial_x g\left(\boldsymbol{x}^k,\tilde{\boldsymbol{y}}^k\right)^{\mathrm{T}}\lambda^k\subseteq\partial V(x^k)$$

继而可以通过求解以下强凸问题，即可得到新的迭代点，记为$\left(\boldsymbol{x}^{k+1},\boldsymbol{y}^{k+1}\right)$

$$\begin{aligned}\min_{(\boldsymbol{x},\boldsymbol{y})\in\mathcal{C}} \quad & F_1(\boldsymbol{x},\boldsymbol{y})-F_2\left(\boldsymbol{x}^k,\boldsymbol{y}^k\right)-\left\langle\xi_0^k,(\boldsymbol{x},\boldsymbol{y})-\left(\boldsymbol{x}^k,\boldsymbol{y}^k\right)\right\rangle+\frac{\rho}{2}\left\|(\boldsymbol{x},\boldsymbol{y})-\left(\boldsymbol{x}^k,\boldsymbol{y}^k\right)\right\|^2\\ & +\beta_k\max\left\{f(\boldsymbol{x},\boldsymbol{y})-f\left(\boldsymbol{x}^k,\tilde{\boldsymbol{y}}^k\right)-\left\langle\xi_1^k,\boldsymbol{x}-\boldsymbol{x}^k-\epsilon\right\rangle,0\right\}\end{aligned}$$

我们会在这个迭代过程中根据$\left(\boldsymbol{x}^{k+1},\boldsymbol{y}^{k+1}\right)$的性质更新罚参数$\beta_{k+1}$。

9.4.2 核心集选择问题

许多当代的机器学习在数据存储、传输和计算方面的应用中都面临着巨大的挑战，因为它们必须处理过多的数据。因此，从更大的池中识别信息量最大的数据子集的任务变得至关重要。这导致了核心集选择的问题，核心集选择由两个任务组成：

（1）选择最具代表性的数据样本来形成核心集；

（2）验证所选核心集在模型训练中的性能。

更具体地说，该问题可以表述如下：

$$\begin{aligned}\min_{\boldsymbol{w}\in\mathcal{U}} \quad & \ell_{\text{val}}\left(\theta^*(\boldsymbol{w})\right)\\ \text{s.t.} \quad & \theta^*(\boldsymbol{w})=\arg\min_{\theta}\ell_{\text{tr}}(\theta,\boldsymbol{w})\end{aligned}$$

其中，$\boldsymbol{w}$表示数据选择的权重向量，且$\boldsymbol{w}_i=0$意味着第i个数据样本没有被选择。这些

权重向量被约束在一个稀疏集合$\mathcal{U}$中，比如$\|\boldsymbol{w}\|_1 \leqslant k$。基于被选择的数据样本进行训练得到的模型参数表示为θ，所对应的训练损失表示为ℓ_{tr}，验证损失表示为ℓ_{val}。这一双层规划模型与上面介绍的超参优化问题密切相关。

9.5 本章小结

双层规划问题是一个层次优化问题，其中变量的子集被约束为由剩余变量参数化的给定优化问题的解。双层规划问题是一个具有两个层次的多层次规划问题。当较低级别的操作依赖于较高级别的决策时，分层优化结构在许多应用程序中自然出现。双层和多级规划的应用包括运输（税收、网络设计、出行需求估计）、管理（多部门公司的协调、网络设施位置、信贷分配）、规划（农业政策、电力公司）和优化设计等，而机器学习越来越成为双层规划的重要应用领域。

9.6 习题

1. 考虑强化学习问题，假设Q函数是关于特征映射的线性函数，即

$$Q(s,a) \approx \boldsymbol{\phi}^{\mathrm{T}}(s,a)\boldsymbol{\theta}$$

其中，$\boldsymbol{\phi}$表示给定的特征映射，而$\boldsymbol{\theta}$表示参数向量。可以建立如下的双层规划模型：

$$\begin{aligned}\min_{\pi} \quad & \ell(\pi) = -\left\langle Q_{\boldsymbol{\theta}^*(\pi)}, \pi \right\rangle \\ \text{s.t.} \quad & \boldsymbol{\theta}^*(\pi) \in \arg\min_{\boldsymbol{\theta}} \frac{1}{2}\left\|Q_{\boldsymbol{\theta}} - r - \gamma P^{\pi} Q_{\boldsymbol{\theta}}\right\|^2\end{aligned}$$

请设计求解该双层规划问题的基于梯度的方法，并比较与Actor-Critic方法的关系。

2. 考虑如下的双层规划问题：

$$\begin{aligned}\min_{x\in[-100,100]} \quad & \frac{1}{2}(x-y_2)^2 + \frac{1}{2}(y_1-1)^2 \\ \text{s.t.} \quad & \boldsymbol{y} \in \arg\min_{\boldsymbol{y}\in\mathbb{R}^2} \frac{1}{2}y_1^2 - x\cdot y_1\end{aligned}$$

请写出求解该问题的有效算法并计算出其最优解。

3. 考虑如下的超参优化问题，其双层规划模型表示为

$$\begin{aligned}\min_{\boldsymbol{w}\in\mathbb{R}^n,(\boldsymbol{\lambda}_1,\boldsymbol{\lambda}_2)\in\mathbb{R}_+^2} \quad & \frac{1}{2}\sum_{i\in\mathcal{I}_{\text{val}}} \left(\boldsymbol{y}_i - \boldsymbol{w}^{\mathrm{T}}\boldsymbol{x}_i\right)^2 \\ \text{s.t.} \quad & \boldsymbol{w} \in \arg\min_{\hat{\boldsymbol{w}}} \left\{\frac{1}{2}\sum_{i\in\mathcal{I}_{\text{train}}} \left(\boldsymbol{y}_i - \hat{\boldsymbol{w}}^{\mathrm{T}}\boldsymbol{x}_i\right)^2 + \boldsymbol{\lambda}_1\|\hat{\boldsymbol{w}}\|_1 + \frac{\boldsymbol{\lambda}_2}{2}\|\hat{\boldsymbol{w}}\|_2^2\right\}\end{aligned}$$

请针对该具体超参优化问题设计有效的双层规划求解算法。

第 10 章

学 习 优 化

学习优化（Learning to Optimize，L2O）是一种新兴的最优化问题求解方法[50]，它旨在利用机器学习技术来设计最优化方法，以减少传统人工设计的烦琐迭代。学习优化可以根据优化方法在一组训练问题上的表现为引导自动设计最优化方法。这种数据驱动过程生成的方式可以有效地解决方法迭代设计复杂且迭代烦琐等问题，而与之形成鲜明对比的是，传统最优化方法的设计都是理论驱动的，但是传统方法在理论指定的问题类别上可以获得性能保证。这种差异性（数据驱动与理论驱动的差异性）促使学习优化适合在特定的数据分布上重复解决特定类型的优化问题，而在分布外的问题上可能会失败。学习优化的实用性取决于目标优化的类型、学习方法的选择架构以及训练过程，但是这一最优化方法设计新范式激励了研究人员去进一步探索学习优化理论与方法。本章内容部分参考了综述论文 [54] 和 [55]，读者也可以同步学习论文中的内容。

10.1 学习优化基本思想

经典的最优化方法通常是由“优化专家”基于理论和经验设计构建的。作为传统设计方法的范式转变，学习优化使用机器学习来改进最优化方法，甚至可能涌现产生全新的最优化方法。经典最优化方法建立在一系列方法（如前面介绍的梯度下降法、邻近梯度法、随机梯度法等）基础上，且在理论上均是合理的。大多数传统最优化方法都可以用几行容易理解的迭代格式来表达，并且它们的性能一般都具有理论支撑。要解决实际的最优化问题，可以根据所涉及问题类型和结构性质，采取有针对性的最优化方法进行求解，并期望所用方法的“返回解”不会比“已知解”更差。

学习优化是一种可供选择的范式，是通过模型训练发展出的一种最优化方法。虽然学习优化方法可能缺乏坚实的理论基础，但其可以通过训练过程提高最优化方法的性能。训练过程通常离线进行，所以比较耗时。然而学习优化方法的在线应用阶段是极其节省时间的，这也是研究学习优化方法的动机和目的。对于目标解难以获得的问题（例如非凸优化、反问题等），“训练好”的学习优化方法所得到的解可能比传统最优化方法的解具有更好的质量。此时，可以把最优化方法（无论是专家设计的还是由学习优化方法训练得到的）称为优化器，并通过优化器可求解的优化问题。图10.1和图10.2比较了“传统”优化器和“学习优化”优化器，并说明如何应用于“新”的最优化问题求解。

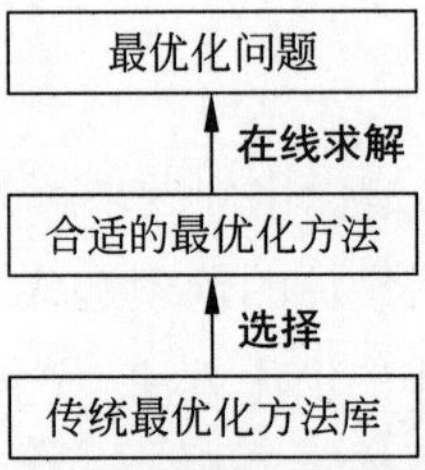

图 10.1　传统优化器是手动设计的，它们通常只有很少或没有调优参数

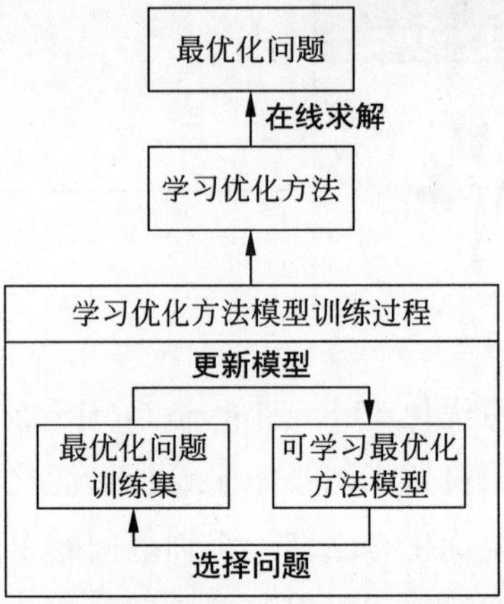

图 10.2　学习优化器在 L2O 框架中通过一组相似的优化器（称为任务分布）进行训练，旨在解决来自同一分布的看不见的优化器

在许多应用问题中（尤其是机器学习应用问题中），核心任务可以总结为对特定数据分布重复执行固定类型的最优化问题求解，也就是说，每次定义最优化问题的数据是新的，但最优化问题模型是相同或者相似的。虽然这些最优化问题对应的任务分布范围较窄，传统优化器可能会针对任务分配进行调优，但底层最优化方法是针对具备特定理论或结构性质的最优化问题而设计的。传统优化器（最优化方法）通常通过迭代公式（及其数学属性）来描述，而不是从机器学习角度通过任务分布来描述，例如，优化器可以被描述为用来优化（或最小化）带线性约束的光滑凸目标函数。对于学习优化而言，可根据数学公式和任务分配，并通过训练过程来塑造优化器。当任务分布较集中时，学习得到的优化器可能会更好地适应任务，并可能超越传统优化器。学习优化的核心目标是生成具有以下优势的优化器：

- “学习优化”优化器的最大优势是获得比传统优化器快得多的最优化问题求解速度，以完成同一任务分配中的一组最优化问题求解。具体地说，如果遇到非常适合于“学习优化”优化器求解的任务问题，学习优化方法甚至可以比 Nesterov 加速方法等所谓的“最优”优化方法运行得更快（更值得一提的是，学习优化方法可以芯片化执行）。
- 在计算量预算相似的情况下，“学习优化”优化器具备为困难任务返回比传统方法更高质量解的能力。例如，学习优化方法可以恢复压缩感知问题更可靠（同时速度更快）的稀疏信号。因此，当涉及一小部分优化任务时，学习优化提供了一种打破传统方法限制的潜在思路。学习优化方法以传统优化器的基础体系结构为基础，通过引入一系列要学习的自由参数来构建机器学习模型。为了学习模型，需要准备一组表示任务分布的训练样本，并选择一种训练方法进行模型训练。优化器训练过程与我们训练机器学习模型进行预测或决策的经典学习类似，其使用观察到的性能来持续更新参数。随着训练推进，“学习优化”优化器会逐步适应训练样本。

10.2 学习优化基本框架

在“学习优化”基本概念的基础上，下面给出学习优化的基本框架。在基本框架基础上，可以通过一系列改进得到需要的学习优化方法。对于典型的无约束最优化问题

$$\min_{\boldsymbol{x}\in\mathbb{R}^n} f(\boldsymbol{x})$$

经典优化算法通过人工设计的格式迭代更新迭代序列 $\left\{\boldsymbol{x}^k\right\}$。例如，梯度下降法遵循的基本迭代步是：

$$\boldsymbol{x}^{k+1} = \boldsymbol{x}^k - \alpha^k \nabla f(\boldsymbol{x}^k)$$

其中，α^k 为步长。但是学习优化方法具有更大自由度来使用更多可用的信息。根据通用一阶算法规则，学习优化方法在第 k 个迭代所利用的信息 $\boldsymbol{z}_k$ 可以包括已有的迭代点信息 $\boldsymbol{x}^0, \boldsymbol{x}^1, \cdots, \boldsymbol{x}^k$ 以及对应的梯度信息 $\nabla f(\boldsymbol{x}^0), \nabla f(\boldsymbol{x}^1), \cdots, \nabla f(\boldsymbol{x}^k)$ 等。学习优化方法旨在通过更加抽象的方式来建模一种更新准则，即

$$\boldsymbol{x}^{k+1} = \boldsymbol{x}^k - g(\boldsymbol{z}_k, \phi)$$

其中，函数 g 以参数 ϕ 来参数化。寻找最优更新规则可以从数学上表示为在函数 g 的参数空间上搜索良好的参数 ϕ。为了寻找快速优化器所对应的 ϕ，可以通过最小化目标函数 $f(\boldsymbol{x}^k)$ 在时间跨度（称为展开长度）T 上的加权和，其由以下公式给出：

$$\begin{aligned}\min_{\phi} \quad & \mathbb{E}_{f\in\mathcal{T}}\left[\sum_{k=1}^{T} w_k f(\boldsymbol{x}^k)\right] \\ \text{with} \quad & \boldsymbol{x}^{k+1} = \boldsymbol{x}^k - g(\boldsymbol{z}_k, \phi),\ k = 1, \cdots, T-1\end{aligned} \tag{10.1}$$

其中，$w_1, w_2, \cdots, w_T$ 代表不同迭代步对应的权重；而 f 表示了代表目标任务分布的优化问题集合 $\mathcal{T}$ 中的一个优化问题；参数 ϕ 通过确定迭代 $\boldsymbol{x}^k$ 来确定目标值，而学习优化方法通过解决上述训练问题来学习参数 ϕ 以及更新规则 $g(\boldsymbol{z}_k, \phi)$。实际训练时，权重 w_k 的选择因情况而异，并取决于经验设置。例如，用于稀疏编码的学习优化方法对于所有优化器展开到固定长度 T，但是可以仅最小化第 T 步的函数值 $f(\boldsymbol{x}^T)$，即 $w_T = 1$ 和 $w_1 = w_2 = \cdots = w_{T-1} = 0$。

学习优化方法指定了新的优化器体系框架，其由“可学习组件”（如 ϕ）和“固定组件”（如迭代格式 $\boldsymbol{x}^k - \cdot$）组成。具体来说，函数 g 通常可以由多层神经网络或递归神经

网络来进行参数化表示。从理论上讲，神经网络是通用的万能逼近器，因此学习优化可以发现“全新的”“更优的”更新规则，而不需要参考任何现有的更新规则。如果学习优化方法框架可以不需要假定模型，则可以称之为**无模型学习优化方法**。无模型学习优化方法仍然有其缺点，包括缺乏收敛保证、需要大量训练样本等。具体来说，在投影、归一化和步长衰减等经典操作对良好性能至关重要的任务中，无模型学习优化方法要么无法实现良好的性能，要么需要大量的训练才能从头开始发现这些操作。为了避免这些缺点，可以考虑结合现有的传统最优化方法作为学习的基础或起点，将搜索减少到较少的参数和较小的算法空间，此时这种替代方法可以称为**基于模型的学习优化方法**。

学习优化与元学习有许多相似之处，尤其是当任务是一般机器学习任务时，例如，最小化其训练损失来确定预测模型的参数。元学习（Meta Learning）是指通过元任务学习方法来改进机器学习算法，也称为“学会学习”（Learn to learn）[51]。元学习领域的许多最新研究成果为学习优化方法的研究提供了启发和参考。学习优化的目标抓住了元学习的两个主要方面：任务内的快速学习和来自同一分布的跨多个任务的可迁移学习。然而，学习优化并不完全是元学习，因为它更多考虑的是最优化领域的知识，并适用于许多非机器学习型最优化任务，如求解反问题等。

10.3 学习优化方法

本节重点介绍基本的学习优化方法，包括无模型学习优化方法和基于模型的学习优化方法，但是学习优化方法不局限于本书介绍的内容，有兴趣的读者可以参考文献 [50]。

10.3.1 无模型学习优化方法

无模型学习优化方法旨在直接学习方法中的参数化更新规则，主流方式是利用递归神经网络（RNN）来进行参数化学习，而其中大多数使用长短期记忆（LSTM）架构。LSTM 被展开以迭代形式执行更新，并被训练以找到较短的优化轨迹，其中在所有展开的步骤之间共享同一组参数。在每一步迭代中，LSTM 将优化器的本地状态（如零阶和一阶信息等）作为输入，并返回下一次迭代。无模型学习优化方法同样可以表示为图10.2中描述的流程，其主要分为两个阶段：

（1）离线学习优化训练阶段，其利用从任务分布 $\mathcal{T}$ 采样的一组优化器来学习优化器；

（2）在线学习优化测试阶段，其将所学习的优化器应用于新的最优化任务计算（假设优化任务是来自相同任务分布的样本）。

下面具体介绍面向连续优化的 LSTM “学习优化”优化器的基本方法。

由于优化过程可以看作是一条迭代更新的轨迹，因此以 LSTM 为代表的递归神经网络是学习“学习优化”优化器更新规则的一种自然选择，具有良好的归纳偏差。通过梯度下降隐式格式来建模更新规则，利用 LSTM 来作为具体模型，以 LSTM 建模的“学习优化”优化器通过最小化被优化器造成的损失梯度来进行更新[50]。该学习优化问题可以建模为如下形式：

$$\min_{\phi} \quad \mathcal{L}(\phi) = \mathbb{E}_{(\boldsymbol{x}_0,f)\in\mathcal{T}}\left[\sum_{k=1}^{T} w_k f(\boldsymbol{x}^k)\right] \tag{10.2}$$

$$\text{其中} \quad \boldsymbol{x}^{k+1} = \boldsymbol{x}^k + g_k \begin{bmatrix} g_k \\ h_{k+1} \end{bmatrix} = m(\nabla_k, h_k, \phi)$$

其中，f 表示优化器，$\boldsymbol{x}_0$ 表示 f 的初始值；一组优化器及其初始化 $(f, \boldsymbol{x}_0)$ 通常从任务分布 $\mathcal{T}$ 采样；ϕ 是优化器 f 的参数化参数；$\nabla_k = \nabla f(\boldsymbol{x}^k)$ 是目标函数梯度，$m(\cdot)$ 是LSTM优化器模块，g 和 h 分别是由 $m(\cdot)$ 产生的更新和隐藏状态；T 是LTSM的最大展开长度，通常根据计算内存限制而设置，每个迭代对应的权重均满足 $w_k = 1$。在该学习优化框架下，计算关于模型参数的梯度可以通过图10.3中以LSTM为基本架构的流程进行计算。

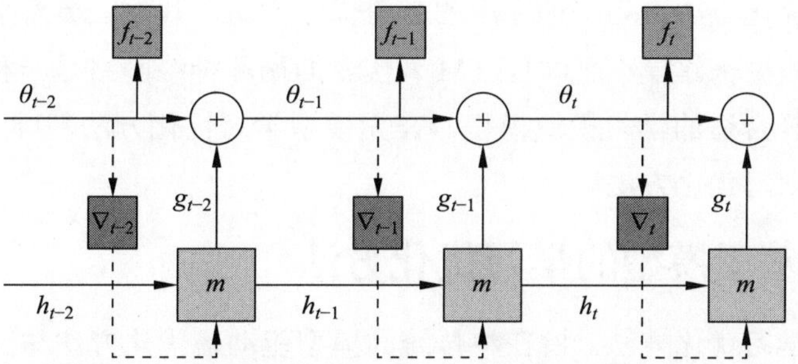

图 10.3　LSTM“学习优化”优化器梯度计算流程

具体来看，有一系列技巧被用来提升“学习优化”优化器的学习效率：

（1）$\boldsymbol{x}^k$ 的每个优化变量共享相同的LSTM权重，但具有不同的隐藏状态，以减少在扩大优化参数规模时面临的内存开销；

（2）将预处理结果 $\{\log(\nabla_k), \mathrm{sgn}(\nabla_k)\}$ 作为优化器的输入，从而减小优化器梯度的幅度变化动态范围。

然而上面建模学习中的“学习优化”优化器仍然存在一些缺点。

- **“学习优化”优化器对看不见的并且可能更复杂的优化器的普适通用性**。学习优化训练集包含来自目标分布的优化器。然后类似典型机器学习任务，希望“学习优化”优化器在已有训练集进行内插或外推等操作。以训练深度神经网络任务为例（最优化任务为训练深度神经网络），我们可能期望学习到的“学习优化”优化器能够推广到训练集中看到的实例之外的更深或更广的网络。当使用反向传播更新“学习优化”优化器 $m(\phi)$ 时，需要将优化器的梯度和计算图保存在内存中，因此如果 $m(\phi)$ 的展开长度变大或优化器的参数 x 的维数较大时，就会出现内存瓶颈。使用“学习优化”优化器来训练更复杂的神经网络可能会遇到更复杂的损失情况，这是仅仅通过观察简单网络的训练动态不能学习到的。例如，训练过参数化网络在较小学习率和较大学习率下会表现出截然不同的行为，而这两种机制在实际训练中通常是共存的。

- **学习优化器对更长训练迭代的泛化能力**。训练更大的模型自然需要更多的迭代，此时需要更长的学习优化建模。LSTM模型原则上可以通过展开更多的时间步长（即，更长的展开长度T）来表征较长期的依赖性。然而，由于LSTM的优化伪影，如梯度爆炸或消失，再加上实际的记忆瓶颈，会导致学习优化训练的不稳定性。因此，大多数基于LSTM的学习优化方法被迫限制其最大展开长度并截断展开优化（例如，最多20步）。这也导致整个优化轨迹被分成连续的较短的片段，其中每一片段都通过截断的LSTM进行优化。然而，选择合适的展开长度面临一个众所周知的难题。短截断的LSTM可能导致迭代解的提前终止。简单地展开基于LSTM的学习优化器（使用较小的T训练）以增加时间戳，通常会产生不令人满意的结果，而由此产生的“截断偏差”导致学习优化优化器在应用于训练优化器时表现出不稳定和产生低质量的解决方案。

无模型学习优化方法作为一种通用的学习优化方法，其中，黑盒学习模块可以通过不同的神经网络模型来建模，而以LSTM为代表的循环神经网络是一种典型代表，可以根据问题结构选择合适的学习模块模型。在无模型学习优化方法基础上，10.3.2节将会介绍基于模型的学习优化方法。

10.3.2 基于模型的学习优化方法

基于模型的学习优化方法，旨在将传统的模型驱动最优化方法与深度学习模型架构相融合，从而设计新型学习优化方法。基于模型的学习优化方法不是使用通用的神经网络模型（如LSTM），而是通过分析传统最优化方法启发的可学习体系结构来对学习优化方法的迭代更新规则进行建模。通常来说，最终学习到的学习优化方法可以用数十次迭代来近似问题的解决方案，而对应的传统最优化方法一般需要数百次或数千次迭代进行最优解计算。基于模型的学习优化方法可以被视为一种“半参数化”的机制，既利用了模型结构和先验知识，又结合了数据驱动的学习能力。基于模型的学习优化方法受到关注的原因是当假定底层最优化方法可用或可以部分推断时，可以在紧凑、数据高效、可解释以及高性能体系结构方面表现出较强的有效性，从而有较大设计空间可以在两者之间灵活地平衡。基于模型的学习优化方法通常采用如下两种主流机制进行设计。

1. 即插即用机制（Plug-and-Play，PnP）

即插即用机制的关键思想是将先前训练的学习模块（例如，神经网络）插入传统最优化算法之中（替代最优化方法中困难的解析表达式），从而无需额外训练学习就可以部署修改后的新的最优化方法。例如，第8章介绍的经典交替方向乘子法，其面对如下结构型最优化问题

$$\min_{\boldsymbol{x}_1\in\mathbb{R}^{n_1},\boldsymbol{x}_2\in\mathbb{R}^{n_2}}\left\{f_1(\boldsymbol{x}_1)+f_2(\boldsymbol{x}_2)\;\middle|\;\boldsymbol{A}_1\boldsymbol{x}_1+\boldsymbol{A}_2\boldsymbol{x}_2=\boldsymbol{b}\right\}$$

交替方向乘子法针对该问题的原始迭代格式为

$$\begin{cases} \boldsymbol{x}_1^{k+1} = \arg\min_{\boldsymbol{x}_1} \mathcal{L}_\beta\left(\boldsymbol{x}_1, \boldsymbol{x}_2^k, \boldsymbol{\lambda}^k\right) \\ \boldsymbol{x}_2^{k+1} = \arg\min_{\boldsymbol{x}_2} \mathcal{L}_\beta\left(\boldsymbol{x}_1^{k+1}, \boldsymbol{x}_2, \boldsymbol{\lambda}^k\right) \\ \boldsymbol{\lambda}^{k+1} = \boldsymbol{\lambda}^k - \beta\left(\boldsymbol{A}_1\boldsymbol{x}_1^{k+1} + \boldsymbol{A}_2\boldsymbol{x}_2^{k+1} - \boldsymbol{b}\right) \end{cases}$$

通常对于实际应用问题，如第8章中介绍的Lasso等应用问题，均具有可以利用的特殊结构。不失一般性，可以假设关于$\boldsymbol{x}_1$的子问题是不容易计算的，而关于$\boldsymbol{x}_2$的子问题是可以通过高效计算方法进行有效计算，如第4章中介绍的邻近算子技术等。对于不易计算的子问题，即

$$\boldsymbol{x}_1^{k+1} = \arg\min_{\boldsymbol{x}_1} \mathcal{L}_\beta\left(\boldsymbol{x}_1, \boldsymbol{x}_2^k, \boldsymbol{\lambda}^k\right)$$

可以通过PnP的技巧进行替代计算。如果采用类似无模型学习优化方法中的技巧，可以利用机器学习模型（如深度学习）来拟合该问题的计算过程，即

$$\boldsymbol{x}_1^{k+1} = \mathcal{H}\left(\boldsymbol{x}_2^k, \boldsymbol{\lambda}^k; \theta\right)$$

其中，θ表示拟合学习算子$\mathcal{H}$的模型参数。此时经过PnP重置改进的交替方向乘子法的具体形式自然可以表示为

$$\begin{cases} \boldsymbol{x}_1^{k+1} = \mathcal{H}\left(\boldsymbol{x}_2^k, \boldsymbol{\lambda}^k; \theta\right) \\ \boldsymbol{x}_2^{k+1} = \arg\min_{\boldsymbol{x}_2} \mathcal{L}_\beta\left(\boldsymbol{x}_1^{k+1}, \boldsymbol{x}_2, \boldsymbol{\lambda}^k\right) \\ \boldsymbol{\lambda}^{k+1} = \boldsymbol{\lambda}^k - \beta\left(\boldsymbol{A}_1\boldsymbol{x}_1^{k+1} + \boldsymbol{A}_2\boldsymbol{x}_2^{k+1} - \boldsymbol{b}\right) \end{cases}$$

值得注意的是，模型参数θ是在将学习算子$\mathcal{H}$插入交替方向乘子法迭代中之前，独立地构建学习任务进行学习得到的，即

$$\theta \in \arg\min_{\hat{\theta}} \mathcal{L}_{\text{pretrain}}(\hat{\theta})$$

损失函数$\mathcal{L}_{\text{pretrain}}$由独立的任务目标（例如，学习自然图像去噪算子）来进行建模。

例如，可以通过使用全变分算子（Total Variational operator，TV）作为正则化函数来模拟图像恢复问题。此时在进行图像恢复的最优化方法中，其中一个子问题求解是利用邻近算子解决TV正则子问题，而在PnP框架下可以使用基于深度学习的去噪学习算子替换TV正则邻近算子的计算，从而显著提高计算效率[52]。

2. 算法展开机制（Algorithm Unrolling）

算法展开机制旨在对传统最优化方法的迭代格式进行展开设计，并引入神经网络来对展开算法与传统最优化方法进行近似，展开架构是由传统的最优化方法指导设计的。算法展开机制的核心是算法迭代指导的神经网络架构设计以及展开神经网络训练模式，

首先对于算法迭代指导的神经网络架构设计方面，以梯度下降法为例，其迭代格式为

$$\boldsymbol{x}^{k+1}=\boldsymbol{x}^{k}-\alpha_{k}\nabla f(\boldsymbol{x}^{k})$$

此时如果从 $\boldsymbol{x}^0$ 开始进行 K 步迭代，则可以得到如下序列：

$$\boldsymbol{x}^0\rightarrow\boldsymbol{x}^1\rightarrow\boldsymbol{x}^2\rightarrow\cdots\rightarrow\boldsymbol{x}^K$$

算法展开机制旨在设计神经网络架构，替换梯度下降法中迭代格式，即

$$\boldsymbol{x}^{k+1}=\mathcal{T}\left(\boldsymbol{x}^{k};\theta^{k}\right),\quad k=0,1,\cdots,K-1$$

其中，θ^k 表示该第 $k+1$ 步迭代中所使用的神经网络的参数，而且算子 $\mathcal{T}$ 可以由不同的神经网络来代替，且神经网络架构可根据梯度下降法迭代格式进行设计（比如，充分利用迭代序列和梯度信息进行架构设计）。总结来看，神经网络架构设计好之后，可以建立如下的迭代展开式网络架构（这也是为何叫算法展开机制的原因），即

$$\boldsymbol{x}^0\overset{\theta^0}{\overbrace{\Rightarrow}}\boldsymbol{x}^1\overset{\theta^1}{\overbrace{\Rightarrow}}\boldsymbol{x}^2\Rightarrow\cdots\overset{\theta^{K-1}}{\overbrace{\Rightarrow}}\boldsymbol{x}^K$$

这也可以称为展开层数为 K 层的算法展开。进一步在此算法展开架构的基础上，通过端到端方式自适应学习模型参数，相关模型可以建模为

$$\min_{\theta^k,k=0,1,\cdots,K-1}\mathcal{L}\left[\boldsymbol{x}^K;\theta^0,\theta^1,\cdots,\theta^{K-1}\right]$$

其中，$\mathcal{L}$ 表示用来模型参数训练的损失函数，其设计方式可以为监督式也可以为无监督式（即利用最优化问题目标函数进行设计）。另外需要强调的是，算法展开机制中的学习算子模型参数是与学习优化方法同步端到端训练得到的，而对于上面介绍的即插即用机制，训练是分开单独进行的。

在实际应用方面，无模型学习优化方法的可扩展性是阻碍其实际应用的最大障碍，包括扩展到更大、更复杂的模型，以及在测试阶段引入更多迭代。对于基于模型的学习优化方法，目前的成功经验仍然局限于反问题和稀疏优化中的少数特殊实例，并依赖于逐个案例单独建模。如果需要对更广泛的应用问题进行探索，仍然需要构建一个更通用的学习优化框架。此外，基于模式的学习优化方法和无模式学习优化方法之间没有绝对的边界，这两类方法之间的不同暗示了许多潜在的研究机会。

10.4 应用案例

面向成像重建的PnP交替方向乘子法

基于模型的重建是解决成像应用中各种反问题的有效框架，包括去噪、去模糊、层析重建和核磁共振重建等。该方法通常涉及制定用于噪声测量系统的模型和用于重建图像的模型，然后通过最小化成本函数来计算重建，该成本函数平衡了对这两个模型的拟

合。近年来，在反问题中的去噪问题上取得了巨大的进展，同样当模型对应于X射线、CT、电子显微镜、MRI和超声波等应用中的复杂物理测量时，基于模型的反问题也取得了很大进展。然而，将最先进的去噪算法（即先验模型）与最先进的反演方法（即正演模型）相结合一直是一个挑战。本节给出了一个灵活的框架，即PnP交替方向乘子法，其允许最先进的成像系统正演模型与最先进的先验模型或去噪模型相匹配。

基于模型的重建问题通常可以建模为带正则的最大后验估计问题，即

$$\min_{\boldsymbol{x}} \{\ell(y;\boldsymbol{x}) + \beta s(\boldsymbol{x})\} \tag{10.3}$$

在针对该问题设计求解方法之前，定义两个重要的算子：去噪算子 $\mathbb{H}(y;\sigma)$ 和MAP算子 $\mathbb{F}(y,\tilde{\boldsymbol{x}};\boldsymbol{\lambda})$，其基本定义如下：

$$\begin{cases} \mathbb{H}(\boldsymbol{z};\sigma) := \arg\min_{\boldsymbol{x}} \left\{ s(\boldsymbol{x}) + \dfrac{1}{2\sigma}\|\boldsymbol{z}-\boldsymbol{x}\|^2 \right\} \\ \mathbb{F}(y,\tilde{\boldsymbol{x}};\boldsymbol{\lambda}) := \arg\min_{\boldsymbol{x}} \left\{ \ell(y;\boldsymbol{x}) + \dfrac{\boldsymbol{\lambda}}{2}\|\boldsymbol{x}-\tilde{\boldsymbol{x}}\|^2 \right\} \end{cases}$$

值得注意的是，这两个基本算子被直接用于重建问题求解过程中。为了设计求解上述问题的算法，首先引入新的变量 v，将目标函数写成两个可分的函数，并将问题(10.3)重新表示为如下约束优化问题：

$$\begin{aligned} \min_{\boldsymbol{x},\boldsymbol{v}} \quad & \ell(y;\boldsymbol{x}) + \beta s(\boldsymbol{v}) \\ \text{s.t.} \quad & \boldsymbol{x} = \boldsymbol{v} \end{aligned} \tag{10.4}$$

进一步利用第8章介绍的交替方向乘子法求解该问题，首先定义增广拉格朗日函数

$$\mathcal{L}_\rho(\boldsymbol{x},\boldsymbol{v},\boldsymbol{\lambda}) := \ell(y;\boldsymbol{x}) + \beta s(\boldsymbol{v}) - \boldsymbol{\lambda}^{\mathrm{T}}(\boldsymbol{x}-\boldsymbol{v}) + \frac{\rho}{2}\|\boldsymbol{x}-\boldsymbol{v}\|^2$$

从而得到如下的交替方向乘子法迭代格式：

$$\begin{cases} \boldsymbol{x}^{k+1} = \arg\min \mathcal{L}_\rho\left(\boldsymbol{x},\boldsymbol{v}^k,\boldsymbol{\lambda}^k\right) = \arg\min \left\{ \ell(y;\boldsymbol{x}) + \dfrac{\rho}{2}\|\boldsymbol{x}-\boldsymbol{v}^k - \dfrac{\boldsymbol{\lambda}^k}{\rho}\|^2 \right\} \\ \boldsymbol{v}^{k+1} = \arg\min \mathcal{L}_\rho\left(\boldsymbol{x}^{k+1},\boldsymbol{v},\boldsymbol{\lambda}^k\right) = \arg\min \left\{ \beta s(\boldsymbol{v}) + \dfrac{\rho}{2}\|\boldsymbol{v}-\boldsymbol{x}^{k+1} + \dfrac{\boldsymbol{\lambda}^k}{\rho}\|^2 \right\} \\ \boldsymbol{\lambda}^{k+1} = \boldsymbol{\lambda}^k - \rho\left(\boldsymbol{x}^{k+1} - \boldsymbol{v}^{k+1}\right) \end{cases}$$

第一步只取决于后续模型的选择，第二步仅依赖于先验的选择，并且可以被解释为去噪算子操作。进一步可以将交替方向乘子法迭代格式重新表述为以下3个步骤：

$$\begin{cases} \boldsymbol{x}^{k+1} = \mathbb{F}\left(y, \boldsymbol{v}^k + \dfrac{\boldsymbol{\lambda}^k}{\rho}; \rho\right) \\ \boldsymbol{v}^{k+1} = \mathbb{H}\left(\boldsymbol{x}^{k+1} - \dfrac{\boldsymbol{\lambda}^k}{\rho}; \dfrac{\beta}{\rho}\right) \\ \boldsymbol{\lambda}^{k+1} = \boldsymbol{\lambda}^k - \rho\left(\boldsymbol{x}^{k+1} - \boldsymbol{v}^{k+1}\right) \end{cases}$$

需要强调的是，即插即用框架中的最小化子问题步骤被写成两个独立的求解器模块，即$\mathbb{F}$和$\mathbb{H}$。即插即用的先验框架可用于将不同的去噪算法（先验）与感兴趣的前向模型混合和匹配，且对应于简化MAP算子和去噪算子的最小化不必是精确的。取而代之的是，它们可以由近似运算符$\mathbb{F}$和$\mathbb{H}$代替，此时它们不会最小化各自的成本函数，而是充分降低其值。由训练好的神经网络来构建的近似运算符$\mathbb{F}$和$\mathbb{H}$同样可以代替两个子问题的计算，这也是该方法从学习优化角度理解的主要原因。

10.5 本章小结

学习优化是一种新型的最优化方法框架，其利用机器学习来开发设计最优化方法，旨在减少工程中费力的手工迭代，学习优化的核心思想是根据在一组训练最优化问题上的表现自动设计最优化方法。通用的学习优化方法将迭代更新规则参数化，并将更新方向学习建模为黑盒模型，虽然该通用方法框架适用范围广泛，但是学习得到的模型可能会过拟合，并且可能无法很好地推广到分布外的测试问题集合。学习优化作为一种新颖的设计最优化方法的技术，与传统最优化方法相辅相成，成为提高最优化问题求解计算效率的重要技术手段。

10.6 习题

迭代收缩阈值学习方法：首先考虑Lasso问题，即

$$\min_{\boldsymbol{x}} \frac{1}{2}\|\boldsymbol{A}\boldsymbol{x}-\boldsymbol{b}\|^2+\boldsymbol{\lambda}\|\boldsymbol{x}\|_1$$

其提供了稀疏恢复问题解的一个估计。迭代收缩阈值方法（Iterative Shrinkage-Thresholding Algorithm，ISTA）是求解该问题的流行方法，值得注意的是迭代收缩阈值方法本质是邻近梯度方法，其迭代格式为

$$\boldsymbol{x}^{k+1}=\mathrm{Prox}_{\frac{\lambda}{L}\|\cdot\|_1}\left[\boldsymbol{x}^k-\frac{1}{L}\boldsymbol{A}^{\mathrm{T}}\left(\boldsymbol{A}\boldsymbol{x}^k-\boldsymbol{b}\right)\right]$$

邻近算子$\mathrm{Prox}_{\frac{\lambda}{L}\|\cdot\|_1}$是容易计算的，且参数$L$表示问题梯度的李普希茨常数或者是矩阵$\boldsymbol{A}^{\mathrm{T}}\boldsymbol{A}$的最大特征值。请利用学习优化中的“算法展开”技术，设计迭代收缩阈值学习优化方法。

第 11 章

总 结

最后，本章对最优化方法进行系统介绍，重点从最优化方法框架以及分类这两个角度展开最优化方法的全景介绍。最优化方法旨在以迭代方式高效计算最优化问题，因此最优化方法设计与所求解的最优化问题性质密切相关。最优化方法可以认为是一个最优化问题的初始值到最优解的映射，即

$$\min_{\boldsymbol{x}} f(\boldsymbol{x}), \qquad \Rightarrow \quad \boldsymbol{x}^0 \rightarrow \boldsymbol{x}^*$$

最优化问题所具有的特殊结构可以帮助设计有针对性的最优化方法。从另一个角度来讲，没有一个最优化方法适用于求解所有最优化问题（没有万能的最优化方法）。最优化方法设计之初，通常需要以最优化问题所对应的最优性条件为引导，比如对于目标函数连续可微的无约束优化问题，因其最优性条件简化为梯度为零，所以以此条件为基础设计“梯度下降法”，对该问题进行计算求解。

面向极小化目标函数的最优化问题（极大化问题等价于极小化目标函数的负数），最优化方法的设计核心是在保证满足问题约束条件的同时，随着迭代的推进，迭代序列的目标函数值逐步减小。在保证迭代序列满足问题约束条件，且目标函数值序列逐步下降的情况下，理论上可以保证所得到的序列会逐步收敛到该最优化问题的最优解（注意，可能是子序列收敛）。目标函数值下降与约束条件满足需要逐步同时满足，如何有效达到这一目的，是设计最优化求解方法时核心需要解决的问题。除了目标函数作为度量外，因为很多最优化问题有约束集合存在，也可以设计最优性条件决定的度量函数，理论上在保证迭代序列对应的度量函数下降的情况下，最优化方法是收敛的。在这样的情况下，最优化方法可以通过该决定性度量函数来指导设计。总的来说，最优化方法并非凭空想出来的，而是结合最优化问题和最优解理论性质所设计的。

最优化方法可以从多个角度进行分类。如果以其所借助最优化问题性质的不同进行分类，可以分为一阶方法、二阶方法以及高阶方法等。一阶方法因其计算效率高，且对问题性质的依赖程度低（只需计算梯度或次梯度），被广泛应用于实际应用问题求解，尤其是机器学习应用。二阶方法对最优化问题性质要求更高（需要计算二阶梯度），但是

每个迭代所取得的效果更优，因此为了达到同样的计算效果仅需要较少的迭代计算，但是每个迭代步的计算复杂度偏高，因此流行程度不如一阶方法，且在机器学习应用中使用较少，因此在本书中没有做过多介绍。而至于高阶方法，其对最优化问题性质的要求更高（需要求解高阶梯度），因此在本书中不做介绍。还有一类方法被称为零阶方法，其不使用任何梯度信息，而只用目标函数进行算法设计。这类方法现在也被广泛应用于机器学习应用，不过目前其理论体系仍然没有足够完善，在本书中也不做介绍。

从所面向的最优化问题复杂结构的角度理解，最优化方法可以得到不同的分类。首先，机器学习应用中较多的最优化问题为无约束优化问题，因此梯度下降法、邻近梯度法以及随机梯度类方法称为求解这类问题的流行方法；当最优化问题模型中多出一些抽象约束时，可以额外增加投影算子来将迭代序列投影到约束集合中以满足约束；当最优化问题模型中的约束具有一定结构时，比如线性等式约束，可以借助拉格朗日对偶，并采用原始对偶结合的方式进行最优化方法设计，比如后续章节中介绍的增广拉格朗日方法和交替方向乘子法。最优化方法与最优化问题密切融合，针对不同的最优化问题，需要定制化设计匹配的最优化方法。

本书分别介绍了梯度下降法（第3章）、邻近梯度法（第4章）、牛顿法和BFGS方法（第5章）、块坐标下降法（第6章）、随机梯度类方法（第7章）、增广拉格朗日方法和交替方向乘子法（第8章），其中第7章重点介绍了面向深度学习的随机优化方法。第9章和第10章分别介绍了近年来在机器学习领域比较热门的双层优化问题以及一类新型的深度融合机器学习和最优化的学习优化方法。需要注意的是，学习优化与面向机器学习问题的最优化方法相反，探讨利用机器学习技术求解最优化问题，从而形成完整闭环。

附录 A

数 学 基 础

下面着重介绍本书相关的最优化基础知识以及数学基础理论，而这些基础知识为后续内容的介绍提供支撑。本部分主要内容从函数性质开始逐步展开，延续到最优化问题性质等基础知识内容。

A.1 基础概念

定义 A.1 (集合、并集、交集) 集合 X 定义为一些元素的合并集，并记作 $X := \{x \mid x \in X\}$。给定两个集合 X_1 和 X_2，其**并集**和**交集**分别定义为

$$X_1 \cup X_2 := \{x \mid x \in X_1 \text{ 或 } x \in X_2\}$$

$$X_1 \cap X_2 = \{x \mid x \in X_1 \text{ 且 } x \in X_2\}$$

注意：实数集合表示为 $\mathbb{R}$，复数集合表示为 $\mathbb{C}$，n 维向量集合表示为 $\mathbb{R}^n$。

定义 A.2 (上确界、下确界、最大值、最小值) 一个非空集合 $X \subseteq \mathbb{R}$ 的**上确界**，即为最小的 y，且对所有的 $x \in X$ 有 $y \geqslant x$，该 y 记为上确界 $\sup(X)$；一个非空集合 $X \subseteq \mathbb{R}$ 的**下确界**，即为最大的 y，且对所有的 $x \in X$ 有 $y \leqslant x$，该 y 记为下确界 $\inf(X)$。注意：如果 $\sup(X) \in X$，则 $\sup(X) = \max(X)$ 为集合 X 的**最大值**；如果 $\inf(X) \in X$，则 $\inf(X) = \min(X)$ 为集合 X 的**最小值**。

定义 A.3 (线性组合[①]) 给定 n 维向量

$$\boldsymbol{x} := \begin{pmatrix} x_1 \\ \vdots \\ x_n \end{pmatrix} \in \mathbb{R}^n, \quad \boldsymbol{y} := \begin{pmatrix} y_1 \\ \vdots \\ y_n \end{pmatrix} \in \mathbb{R}^n$$

① 在本书中，为了更加简洁地介绍相关知识，只考虑 $\mathbb{R}^n$ 空间中的向量，相关结论可以推广到更广泛的空间，但在本书中不做延伸。

则 $\alpha \boldsymbol{x}+\beta \boldsymbol{y}:=\begin{pmatrix}\alpha x_1+\beta y_1\\ \alpha x_2+\beta y_2\\ \vdots\\ \alpha x_n+\beta y_n\end{pmatrix}\in \mathbb{R}^n$ 记为 $\boldsymbol{x}$ 和 $\boldsymbol{y}$ 的**线性组合**。

定义 A.4 (线性无关) 给定向量组 $\{\boldsymbol{x}_1,\boldsymbol{x}_2,\cdots,\boldsymbol{x}_n\}$，其中，$\boldsymbol{x}_i\in\mathbb{R}^n$。如果不存在向量 $(\alpha_1,\alpha_2,\cdots,\alpha_n)^{\mathrm{T}}\neq 0$（T表示转置运算），使得 $\sum\limits_{i=1}^{n}\alpha_i\boldsymbol{x}_i=0$，则称该向量组是**线性无关**的。

定义 A.5 (子空间) 如果集合 $\boldsymbol{S}\subseteq\mathbb{R}^n$ 对于线性组合运算是封闭的（即对加法运算封闭，对数乘运算封闭）①，则称该集合为一个**子空间**。

定义 A.6 (向量内积) 给定 $\boldsymbol{x}\in\mathbb{R}^n$ 和 $\boldsymbol{y}\in\mathbb{R}^n$，定义两个向量的**内积**为

$$\langle \boldsymbol{x},\boldsymbol{y}\rangle=\sum_{i=1}^{n}x_iy_i$$

如果 $\langle \boldsymbol{x},\boldsymbol{y}\rangle=0$，则记为 $\boldsymbol{x}\perp\boldsymbol{y}$。

定义 A.7 (子空间的补空间) 子空间 $\boldsymbol{S}$ 的补空间定义为

$$\boldsymbol{S}^{\perp}:=\{\boldsymbol{x}\mid\langle \boldsymbol{x},\boldsymbol{y}\rangle=0,\ \forall\boldsymbol{y}\in\boldsymbol{S}\}$$

定义 A.8 (范数) 范数 $\|\cdot\|$ 是定义在向量空间 $\mathbb{R}^n$ 上的一个函数，对于 $\boldsymbol{x}\in\mathbb{R}^n$，范数函数 $\|\cdot\|$ 满足如下性质：

(1) 非负性：对任意的 $\boldsymbol{x}\in\mathbb{R}^n$，有 $\|\boldsymbol{x}\|\geqslant 0$，其中 $\|\boldsymbol{x}\|=0$，当且仅当 $\boldsymbol{x}=\boldsymbol{0}$；

(2) 正齐次性：对任意的 $\boldsymbol{x}\in\mathbb{R}^n$ 和 $\lambda\in\mathbb{R}$，有 $\|\lambda\boldsymbol{x}\|=|\lambda|\,\|\boldsymbol{x}\|$；

(3) 三角不等式：对任意的 $\boldsymbol{x}\in\mathbb{R}^n$ 和 $\boldsymbol{y}\in\mathbb{R}^n$，有 $\|\boldsymbol{x}+\boldsymbol{y}\|\leqslant\|\boldsymbol{x}\|+\|\boldsymbol{y}\|$。

定义 A.9 (常见范数) 给定向量 $\boldsymbol{x}\in\mathbb{R}^n$，可以分别定义 ℓ_2、ℓ_1、ℓ_∞-范数如下：

$$\|\boldsymbol{x}\|_2=\left(\sum_{i=1}^{n}x_i^2\right)^{\frac{1}{2}}$$

$$\|\boldsymbol{x}\|_1=\sum_{i=1}^{n}|x_i|$$

$$\|\boldsymbol{x}\|_\infty=\max_i|x_i|$$

定义 A.10 (对偶范数) $\|\cdot\|_*$ 为范数 $\|\cdot\|$ 的对偶范数，其定义为

$$\|\boldsymbol{y}\|_*:=\sup_{\boldsymbol{x}}\left\{\langle \boldsymbol{y},\boldsymbol{x}\rangle\ \middle|\ \|\boldsymbol{x}\|\leqslant 1\right\}$$

① 封闭指对于集合中的任意两个元素做相关的运算还在集合中。需要强调的是，在讨论子空间时定义在该子集上的线性运算是合理的，而一般来说子集会继承原来全空间的结构。

注意：在本书中，对于向量范数 $\|\boldsymbol{x}\|$，如不特殊说明，统一指 ℓ_2-范数，其对偶范数也是 ℓ_2-范数。

定理 A.1 (柯西-施瓦茨不等式) 对任意的 $\boldsymbol{x} \in \mathbb{R}^n$ 和 $\boldsymbol{y} \in \mathbb{R}^n$，有

$$|\langle \boldsymbol{x}, \boldsymbol{y} \rangle| \leqslant \|\boldsymbol{x}\| \cdot \|\boldsymbol{y}\|_*$$

该不等式称为柯西-施瓦茨不等式（Cauchy-Schwarz inequality）。

定义 A.11 (矩阵运算) 给定矩阵 $\boldsymbol{A} \in \mathbb{R}^{m \times n}$，即

$$\boldsymbol{A} = \begin{bmatrix} a_{11} & a_{12} & \cdots & a_{1n} \\ a_{21} & a_{22} & \cdots & a_{2n} \\ \vdots & \vdots & \ddots & \vdots \\ a_{m1} & a_{m2} & \cdots & a_{mn} \end{bmatrix}$$

有

(1) 矩阵加法、乘法、转置和秩的定义遵循传统定义。特别地，对称矩阵指的是 $\boldsymbol{A}^{\mathrm{T}} = \boldsymbol{A}$，且有 $(\boldsymbol{AB})^{\mathrm{T}} = \boldsymbol{B}^{\mathrm{T}}\boldsymbol{A}^{\mathrm{T}}$，但是 $\boldsymbol{AB}$ 不一定与 $\boldsymbol{BA}$ 相等。所有 n 阶对称矩阵的集合记作 $\mathbb{S}^n$；

(2) 对于满秩的矩阵 $\boldsymbol{A}$，有 $\mathrm{rank}(\boldsymbol{A}) = \min\{m, n\}$；

(3) 矩阵 $\boldsymbol{A}$ 对应的值域为 $\mathcal{R}(\boldsymbol{A}) := \{y \mid y = \boldsymbol{A}x,\ \forall x \in \mathbb{R}^n\}$；

(4) 矩阵 $\boldsymbol{A}$ 对应的零空间为 $\mathcal{N}(\boldsymbol{A}) := \{x \mid \boldsymbol{A}x = 0\}$；

(5) 矩阵 $\boldsymbol{A}$ 的值域和零空间之间存在如下关系：$\mathcal{R}(\boldsymbol{A}) = \mathcal{N}(\boldsymbol{A})^{\perp}$；

(6) 若 $m = n$，则矩阵 $\boldsymbol{A}$ 为方阵。对于方阵 $\boldsymbol{A}$，如果行列式 $|\boldsymbol{A}| \neq 0$，则矩阵 $\boldsymbol{A}$ 可逆且逆矩阵记为 $\boldsymbol{A}^{-1}$；

(7) 给定 $\boldsymbol{x} \in \mathbb{R}^n$，则由矩阵 $\boldsymbol{A}$ 定义在集合 $\boldsymbol{X}$ 的像空间记为

$$\mathcal{I}(\boldsymbol{A}, \boldsymbol{X}) := \{\boldsymbol{Ax} \mid \forall \boldsymbol{x} \in \boldsymbol{X}\}$$

(8) 矩阵内积定义为

$$\langle \boldsymbol{A}, \boldsymbol{B} \rangle = \mathrm{trace}(\boldsymbol{A}^{\mathrm{T}}\boldsymbol{B}) := \sum_{i=1}^{m}\sum_{j=1}^{n} a_{ij}b_{ij}$$

其中，$\mathrm{trace}(\cdot)$ 代表矩阵的迹（矩阵对角线元素求和）。

定义 A.12 (矩阵性质 I) 对于一个 n 阶方阵 $\boldsymbol{A} \in \mathbb{R}^{n \times n}$，可以有下列性质:

(1) $|\boldsymbol{A}| = |\boldsymbol{A}^{\mathrm{T}}|$；

(2) $(\boldsymbol{AB})^{-1} = \boldsymbol{B}^{-1}\boldsymbol{A}^{-1}$; (如果 $\boldsymbol{A}, \boldsymbol{B}$ 均可逆)

(3) 如果满足 $\boldsymbol{A}\boldsymbol{A}^{\mathrm{T}}=\boldsymbol{I}$，其中 $\boldsymbol{I}\in\mathbb{R}^{n\times n}$ 为 n 阶单位矩阵，则称矩阵 $\boldsymbol{A}$ 为正交矩阵；

(4) 对于某些 $\boldsymbol{x}\neq\boldsymbol{0}$，有 $\boldsymbol{A}\boldsymbol{x}=\boldsymbol{\lambda}\boldsymbol{x}$，则称 $\boldsymbol{\lambda}$ 为矩阵 $\boldsymbol{A}$ 的特征值，对应的 $\boldsymbol{x}$ 为特征值 $\boldsymbol{\lambda}$ 所对应的特征向量。矩阵 $\boldsymbol{A}$ 的第 i 个特征值记作 λ_i，最大的特征值通常记作 $\lambda_{\max}$，而最小的特征值通常记作 $\lambda_{\min}$；

(5) 对称矩阵 $\boldsymbol{A}$ 的特征值分解，即

$$\boldsymbol{A}=\boldsymbol{P}^{\mathrm{T}}\boldsymbol{\Lambda}\boldsymbol{P}$$

其中，矩阵 $\boldsymbol{P}\in\mathbb{R}^{n\times n}$ 为正交矩阵，$\boldsymbol{\Lambda}$ 为对角线为特征值的实对角矩阵；

(6) 如果对任意的向量 $\boldsymbol{x}\neq 0$，有 $\boldsymbol{x}^{\mathrm{T}}\boldsymbol{A}\boldsymbol{x}\geqslant\boldsymbol{0}$，则称矩阵 $\boldsymbol{A}$ 为半定正矩阵，记作 $\boldsymbol{A}\succeq 0$；如果 $\boldsymbol{x}^{\mathrm{T}}\boldsymbol{A}\boldsymbol{x}>0$，则称矩阵 $\boldsymbol{A}$ 为正定矩阵，记作 $\boldsymbol{A}\succ 0$；

(7) 对于 $\{\lambda_i\}_{i=1}^n$ 是矩阵 $\boldsymbol{A}$ 的特征值，那么

$$\det(\boldsymbol{A})=\prod_{i=1}^n\lambda_i,\quad \mathrm{trace}(\boldsymbol{A})=\sum_{i=1}^n\lambda_i$$

其中，$\det(\cdot)$ 代表矩阵的行列式。

定义 A.13 (矩阵性质II) 对于一个 $m\times n$ 阶矩阵 $\boldsymbol{A}\in\mathbb{R}^{m\times n}$，有

(1) 针对矩阵 $\boldsymbol{A}^{\mathrm{T}}\boldsymbol{A}\in\mathbb{R}^{n\times n}$，如果 $\left\{\sigma_i^2\right\}_{i=1}^n$ 是矩阵 $\boldsymbol{A}^{\mathrm{T}}\boldsymbol{A}$ 的特征值且 $\sigma_1\geqslant\sigma_2\geqslant\cdots\geqslant\sigma_n\geqslant 0$，则 $\{\sigma_i\}_{i=1}^n$ 定义为矩阵 $\boldsymbol{A}$ 的奇异值（Singular Value）。最大和最小奇异值分别记作 $\sigma_{\max}$、$\sigma_{\min}$；

(2) 如果 $\sigma_n\neq 0$，则矩阵 $\boldsymbol{A}$ 的条件数可以定义为

$$\kappa(\boldsymbol{A}):=\frac{\sigma_1}{\sigma_n}$$

若 $\sigma_n=0$，则定义 $\kappa(\boldsymbol{A})=\infty$。

(3) 如果 $\boldsymbol{A}=\boldsymbol{U}\boldsymbol{\Sigma}\boldsymbol{V}$，且 $\boldsymbol{U}\in\mathbb{R}^{m\times n}$、$\boldsymbol{V}\in\mathbb{R}^{n\times n}$ 均为正交矩阵且 $\boldsymbol{\Sigma}=\mathrm{diag}\{\sigma_1,\sigma_2,\cdots,\sigma_n\}\succeq 0$，则其为矩阵 $\boldsymbol{A}$ 的奇异值分解；

(4) 给定矩阵 $\boldsymbol{A}\in\mathbb{R}^{m\times n}$，矩阵 ℓ_{F} 范数（Frobenius范数）、核范数、ℓ_2-范数、ℓ_1-范数、ℓ_∞-范数定义如下：

① ℓ_{F} 范数

$$\|\boldsymbol{A}\|_{\mathrm{F}}:=\left(\sum_{i,j}a_{ij}^2\right)^{\frac{1}{2}}=\left(\sum_i\sigma_i^2\right)^{\frac{1}{2}};$$

② 核范数

$$\|\boldsymbol{A}\|_*:=\sum_{i=1}^n\sigma_i;$$

③ ℓ_2-范数

$$\|\boldsymbol{A}\|_2:=\sup_{\boldsymbol{x}\neq 0}\frac{\|\boldsymbol{A}\boldsymbol{x}\|_2}{\|\boldsymbol{x}\|_2}=\max_{1\leqslant i\leqslant n}\sigma_i=\sqrt{\lambda_{\max}(\boldsymbol{A}^{\mathrm{T}}\boldsymbol{A})},$$

其为矩阵$\boldsymbol{A}$的最大奇异值；

④ ℓ_1-范数

$$\|\boldsymbol{A}\|_1 := \max_{1\leqslant j\leqslant n}\left\{\sum_{i=1}^{m}|a_{ij}|\right\}(\text{各列元素绝对值之和取最大});$$

⑤ ℓ_∞-范数

$$\|\boldsymbol{A}\|_\infty := \max_{1\leqslant i\leqslant m}\left\{\sum_{j=1}^{n}|a_{ij}|\right\}(\text{各行元素绝对值之和取最大});$$

(5) $\{\lambda_i\}_{i=1}^n$为n阶方阵$\boldsymbol{A}$的特征值，其谱半径为

$$\rho(A) := \max_{1\leqslant i\leqslant n}|\lambda_i|$$

(6) 以上定义的范数满足如下性质：$\|\boldsymbol{A}\|_* \geqslant \|\boldsymbol{A}\|_{\mathrm{F}} \geqslant \|\boldsymbol{A}\|_2 \geqslant \rho(\boldsymbol{A})$；

(7) 给定矩阵$\boldsymbol{A}$，有$\|\boldsymbol{Ax}\| \leqslant \|\boldsymbol{A}\|_2\|\boldsymbol{x}\|$；

(8) 矩阵形式柯西-施瓦茨不等式，即$\langle\boldsymbol{A},\boldsymbol{B}\rangle \leqslant \|\boldsymbol{A}\|_{\mathrm{F}}\cdot\|\boldsymbol{B}\|_{\mathrm{F}}$。

注意：许多矩阵范数都可以归纳为诱导范数的统一形式，给定矩阵$\boldsymbol{A}\in\mathbb{R}^{m\times n}$和两个范数$\|\cdot\|_a$、$\|\cdot\|_b$分别定义在$\mathbb{R}^n$和$\mathbb{R}^m$空间，诱导范数$\|\boldsymbol{A}\|_{a,b}$定义为

$$\|\boldsymbol{A}\|_{a,b} = \max_{\boldsymbol{x}}\left\{\|\boldsymbol{Ax}\|_b \;\middle|\; \|\boldsymbol{x}\|_a \leqslant 1\right\}$$

这一定义直接推导出对任意的$\boldsymbol{x}\in\mathbb{R}^n$，

$$\|\boldsymbol{Ax}\|_b \leqslant \|\boldsymbol{A}\|_{a,b}\|\boldsymbol{x}\|_a$$

我们称该矩阵范数为(a,b)-范数。当$a=b$时，通常只保留a-范数，即$\|\cdot\|_a$。例如，

- 如果$\|\cdot\|_a = \|\cdot\|_b = \|\cdot\|_2$，那么

$$\|\boldsymbol{A}\|_2 = \|\boldsymbol{A}\|_{2,2} = \sqrt{\lambda_{\max}(\boldsymbol{A}^{\mathrm{T}}\boldsymbol{A})} = \sigma_{\max}(\boldsymbol{A})$$

- 如果$\|\cdot\|_a = \|\cdot\|_b = \|\cdot\|_1$，那么

$$\|\boldsymbol{A}\|_1 = \|\boldsymbol{A}\|_{1,1} = \max_{j=1,2,\cdots,n}\sum_{i=1}^{m}|a_{ij}|$$

- 如果$\|\cdot\|_a = \|\cdot\|_b = \|\cdot\|_\infty$，那么

$$\|\boldsymbol{A}\|_\infty = \|\boldsymbol{A}\|_{\infty,\infty} = \max_{i=1,2,\cdots,m}\sum_{j=1}^{n}|a_{ij}|$$

□

定义 A.14 (函数基本性质[①])　给定函数$f:\mathbb{R}^n\to\mathbb{R}$，

① 在本书中，为了更加简洁地介绍相关知识，只考虑定义在$\mathbb{R}^n$空间上的函数，相关结论也可以推广到更广泛的空间，但在本书中不做延伸。

(1) 如果函数 f 是连续可微的，则该函数 f 在 $\boldsymbol{x}$ 点处的梯度定义为

$$\nabla f(\boldsymbol{x}) := \begin{pmatrix} \dfrac{\partial f(\boldsymbol{x})}{\partial x_1} \\ \dfrac{\partial f(\boldsymbol{x})}{\partial x_2} \\ \vdots \\ \dfrac{\partial f(\boldsymbol{x})}{\partial x_n} \end{pmatrix}$$

其中，$\dfrac{\partial f(\boldsymbol{x})}{\partial x_i} := \lim\limits_{t\to 0} \dfrac{f(\boldsymbol{x}+t\boldsymbol{e}_i) - f(\boldsymbol{x})}{t}$，$\boldsymbol{e}_i$ 为第 i 个元素为 1 的单位向量 $(0,\cdots,1,\cdots,0)^{\mathrm{T}}$；

(2) 如果函数 f 是二阶连续可微的，则该函数 f 在 $\boldsymbol{x}$ 点处的二阶梯度，即 Hessian 矩阵（Hessian matrix），定义为

$$\nabla^2 f(\boldsymbol{x}) := \left[\frac{\partial^2 f(\boldsymbol{x})}{\partial x_i \partial x_j}\right]_{n\times n}$$

(3) 如果函数 f 是二阶连续可微的，则该函数 f 在 $\boldsymbol{x}$ 点处的泰勒展开形式为

$$f(\boldsymbol{y}) = f(\boldsymbol{x}) + \nabla f(\boldsymbol{x})^{\mathrm{T}}(\boldsymbol{y}-\boldsymbol{x}) + \frac{1}{2}(\boldsymbol{y}-\boldsymbol{x})^{\mathrm{T}}\nabla^2 f(\boldsymbol{x})(\boldsymbol{y}-\boldsymbol{x}) + o\left(\|\boldsymbol{y}-\boldsymbol{x}\|^2\right)$$

其中，最后一项 $o\left(\|\boldsymbol{y}-\boldsymbol{x}\|^2\right)$ 为高阶无穷小项；

(4) 对于一个向量值连续可微函数 $f = (f_1, f_2, \cdots, f_k) : \mathbb{R}^n \to \mathbb{R}^k$，其雅可比矩阵（Jocobi matrix）定义为

$$\nabla f(\boldsymbol{x}) := [\nabla f_1(\boldsymbol{x}), \nabla f_2(\boldsymbol{x}), \cdots, \nabla f_k(\boldsymbol{x})]$$

(5) 对于连续可微映射（或向量函数）$f : \mathbb{R}^n \to \mathbb{R}^m$ 和连续可微函数 $g : \mathbb{R}^m \to \mathbb{R}$，且函数 h 定义为 $h(\boldsymbol{x}) := g(f(\boldsymbol{x})) : \mathbb{R}^n \to \mathbb{R}$，那么有

$$\nabla h(\boldsymbol{x}) = \nabla f(\boldsymbol{x})^{\mathrm{T}} \nabla g(f(\boldsymbol{x}))$$

需要特别注意的是，$\nabla f(\boldsymbol{A}\boldsymbol{x}) = \boldsymbol{A}^{\mathrm{T}}\nabla f(\boldsymbol{A}\boldsymbol{x})$，$\nabla^2(f(\boldsymbol{A}\boldsymbol{x})) = \boldsymbol{A}^{\mathrm{T}}\nabla^2 f(\boldsymbol{A}\boldsymbol{x})\boldsymbol{A}$；

(6) 对于向量 $\boldsymbol{a} \in \mathbb{R}^n$、$\boldsymbol{b} \in \mathbb{R}^n$、$\boldsymbol{c} \in \mathbb{R}^n$、$\boldsymbol{d} \in \mathbb{R}^n$，有如下基本性质

$$(\boldsymbol{a}-\boldsymbol{b})^{\mathrm{T}}(\boldsymbol{c}-\boldsymbol{d}) = \frac{1}{2}\left(\|\boldsymbol{a}-\boldsymbol{d}\|^2 - \|\boldsymbol{a}-\boldsymbol{c}\|^2\right) + \frac{1}{2}\left(\|\boldsymbol{c}-\boldsymbol{b}\|^2 - \|\boldsymbol{d}-\boldsymbol{b}\|^2\right)$$

定义 A.15 (指示函数) 给定非空集合 $\mathcal{C} \subseteq \mathbb{R}^n$，定义在该集合上的指示函数 $f(\boldsymbol{x}) = \delta_{\mathcal{C}}(\boldsymbol{x})$ 为

$$f(\boldsymbol{x}) = \delta_{\mathcal{C}}(\boldsymbol{x}) = \begin{cases} 0, & \boldsymbol{x} \in \mathcal{C} \\ +\infty, & \boldsymbol{x} \notin \mathcal{C} \end{cases}$$

定义 A.16 [适当函数（proper function）] 给定函数 $f : \mathbb{R}^n \to \mathbb{R} \cup \{+\infty\}$，如果该函数不会取到 $-\infty$ 且存在至少一个 $\boldsymbol{x} \in \mathbb{R}^n$ 满足 $f(\boldsymbol{x}) < \infty$（意味着 $\mathrm{dom}(f)$ 不是空集），

那么称该函数为适当的（proper）。

定义 A.17 [闭函数（closed function）] 给定函数 $f:\mathbb{R}^n \to \mathbb{R}$，如果该函数的上图（epigraph）集合是一个闭集，那么称该函数为闭的（closed）。其中上图集合定义为

$$\text{epi}(f) := \{(\boldsymbol{x}, y)) \mid f(\boldsymbol{x}) \leqslant y,\ \boldsymbol{x} \in \text{dom}(f)\}$$

注意，上图集合是 $\mathbb{R}^n \times \mathbb{R}$ 集合的一个子集，且如果 $(\boldsymbol{x}, y) \in \text{epi}(f)$，那么 $\boldsymbol{x} \in \text{dom}(f)$。

一个函数 f 的适当性和闭性，都是该函数的基本性质，在算法设计和分析中起重要作用。

性质 A.1 定义在集合 $\mathcal{C}$ 上的指示函数 $\delta_{\mathcal{C}}$ 是闭的当且仅当该集合 $\mathcal{C}$ 是一个闭集。

证明. 根据指示函数的定义以及上图的定义，指示函数 $\delta_{\mathcal{C}}$ 的上图为

$$\text{epi}(\delta_{\mathcal{C}}) := \{(\boldsymbol{x}, y) \in \mathbb{R}^n \times \mathbb{R} \mid \delta_{\mathcal{C}}(\boldsymbol{x}) \leqslant y\} = \mathcal{C} \times \mathbb{R}_+$$

因此该上图集合 epi($\mathcal{C}$) 的闭性等价于集合 $\mathcal{C}$ 的闭性，从而得到该性质的结论。 □

A.2 凸集与凸函数

定义 A.18 (凸集) 给定集合 $\mathcal{C}$，对于集合中的任意两点 $x, y \in \mathcal{C}$，如果连接两点的线段同时被包含在该集合 $\mathcal{C}$ 中，即满足

$$x \in \mathcal{C}, y \in \mathcal{C}, 0 \leqslant \theta \leqslant 1 \quad \Rightarrow \quad \theta x + (1-\theta) y \in \mathcal{C}$$

那么该集合 $\mathcal{C}$ 为一个凸集。

例 A.2.1 下面介绍几个典型的凸集例子。

① 超平面：$\{\boldsymbol{x} \mid \boldsymbol{a}^{\mathrm{T}}\boldsymbol{x} = \boldsymbol{b}\}$（$\boldsymbol{a} \neq \boldsymbol{0}$）；

② 半空间：$\{\boldsymbol{x} \mid \boldsymbol{a}^{\mathrm{T}}\boldsymbol{x} \leqslant \boldsymbol{b}\}$（$\boldsymbol{a} \neq \boldsymbol{0}$）；

③ 椭球：$\{\boldsymbol{x} \mid (\boldsymbol{x} - \boldsymbol{x}_c)^{\mathrm{T}}\boldsymbol{P}^{-1}(\boldsymbol{x} - \boldsymbol{x}_c) \leqslant 1\}$（$\boldsymbol{P} \succ 0$ 为正定矩阵）。进一步地，若 $\boldsymbol{P}$ 为单位矩阵，则称之为欧几里得球；

④ 范数球：$\{\boldsymbol{x} \mid \|\boldsymbol{x} - \boldsymbol{x}_c\| \leqslant r\}$；范数锥：$\{(\boldsymbol{x}, t) \mid \|\boldsymbol{x}\| \leqslant t\}$；

⑤ 多面体：$\{\boldsymbol{x} \mid \boldsymbol{A}\boldsymbol{x} \leqslant \boldsymbol{b}, \boldsymbol{C}\boldsymbol{x} = \boldsymbol{d}, \boldsymbol{A} \in \mathbb{R}^{m \times n}, \boldsymbol{b} \in \mathbb{R}^m, \boldsymbol{C} \in \mathbb{R}^{p \times n}, \boldsymbol{d} \in \mathbb{R}^p\}$。值得注意的是，多面体可以看作一系列超平面和半空间的交集。

验证一个集合 $\mathcal{C}$ 为凸集的方法如下：

(1) 定义验证：假设 $\boldsymbol{x}_1, \boldsymbol{x}_2 \in \mathcal{C}$ 且 $0 \leqslant \theta \leqslant 1$，通过验证线性凸组合 $\theta\boldsymbol{x}_1 + (1-\theta)\boldsymbol{x}_2$ 是否属于集合 $\mathcal{C}$ 来进行判断；

(2) 验证集合 $\mathcal{C}$ 是否由一系列已知凸集通过保凸运算得到，如交集、线性（仿射）变换等。

例 A.2.2 如果函数 $f:\mathbb{R}^m \to \mathbb{R}^n$ 是一个基于矩阵 $\boldsymbol{A}\in\mathbb{R}^{m\times n}$ 和向量 $\boldsymbol{b}\in\mathbb{R}^n$ 的仿射函数，即

$$f(\boldsymbol{x})=\boldsymbol{A}\boldsymbol{x}+\boldsymbol{b}$$

那么有

① 一个凸集 $\mathcal{C}$ 在映射 f 下的像集合 $f(\mathcal{C})$ 为凸集；

② 一个凸集 $\hat{\mathcal{C}}$ 在映射 f 下的原像集合 $f^{-1}(\hat{\mathcal{C}})$ 为凸集。

证明. ① 假设 $\boldsymbol{y}_1,\boldsymbol{y}_2\in f(\mathcal{C})$，那么存在 $\boldsymbol{x}_1,\boldsymbol{x}_2\in\mathcal{C}$ 使得 $f(\boldsymbol{x}_1)=\boldsymbol{y}_1$ 和 $f(\boldsymbol{x}_2)=\boldsymbol{y}_2$。

定义 $\hat{\boldsymbol{x}}=\theta\boldsymbol{x}_1+(1-\theta)\boldsymbol{x}_2$，其中 $\theta\in[0,1]$，那么

$$\begin{aligned}f(\hat{\boldsymbol{x}})=f(\theta\boldsymbol{x}_1+(1-\theta)\boldsymbol{x}_2)&=\theta(\boldsymbol{A}\boldsymbol{x}_1+\boldsymbol{b})+(1-\theta)(\boldsymbol{A}\boldsymbol{x}_2+\boldsymbol{b})\\&=\theta f(\boldsymbol{x}_1)+(1-\theta)f(\boldsymbol{x}_2)\\&=\theta\boldsymbol{y}_1+(1-\theta)\boldsymbol{y}_2\end{aligned}$$

从而说明 $\theta\boldsymbol{y}_1+(1-\theta)\boldsymbol{y}_2\in f(\mathcal{C})$，即 $f(\mathcal{C})$ 是凸集；

② 假设 $\boldsymbol{x}_1,\boldsymbol{x}_2\in f^{-1}(\hat{\mathcal{C}})$，即

$$f(\boldsymbol{x}_1)\in\hat{\mathcal{C}},\quad f(\boldsymbol{x}_2)\in\hat{\mathcal{C}}$$

那么可以知道

$$f(\theta\boldsymbol{x}_1+(1-\theta)\boldsymbol{x}_2)=\theta f(\boldsymbol{x}_1)+(1-\theta)f(\boldsymbol{x}_2)\in\hat{\mathcal{C}}$$

这也就说明 $\theta\boldsymbol{x}_1+(1-\theta)\boldsymbol{x}_2\in f^{-1}(\hat{\mathcal{C}})$，所以 $f^{-1}(\hat{\mathcal{C}})$ 为凸集。

□

例 A.2.3 证明下面定义的集合

$$\mathcal{S}:=\left\{\boldsymbol{x}\in\mathbb{R}^m\ \middle|\ |p(t)|\leqslant 1,|t|\leqslant\frac{\pi}{3}\right\}$$

是一个凸集，其中函数 $p(t)$ 定义为

$$p(t):=x_1\cos(t)+x_2\cos(2t)+\cdots+x_m\cos(mt)$$

证明. 该集合 $\mathcal{S}$ 可以表示为无穷多个集合的交集，即

$$\mathcal{S}=\cap_{|t|\leqslant\frac{\pi}{3}}\{\mathcal{S}_t\}$$

其中

$$\mathcal{S}_t=\left\{\boldsymbol{x}\ \middle|\ -1\leqslant(\cos(t),\cos(2t),\cdots,\cos(mt))^{\mathrm{T}}\boldsymbol{x}\leqslant 1\right\}$$

每个集合 $\mathcal{S}_t$ 都是凸集，所以作为交集，集合 $\mathcal{S}$ 也是凸集。 □

下面从凸集的定义和分析延伸到凸函数的定义。凸函数与凸集构成了凸优化问题的最基本要素。

定义 A.19 (凸函数与严格凸函数) 已知函数 $f:\mathbb{R}^n\to\mathbb{R}$ 为 $\mathbb{R}^n$ 空间上的函数，如果 $\mathrm{dom}(f)$ 为凸集且满足对任意的 $\boldsymbol{x},\boldsymbol{y}\in\mathrm{dom}(f)$, $0\leqslant\theta\leqslant 1$，有

$$f(\theta\boldsymbol{x}+(1-\theta)\boldsymbol{y})\leqslant\theta f(\boldsymbol{x})+(1-\theta)f(\boldsymbol{y}) \tag{A.1}$$

则该函数 f 是一个凸函数（convex function）。特别地，如果 $-f$ 是凸函数，则该函数 f 称为凹函数。如果 $\mathrm{dom}(f)$ 是凸集，且满足对任意的 $\boldsymbol{x},\boldsymbol{y}\in\mathrm{dom}(f)$，$\boldsymbol{x}\neq\boldsymbol{y}$，$0<\theta<1$，有

$$f(\theta\boldsymbol{x}+(1-\theta)\boldsymbol{y})<\theta f(\boldsymbol{x})+(1-\theta)f(\boldsymbol{y})$$

则该函数 f 为严格凸函数（strictly convex function）。

例 A.2.4 假设有一元函数 $f:\mathbb{R}\to\mathbb{R}$，则以下均为凸函数。

① 线性（仿射）函数：$f(x)=ax+b, \forall a,b\in\mathbb{R}$；

② 指数函数：$f(x)=e^{ax}, \forall a\in\mathbb{R}$；

③ 负熵函数：$f(x)=x\log x, x\in\mathbb{R}_{++}$；

④ 幂函数：$f(x)=x^{\alpha}, x\in\mathbb{R}_{++}$，其中 $\alpha\geqslant 1$ 或 $\alpha\leqslant 0$。

同时给出一些简单的凹函数，

① 线性（仿射）函数：$f(x)=ax+b, \forall a,b\in\mathbb{R}$；

② 幂函数：$f(x)=x^{\alpha}, x\in\mathbb{R}_{++}, \forall 0\leqslant\alpha\leqslant 1$；

③ log 函数：$f(x)=\log x, x\in\mathbb{R}_{++}$。

例 A.2.5 进一步考虑定义在 $\mathbb{R}^n$ 空间上的函数 $f(x):\mathbb{R}^n\to\mathbb{R}$，

① 线性（仿射）函数：

$$f(\boldsymbol{x})=\boldsymbol{a}^{\mathrm{T}}\boldsymbol{x}+\boldsymbol{b}, \forall\boldsymbol{a}\in\mathbb{R}^n,\boldsymbol{b}\in\mathbb{R}$$

该函数既是凸函数又是凹函数；

② 范数函数（对应的范数具有完备的范数定义），即

$$f(\boldsymbol{x})=\|\boldsymbol{x}\|_p=(\sum_{i=1}^{n}|x_i|^p)^{\frac{1}{p}}, p\geqslant 1$$

该函数为凸函数。

例 A.2.6 进一步考虑定义在 $\mathbb{R}^{m\times n}$ 空间上的函数 $f(\boldsymbol{X}):\mathbb{R}^{m\times n}\to\mathbb{R}$，

① 线性（仿射）函数，即

$$f(\boldsymbol{X})=\mathrm{trace}(\boldsymbol{A}^{\mathrm{T}}\boldsymbol{X})+b=\sum_{i=1}^{m}\sum_{j=1}^{n}a_{ij}x_{ij}+b$$

该函数为凸函数；

② ℓ_2-范数（最大奇异值）函数，即

$$f(\boldsymbol{X})=\|\boldsymbol{X}\|_2=\sigma_{\max}(\boldsymbol{X})=\sqrt{\lambda_{\max}(\boldsymbol{X}^{\mathrm{T}}\boldsymbol{X})}$$

该函数为凸函数。

性质 A.2 函数 $f:\mathbb{R}^n\to\mathbb{R}$ 是凸函数，当且仅当基于函数 f 定义的函数 $g:\mathbb{R}\to\mathbb{R}$

$$g(t)=f(\boldsymbol{x}+t\boldsymbol{v}),\ \mathrm{dom}(g)=\left\{t\ \middle|\ \boldsymbol{x}+t\boldsymbol{v}\in\mathrm{dom}(f)\right\}$$

对于任意的 $\boldsymbol{x}\in\mathrm{dom}(f)$、$\boldsymbol{v}\in\mathbb{R}^n$ 关于变量 t 是凸函数。

例 A.2.7 对于函数 $f:\mathbb{S}^n\to\mathbb{R}$，即

$$f(\boldsymbol{X})=\log\det(\boldsymbol{X}),\quad \mathrm{dom}(f)=\mathbb{S}^n_{++}$$

根据性质A.2，定义函数 $g:\mathbb{R}\to\mathbb{R}$，

$$\begin{aligned}g(t)=\log\det(\boldsymbol{X}+t\boldsymbol{V})&=\log\det\left[\boldsymbol{X}\left(\boldsymbol{I}+t\boldsymbol{X}^{-\frac{1}{2}}\boldsymbol{V}\boldsymbol{X}^{-\frac{1}{2}}\right)\right]\\&=\log\det(\boldsymbol{X})+\log\det\left(\boldsymbol{I}+t\boldsymbol{X}^{-\frac{1}{2}}\boldsymbol{V}\boldsymbol{X}^{-\frac{1}{2}}\right)\\&=\log\det(\boldsymbol{X})+\log\left(\prod_{i=1}^{n}(1+t\hat{\lambda}_i)\right)\\&=\log\det(\boldsymbol{X})+\sum_{i=1}^{n}\log\left(1+t\hat{\lambda}_i\right)\end{aligned}$$

其中，$\left\{\hat{\lambda}_i\right\}_{i=1}^{n}$ 为矩阵 $\boldsymbol{X}^{-\frac{1}{2}}\boldsymbol{V}\boldsymbol{X}^{-\frac{1}{2}}$ 的特征值。显然，函数 $g(t)$ 对任意的 $\boldsymbol{X}\succ 0$、$\boldsymbol{V}$ 关于 t 是凹函数，所以函数 $f(\boldsymbol{X})$ 也是凹函数。

注意，在前面的凸函数的定义及性质中，我们没有要求凸函数是可微的，但是如果进一步赋予凸函数某些光滑性质（如可微、连续可微、二次连续可微等），则可以获得更多有趣的性质。下面给出一些具体的性质介绍。

性质 A.3 凸函数的等价条件可以总结为：

- 一阶等价条件。如果函数 $f:\mathbb{R}^n\to\mathbb{R}$ 是连续可微的，其梯度为 $\nabla f(\boldsymbol{x})$，则该函数 f 是凸函数，当且仅当

$$f(\boldsymbol{y})\geqslant f(\boldsymbol{x})+\nabla f(\boldsymbol{x})^{\mathrm{T}}(\boldsymbol{y}-\boldsymbol{x}),\quad \forall\boldsymbol{x},\boldsymbol{y}\in\mathrm{dom}(f)$$

- 二阶等价条件。如果函数 $f:\mathbb{R}^n\to\mathbb{R}$ 是二阶连续可微的，其Hessian矩阵为 $\nabla^2 f(\boldsymbol{x})$，则该函数 f 是凸函数，当且仅当

$$\nabla^2 f(\boldsymbol{x})\succeq 0,\quad \forall\boldsymbol{x}\in\mathrm{dom}(f)$$

  进一步地，如果 $\nabla^2 f(\boldsymbol{x})\succ 0,\ \forall\boldsymbol{x}\in\mathrm{dom}(f)$，则该函数 f 是严格凸函数。

结合凸函数的定义以及上述性质，可以通过图A.1直观观察一个一维凸函数 $f(x)$ 的几何性质。明显的，红色线段为函数值 $f(x)$ 和 $f(y)$ 的线性凸组合，也即为凸函数定义中不等式(A.1)的右边部分，而两个点 x 和 y 的线性凸组合所对应的目标函数值必然在红色线段下方，也就直接验证了定义中的不等式(A.1)。另外，浅色直线表示函数 f 在点

$(x, f(x))$ 的切线，也即为上述一阶等价条件中不等式的右边部分，其与函数曲线的关系也就直接验证了一阶等价条件中的不等式。

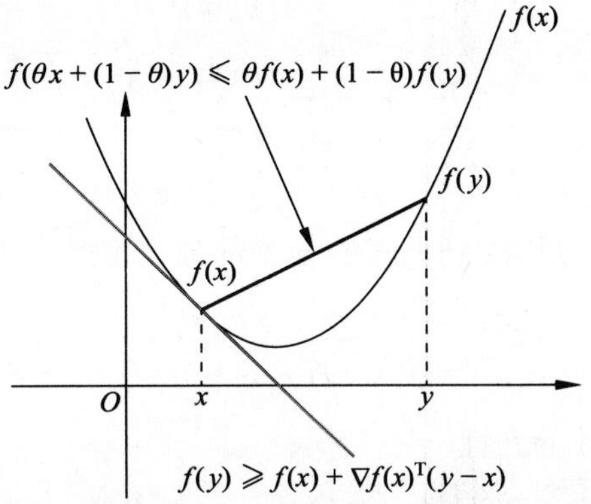

图 A.1 一维凸函数 $f(x)$ 的定义及一阶等价条件的几何意义

例 A.2.8 下面通过两个例子来进一步理解上述等价条件，并利用等价条件来判断函数的凸性。

① 最小二乘函数 $f(\boldsymbol{x}) = \|\boldsymbol{A}\boldsymbol{x} - \boldsymbol{b}\|^2$，其一阶梯度和二阶 Hessian 矩阵分别为

$$\nabla f(\boldsymbol{x}) = 2\boldsymbol{A}^{\mathrm{T}}(\boldsymbol{A}\boldsymbol{x} - \boldsymbol{b}), \quad \nabla^2 f(\boldsymbol{x}) = 2\boldsymbol{A}^{\mathrm{T}}\boldsymbol{A}$$

此时 $\nabla^2 f(\boldsymbol{x}) \succeq 0$，因此最小二乘函数 $f(\boldsymbol{x})$ 为凸函数；

② 二次比线性函数（Quadratic-over-linear function）：

$$f(x, y) = \frac{x^2}{y},\ (x, y) \in \mathbb{R} \times \mathbb{R}_{++} = \left\{(x, y) \in \mathbb{R}^2 \mid y > 0\right\}$$ [①]

此时该函数的二阶 Hessian 矩阵为

$$\nabla^2 f(x, y) = \frac{2}{y^3}\begin{bmatrix} y \\ -x \end{bmatrix}\begin{bmatrix} y \\ -x \end{bmatrix}^{\mathrm{T}} \succeq 0$$

因此该函数 $f(x, y)$ 是凸函数。

例 A.2.9 Log-sum-exp 函数，即

$$f(\boldsymbol{x}) = \log\left(\sum_{i=1}^{n} \exp(x_i)\right)$$

是凸函数。

证明. 首先计算该函数的 Hessian 矩阵，可以有

$$\nabla^2 f(\boldsymbol{x}) = \frac{1}{\boldsymbol{1}^{\mathrm{T}}\boldsymbol{x}}\operatorname{diag}(\boldsymbol{x}) - \frac{1}{(\boldsymbol{1}^{\mathrm{T}}\boldsymbol{x})^2}\boldsymbol{x}\boldsymbol{x}^{\mathrm{T}}$$

其中，$\operatorname{diag}(\boldsymbol{x})$ 表示以向量 $\boldsymbol{x}$ 为对角线的 n 阶方阵。

① 思考：为什么需要限制定义域？

给定任意的$\boldsymbol{v}\in\mathbb{R}^n$，有

$$\boldsymbol{v}^{\mathrm{T}}\nabla^2 f(\boldsymbol{x})\boldsymbol{v}=\frac{\boldsymbol{v}^{\mathrm{T}}\mathrm{diag}(\boldsymbol{x})\boldsymbol{v}\cdot(\mathbf{1}^{\mathrm{T}}\boldsymbol{x})-\boldsymbol{v}^{\mathrm{T}}(\boldsymbol{x}\boldsymbol{x}^{\mathrm{T}})\boldsymbol{v}}{(\mathbf{1}^{\mathrm{T}}\boldsymbol{x})^2}$$

$$=\frac{\left(\sum_{i=1}^{n}x_iv_i^2\right)\cdot\left(\sum_{i=1}^{n}x_i\right)-\left(\sum_{i=1}^{n}x_iv_i\right)^2}{(\mathbf{1}^{\mathrm{T}}\boldsymbol{x})^2}$$

根据柯西-施瓦茨不等式，可以得到上式的分子部分一定是大于0的，所以对任意的$\boldsymbol{v}\in\mathbb{R}^n$，有

$$\boldsymbol{v}^{\mathrm{T}}\nabla^2 f(\boldsymbol{x})\boldsymbol{v}\geqslant 0$$

从而得到Log-sum-exp函数的凸性。 □

除了凸函数的等价定义，下面进一步给出一系列分析，详细讨论保凸变换。

性质 A.4 如果函数$f(\boldsymbol{x}):\mathbb{R}^n\to\mathbb{R}$可以表示为两个函数$g:\mathbb{R}^n\to\mathbb{R}^k$和$h:\mathbb{R}^k\to\mathbb{R}$的复合，即

$$f(\boldsymbol{x})=h\circ g=h(g(\boldsymbol{x}))=h\left(g_1(\boldsymbol{x}),g_2(\boldsymbol{x}),\cdots,g_k(\boldsymbol{x})\right)$$

其中，$\mathrm{dom}(f)=\left\{\boldsymbol{x}\in\mathrm{dom}(g)\;\middle|\;g(\boldsymbol{x})\in\mathrm{dom}(h)\right\}$，那么如果下面任一条件成立则$f$为凸函数：

① 对所有的$i=1,2,\cdots,k$，函数$\{g_i\}$均为凸函数，函数h是凸函数且为单调非下降函数（指函数h关于每一个分量都是单调非下降的）；

② 对所有的$i=1,2,\cdots,k$，函数$\{g_i\}$均为凹函数，函数h是凸函数且为单调非上升函数（类似地，指函数h关于每一个分量都是单调非上升的）。

注意：证明函数f的凸性，可以考虑验证函数f的Hessian矩阵$\nabla^2 f$的半正定性质。

例 A.2.10 根据性质A.4证明如下结论成立：

- 如果函数$g:\mathbb{R}^n\to\mathbb{R}$是凸函数，那么$\exp\left(g(\boldsymbol{x})\right)$是凸函数；

  证明. 函数$\exp(t)$为凸函数，g为凸函数，且$\exp(t)$为单调非下降函数。根据性质A.4中的①可知，函数$\exp\left(g(\boldsymbol{x})\right)$是凸函数。 □

- 如果函数$g:\mathbb{R}^n\to\mathbb{R}$是凹函数且$g(\boldsymbol{x})>0$，那么函数$\dfrac{1}{g(\boldsymbol{x})}$是凸函数；

  证明. 函数$\dfrac{1}{t}$关于$t>0$是凸函数，且为单调非上升函数，函数g为凹函数，根据性质A.4中的②可知，函数$\dfrac{1}{g(\boldsymbol{x})}$是凸函数。 □

- 如果函数$g_i:\mathbb{R}^n\to\mathbb{R}$都是凹的且$g_i(\boldsymbol{x})>0$，那么函数$\sum_{i=1}^{m}\log\left(g_i(\boldsymbol{x})\right)$是凹函数；

  证明. 函数$\sum_{i=1}^{m}\log(t_i)$是关于$t_i>0$的凹函数，且为单调非下降函数，函数g_i为凹函数，根据性质A.4中的②可知，函数$\sum_{i=1}^{m}\log\left(g_i(\boldsymbol{x})\right)$是凹函数。 □

- 如果函数 $g_i:\mathbb{R}^n\to\mathbb{R}$ 都是凸的，那么函数 $\log\left(\sum_{i=1}^{m}\exp\left(g_i(\boldsymbol{x})\right)\right)$ 是凸函数。

证明. 函数 $\log\left(\sum_{i=1}^{m}\exp(t_i)\right)$ 是关于 t_i 的凸函数（见例A.2.9），且为单调非下降函数（梯度非负），函数 g_i 为凸函数，根据性质A.4中的①可知，函数 $\log\left(\sum_{i=1}^{m}\exp\left(g_i(\boldsymbol{x})\right)\right)$ 是凸函数。 □

性质 A.5 ① 如果函数 $f_1,f_2,\cdots,f_m$ 都是凸函数，那么函数

$$f(\boldsymbol{x})=\max\{f_1(\boldsymbol{x}),f_2(\boldsymbol{x}),\cdots,f_m(\boldsymbol{x})\}$$

也是凸函数。

- 分段线性函数：$f(\boldsymbol{x})=\max_{i=1,2,\cdots,m}\left(\boldsymbol{a}_i^{\mathrm{T}}\boldsymbol{x}+b_i\right)$ 是凸函数；
- 向量 $\boldsymbol{x}\in\mathbb{R}^n$ 最大 r 个分量求和：

$$f(\boldsymbol{x})=x_{[1]}+x_{[2]}+\cdots+x_{[r]}$$

是凸函数，其中，$x_{[i]}$ 是指向量 $\boldsymbol{x}$ 的第 i 大的分量。函数 f 可以表示为

$$f(\boldsymbol{x})=\max\left\{\boldsymbol{x}_{i_1}+\boldsymbol{x}_{i_2}+\cdots+\boldsymbol{x}_{i_r}\;\middle|\;1\leqslant i_1<\cdots<i_r\leqslant n\right\}$$

② 若函数 $f(\boldsymbol{x},\boldsymbol{y})$ 对任意给定的 $\boldsymbol{y}\in\mathcal{A}$ 关于 $\boldsymbol{x}$ 是凸函数，则

$$g(\boldsymbol{x}):=\sup_{\boldsymbol{y}\in\mathcal{A}}f(\boldsymbol{x},\boldsymbol{y})$$

是凸函数。

- 给定集合 $\mathcal{C}$ 上的支撑函数是凸函数（不管集合 $\mathcal{C}$ 是否为凸集），即

$$S_{\mathcal{C}}(\boldsymbol{x})=\sup_{\boldsymbol{y}\in\mathcal{C}}\boldsymbol{y}^{\mathrm{T}}\boldsymbol{x}$$

- 给定 $\boldsymbol{x}\in\mathbb{R}^n$，集合 $\mathcal{C}$ 中到 $\boldsymbol{x}$ 的最远距离函数：

$$f(\boldsymbol{x})=\sup_{\boldsymbol{y}\in\mathcal{C}}\|\boldsymbol{x}-\boldsymbol{y}\|$$

- 对称矩阵的最大特征值函数：对任意的对称矩阵 $\boldsymbol{X}\in\mathbb{S}^n$，

$$\lambda_{\max}(\boldsymbol{X}):=\sup_{\|\boldsymbol{y}\|_2=1}\boldsymbol{y}^{\mathrm{T}}\boldsymbol{X}\boldsymbol{y}$$

③ 若函数 $f(\boldsymbol{x},\boldsymbol{y})$ 关于 $(\boldsymbol{x},\boldsymbol{y})$ 是凸函数且给定凸集 $\mathcal{C}$，那么

$$g(\boldsymbol{x}):=\inf_{\boldsymbol{y}\in\mathcal{C}}f(\boldsymbol{x},\boldsymbol{y})$$

是凸函数。

- 给定函数 $f(\boldsymbol{x},\boldsymbol{y})=\boldsymbol{x}^{\mathrm{T}}\boldsymbol{A}\boldsymbol{x}+2\boldsymbol{x}^{\mathrm{T}}\boldsymbol{B}\boldsymbol{y}+\boldsymbol{y}^{\mathrm{T}}\boldsymbol{C}\boldsymbol{y}$，其中，矩阵

$$\begin{bmatrix}\boldsymbol{A}&\boldsymbol{B}\\\boldsymbol{B}^{\mathrm{T}}&\boldsymbol{C}\end{bmatrix}\succeq 0$$

且$C \succ 0$，定义函数g为

$$g(\boldsymbol{x}) = \inf_{\boldsymbol{y}} f(\boldsymbol{x}, \boldsymbol{y}) = \boldsymbol{x}^{\mathrm{T}}(\boldsymbol{A} - \boldsymbol{B}\boldsymbol{C}^{-1}\boldsymbol{B}^{\mathrm{T}})\boldsymbol{x}$$

该函数g为凸函数（同步可以通过矩阵$\boldsymbol{A} - \boldsymbol{B}\boldsymbol{C}^{-1}\boldsymbol{B}^{\mathrm{T}} \succeq 0$的半正定性得到函数$g$的凸性）；

- 给定向量$\boldsymbol{x} \in \mathbb{R}^n$，其到集合$\mathcal{C}$的距离函数为

$$\operatorname{dist}(\boldsymbol{x}, \mathcal{C}) := \inf_{\boldsymbol{y} \in \mathcal{C}} \|\boldsymbol{x} - \boldsymbol{y}\|$$

该函数$\operatorname{dist}(\cdot, \mathcal{C})$的凸性在集合$\mathcal{C}$为凸集时得到。

A.3 次梯度与次微分

定义 A.20 凸函数$f: \mathbb{R}^n \to \mathbb{R}$是一个适当的（proper）函数且对于$\boldsymbol{x} \in \operatorname{dom}(f)$，如果向量$\boldsymbol{g} \in \mathbb{R}^n$满足

$$f(\boldsymbol{y}) \geqslant f(\boldsymbol{x}) + \langle \boldsymbol{g}, \boldsymbol{y} - \boldsymbol{x} \rangle,\ \forall \boldsymbol{y} \in \operatorname{dom}(f)$$

则称$\boldsymbol{g}$为函数f在$\boldsymbol{x}$处的一个次梯度（sub-gradient）。给定$\boldsymbol{x} \in \operatorname{dom}(f)$，可能存在不止一个次梯度$\boldsymbol{g}$。

定义 A.21 凸函数$f: \mathbb{R}^n \to \mathbb{R}$在$\boldsymbol{x} \in \operatorname{dom}(f)$的所有次梯度的集合称为函数$f$在$\boldsymbol{x}$的次微分（sub-differential），记为$\partial f(\boldsymbol{x})$：

$$\partial f(\boldsymbol{x}) := \left\{ \boldsymbol{g} \in \mathbb{R}^n \mid f(\boldsymbol{y}) \geqslant f(\boldsymbol{x}) + \langle \boldsymbol{g}, \boldsymbol{y} - \boldsymbol{x} \rangle,\ \forall \boldsymbol{y} \in \operatorname{dom}(f) \right\}$$

如果$\boldsymbol{x} \notin \operatorname{dom}(f)$，则定义$\partial f(\boldsymbol{x}) = \varnothing$。

例 A.3.1 (范数函数在0的次微分) 给定范数函数$f: \mathbb{R}^n \to \mathbb{R}$为$f(\boldsymbol{x}) = \|\boldsymbol{x}\|$，该函数在$\boldsymbol{0}$的次梯度$\boldsymbol{g} \in \partial(f(\boldsymbol{0}))$当且仅当满足对任意的$\boldsymbol{y} \in \mathbb{R}^n$，

$$f(\boldsymbol{y}) \geqslant f(\boldsymbol{0}) + \langle \boldsymbol{g}, \boldsymbol{y} - \boldsymbol{0} \rangle$$

等价于对任意的$\boldsymbol{y} \in \mathbb{R}^n$，

$$\|\boldsymbol{y}\| \geqslant \langle \boldsymbol{g}, \boldsymbol{y} \rangle \tag{A.2}$$

根据柯西-施瓦茨不等式，如果$\|\boldsymbol{g}\|_* \leqslant 1$对$\boldsymbol{y} \in \mathbb{R}^n$有

$$\langle \boldsymbol{g}, \boldsymbol{y} \rangle \leqslant \|\boldsymbol{g}\|_* \|\boldsymbol{y}\| \leqslant \|\boldsymbol{y}\|$$

即为式(A.2)。下面考虑相反的方向，如果式(A.2)成立，对其不等式两边都取关于$\|\boldsymbol{y}\| \leqslant 1$的最大值，再结合对偶范数的定义得到

$$\|\boldsymbol{g}\|_* = \max_{\|\boldsymbol{y}\| \leqslant 1} \langle \boldsymbol{g}, \boldsymbol{y} \rangle \leqslant \max_{\|\boldsymbol{y}\| \leqslant 1} \|\boldsymbol{y}\| = 1$$

从而可以得到式(A.2)等价于$\|\boldsymbol{g}\|_* \leqslant 1$。因此，范数函数在$\mathbf{0}$的次微分集合即

$$\partial f(\mathbf{0}) = B_{\|\cdot\|_*}[\mathbf{0}, \mathbf{1}] = \left\{ \boldsymbol{g} \in \mathbb{R}^n \;\middle|\; \|\boldsymbol{g}\|_* \leqslant 1 \right\}$$

考虑特殊的ℓ_1范数函数$f(\boldsymbol{x}) = \|\boldsymbol{x}\|_1$，其在$\mathbf{0}$的次微分为

$$\partial f(\mathbf{0}) = B_{\|\cdot\|_\infty}[\mathbf{0}, \mathbf{1}] = [-1, 1]^n$$

其中，$\|\cdot\|_\infty$为$\|\cdot\|_1$的对偶范数。再特殊一点，如果$n = 1$，那么$f(x) = |x|$，有

$$\partial f(0) = [-1, 1]$$

例 A.3.2 对于凸集$\mathcal{C}$上定义的指示函数$f(\boldsymbol{x}) = \delta_{\mathcal{C}}$，对于任意$\boldsymbol{x} \in \mathcal{C}$，且对于$\boldsymbol{y} \in \partial\delta_{\mathcal{C}}(\boldsymbol{x})$，当且仅当对任意的$\boldsymbol{z} \in \mathcal{C}$，有

$$\delta_{\mathcal{C}}(\boldsymbol{z}) \geqslant \delta_{\mathcal{C}}(\boldsymbol{x}) + \langle \boldsymbol{y}, \boldsymbol{z} - \boldsymbol{x} \rangle$$

等价于对任意的$\boldsymbol{z} \in \mathcal{C}$，有

$$\langle \boldsymbol{y}, \boldsymbol{z} - \boldsymbol{x} \rangle \leqslant 0$$

所以该指示函数的次微分为

$$\partial\delta_{\mathcal{C}}(\boldsymbol{x}) = \mathcal{N}_{\mathcal{C}}(\boldsymbol{x}) = \left\{ \boldsymbol{y} \;\middle|\; \langle \boldsymbol{y}, \boldsymbol{z} - \boldsymbol{x} \rangle \leqslant 0,\ \forall \boldsymbol{z} \in \mathcal{C} \right\}$$

定义 A.22 (法锥) 给定凸集$\mathcal{S} \subseteq \mathbb{R}^n$和$\boldsymbol{x} \in \mathcal{S}$，集合$\mathcal{S}$在$\boldsymbol{x}$的法锥（normal cone）定义为

$$\mathcal{N}_{\mathcal{S}}(\boldsymbol{x}) = \left\{ \boldsymbol{y} \in \mathbb{R}^n \;\middle|\; \langle \boldsymbol{y}, \boldsymbol{z} - \boldsymbol{x} \rangle \leqslant 0,\ \forall \boldsymbol{z} \in \mathcal{S} \right\}$$

法锥集合作为一系列半空间的交集是闭凸集。如果$\boldsymbol{x} \notin \mathcal{S}$，那么$\mathcal{N}_{\mathcal{S}}(\boldsymbol{x}) = \varnothing$。

例 A.3.3 对于单位球集合$\mathcal{C} = B[\mathbf{0}, \mathbf{1}] = \left\{ \boldsymbol{x} \in \mathbb{R}^n \;\middle|\; \|\boldsymbol{x}\| \leqslant 1 \right\}$。此时由上面的例子可知，

$$\partial\delta_{\mathcal{C}}(\boldsymbol{x}) = \mathcal{N}_{\mathcal{C}}(\boldsymbol{x}) = \left\{ \boldsymbol{y} \in \mathbb{R}^n \;\middle|\; \langle \boldsymbol{y}, \boldsymbol{z} - \boldsymbol{x} \rangle \leqslant 0,\ \forall \boldsymbol{z} \in \mathcal{C} \right\}$$

因为$\|\boldsymbol{x}\| \leqslant 1$，对于$\boldsymbol{y} \in \mathcal{N}_{\mathcal{C}}(\boldsymbol{x})$当且仅当

$$\langle \boldsymbol{y}, \boldsymbol{z} - \boldsymbol{x} \rangle \leqslant 0,\ \forall \|\boldsymbol{z}\| \leqslant 1$$

而这等价于

$$\max_{\|\boldsymbol{z}\| \leqslant 1} \langle \boldsymbol{y}, \boldsymbol{z} \rangle \leqslant \langle \boldsymbol{y}, \boldsymbol{x} \rangle$$

进一步根据对偶范数的定义，上式可以改写为

$$\|\boldsymbol{y}\|_* \leqslant \langle \boldsymbol{y}, \boldsymbol{x} \rangle$$

因此

$$\partial\delta_{\mathcal{C}}(\boldsymbol{x}) = \mathcal{N}_{\mathcal{C}}(\boldsymbol{x}) = \begin{cases} \left\{ \boldsymbol{y} \in \mathbb{R}^n \;\middle|\; \|\boldsymbol{y}\|_* \leqslant \langle \boldsymbol{y}, \boldsymbol{x} \rangle \right\}, & \|\boldsymbol{x}\| \leqslant 1 \\ \varnothing, & \|\boldsymbol{x}\| > 1 \end{cases}$$

A.4 共轭函数

定义 A.23 给定函数 $f:\mathbb{R}^n\to\mathbb{R}$，其共轭函数 $f^*:\mathbb{R}^n\to\mathbb{R}$ 定义为

$$f^*(\boldsymbol{y})=\max_{\boldsymbol{x}\in\mathrm{dom}(f)}\left(\boldsymbol{y}^{\mathrm{T}}\boldsymbol{x}-f(\boldsymbol{x})\right)$$

注意，不论函数 f 是不是凸函数，f 的共轭函数 f^* 一定是凸函数。

定理 A.2 (可分函数的共轭) 如果函数 $g:\mathbb{R}^{n_1}\times\mathbb{R}^{n_2}\times\cdots\times\mathbb{R}^{n_p}\to\mathbb{R}$ 定义为

$$g(\boldsymbol{x}_1,\cdots,\boldsymbol{x}_p)=\sum_{i=1}^{p}f_i(\boldsymbol{x}_i)$$

其中，函数 $f_i:\mathbb{R}^{n_i}\to\mathbb{R}$ 为适当的函数，那么

$$g^*(\boldsymbol{y}_1,\boldsymbol{y}_2,\cdots,\boldsymbol{y}_p)=\sum_{i=1}^{p}f_i^*(\boldsymbol{y}_i),\quad \boldsymbol{y}_i\in\mathbb{R}^{n_i},\ i=1,2,\cdots,p$$

证明. 对任意的 $(\boldsymbol{y}_1,\boldsymbol{y}_2,\cdots,\boldsymbol{y}_p)\in\mathbb{R}^{n_1}\times\mathbb{R}^{n_2}\times\cdots\times\mathbb{R}^{n_p}$，得到

$$\begin{aligned}g^*(\boldsymbol{y}_1,\boldsymbol{y}_2,\cdots,\boldsymbol{y}_p)&=\max_{\boldsymbol{x}_1,\boldsymbol{x}_2,\cdots,\boldsymbol{x}_p}\{\langle(\boldsymbol{y}_1,\boldsymbol{y}_2,\cdots,\boldsymbol{y}_p),(\boldsymbol{x}_1,\boldsymbol{x}_2,\cdots,\boldsymbol{x}_p)\rangle\\&\quad-g((\boldsymbol{x}_1,\boldsymbol{x}_2,\cdots,\boldsymbol{x}_p))\}\\&=\max_{\boldsymbol{x}_1,\boldsymbol{x}_2,\cdots,\boldsymbol{x}_p}\left\{\sum_{i=1}^{p}\langle\boldsymbol{y}_i,\boldsymbol{x}_i\rangle-\sum_{i=1}^{p}f_i(\boldsymbol{x}_i)\right\}\\&=\sum_{i=1}^{p}\max_{\boldsymbol{x}_i}\{\langle\boldsymbol{y}_i,\boldsymbol{x}_i\rangle-f_i(\boldsymbol{x}_i)\}\\&=\sum_{i=1}^{p}f_i^*(\boldsymbol{y}_i)\end{aligned}\tag{A.3}$$

□

定理 A.3 (函数 $f(\mathcal{A}(\boldsymbol{x}-\boldsymbol{a}))+\langle\boldsymbol{b},\boldsymbol{x}\rangle+c$ 的共轭) 如果函数 $f:\mathbb{R}^n\to\mathbb{R}$ 是实值函数，$\mathcal{A}:\mathbb{R}^n\to\mathbb{R}$ 为可逆线性变换，$\boldsymbol{a},\boldsymbol{b}\in\mathbb{R}^n$, $c\in\mathbb{R}$。那么函数 $g(\boldsymbol{x})=f(\mathcal{A}(\boldsymbol{x}-\boldsymbol{a}))+\langle\boldsymbol{b},\boldsymbol{x}\rangle+c$ 的共轭函数记作

$$g^*(\boldsymbol{y})=f^*\left(\left(\mathcal{A}^{\mathrm{T}}\right)^{-1}(\boldsymbol{y}-\boldsymbol{b})\right)+\langle\boldsymbol{a},\boldsymbol{y}\rangle-c-\langle\boldsymbol{a},\boldsymbol{b}\rangle\quad\forall\boldsymbol{y}\in\mathbb{R}^n$$

证明. 定义 $\boldsymbol{z}=\mathcal{A}(\boldsymbol{x}-\boldsymbol{a})$，其等价于 $\boldsymbol{x}=\mathcal{A}^{-1}(\boldsymbol{z})+\boldsymbol{a}$，那么对任意的 $\boldsymbol{y}\in\mathbb{R}^n$，有

$$\begin{aligned}g^*(\boldsymbol{y})&=\max_{\boldsymbol{x}}\ \{\langle\boldsymbol{y},\boldsymbol{x}\rangle-g(\boldsymbol{x})\}\\&=\max_{\boldsymbol{x}}\ \{\langle\boldsymbol{y},\boldsymbol{x}\rangle-f(\mathcal{A}(\boldsymbol{x}-\boldsymbol{a}))-\langle\boldsymbol{b},\boldsymbol{x}\rangle-c\}\\&=\max_{\boldsymbol{z}}\ \left\{\left\langle\boldsymbol{y},\mathcal{A}^{-1}(\boldsymbol{z})+\boldsymbol{a}\right\rangle-f(\boldsymbol{z})-\left\langle\boldsymbol{b},\mathcal{A}^{-1}(\boldsymbol{z})+\boldsymbol{a}\right\rangle-c\right\}\end{aligned}$$

$$
\begin{aligned}
&= \max_{\boldsymbol{z}} \ \left\{\langle \boldsymbol{y}-\boldsymbol{b}, \mathcal{A}^{-1}(\boldsymbol{z})\rangle - f(\boldsymbol{z}) + \langle \boldsymbol{a}, \boldsymbol{y}\rangle - \langle \boldsymbol{a}, \boldsymbol{b}\rangle - c\right\} \\
&= \max_{\boldsymbol{z}} \ \left\{\left\langle \left(\mathcal{A}^{\mathrm{T}}\right)^{-1}(\boldsymbol{y}-\boldsymbol{b}), \boldsymbol{z}\right\rangle - f(\boldsymbol{z}) + \langle \boldsymbol{a}, \boldsymbol{y}\rangle - \langle \boldsymbol{a}, \boldsymbol{b}\rangle - c\right\} \\
&= f^*\left(\left(\mathcal{A}^{\mathrm{T}}\right)^{-1}(\boldsymbol{y}-\boldsymbol{b})\right) + \langle \boldsymbol{a}, \boldsymbol{y}\rangle - \langle \boldsymbol{a}, \boldsymbol{b}\rangle - c
\end{aligned}
$$

其中，$\left(\mathcal{A}^{\mathrm{T}}\right)^{-1} = \left(\mathcal{A}^{-1}\right)^{\mathrm{T}}$。 □

定理 A.4 如果函数 $f:\mathbb{R}^n \to \mathbb{R}$ 是实值函数且 $\alpha > 0$，那么

(1) 函数 $g(\boldsymbol{x}) = \alpha f(\boldsymbol{x})$ 的共轭函数为

$$
g^*(\boldsymbol{y}) = \alpha f^*\left(\frac{\boldsymbol{y}}{\boldsymbol{a}}\right), \quad \forall \boldsymbol{y} \in \mathbb{R}^n
$$

(2) 函数 $h(\boldsymbol{x}) = \alpha f(\dfrac{\boldsymbol{x}}{\boldsymbol{a}})$ 的共轭函数为

$$
h^*(\boldsymbol{y}) = \alpha f^*(\boldsymbol{y}), \quad \forall \boldsymbol{y} \in \mathbb{R}^n
$$

证明. (1) 对任意的 $\boldsymbol{y} \in \mathbb{R}^n$，有

$$
\begin{aligned}
g^*(\boldsymbol{y}) &= \max_{\boldsymbol{x}} \{\langle \boldsymbol{y}, \boldsymbol{x}\rangle - g(\boldsymbol{x})\} \\
&= \max_{\boldsymbol{x}} \{\langle \boldsymbol{y}, \boldsymbol{x}\rangle - \alpha f(\boldsymbol{x})\} \\
&= \alpha \max_{\boldsymbol{x}} \left\{\left\langle \frac{\boldsymbol{y}}{\alpha}, \boldsymbol{x}\right\rangle - f(\boldsymbol{x})\right\} \\
&= \alpha f^*\left(\frac{\boldsymbol{y}}{\alpha}\right)
\end{aligned}
$$

$$
\begin{aligned}
h^*(\boldsymbol{y}) &= \max_{\boldsymbol{x}} \{\langle \boldsymbol{y}, \boldsymbol{x}\rangle - h(\boldsymbol{x})\} \\
&= \max_{\boldsymbol{x}} \left\{\langle \boldsymbol{y}, \boldsymbol{x}\rangle - \alpha f\left(\frac{\boldsymbol{x}}{\alpha}\right)\right\} \\
&= \alpha \max_{\boldsymbol{x}} \left\{\left\langle \frac{\boldsymbol{x}}{\alpha}, \boldsymbol{y}\right\rangle - f\left(\frac{\boldsymbol{x}}{\alpha}\right)\right\} \\
&\overset{\boldsymbol{z} \leftarrow \frac{\boldsymbol{x}}{\alpha}}{=} \alpha \max_{\boldsymbol{z}} \{\langle \boldsymbol{z}, \boldsymbol{y}\rangle - f(\boldsymbol{z})\} \\
&= \alpha f^*(\boldsymbol{y})
\end{aligned}
$$

□

例 A.4.1 对于下面的函数，分别给出其共轭函数：

(1) 指数函数 $f:\mathbb{R} \to \mathbb{R}$ 定义为

$$
f(x) = \mathrm{e}^x
$$

其共轭函数为

$$
f^*(y) = \begin{cases} y\log y - y, & y \geqslant 0 \\ \infty, & y < 0 \end{cases}
$$

(2) 负 log 函数（Negative log function）$f:\mathbb{R}\to\mathbb{R}$ 定义为

$$f(x)=\begin{cases}-\log(x), & x>0\\ \infty, & x\leqslant 0\end{cases}$$

其共轭函数为

$$f^*(y)=\sup_{x>0}\,(xy+\log(x))=\begin{cases}-1-\log(-y), & y<0\\ \infty, & y\geqslant 0\end{cases}$$

(3) $f(\boldsymbol{x})=\dfrac{1}{2}\boldsymbol{x}^{\mathrm{T}}\boldsymbol{Q}\boldsymbol{x}$ ($\boldsymbol{Q}\in S_{++}^n$)，其共轭函数为

$$f^*(\boldsymbol{y})=\sup_{\boldsymbol{x}\in\mathbb{R}^n}\left(\boldsymbol{y}^{\mathrm{T}}\boldsymbol{x}-\frac{1}{2}\boldsymbol{x}^{\mathrm{T}}\boldsymbol{Q}\boldsymbol{x}\right)=\frac{1}{2}\boldsymbol{y}^{\mathrm{T}}\boldsymbol{Q}^{-1}\boldsymbol{y}$$

(4) Hinge 损失函数 $f:\mathbb{R}\to\mathbb{R}$ 定义为 $f(x)=\max\{1-x,0\}$，其共轭函数为

$$f^*(y)=y+\delta_{[-1,0]}(y),\ y\in\mathbb{R}$$

(5) 负熵函数（Negative entropy function）$f:\mathbb{R}^n\to\mathbb{R}$ 定义为

$$f(\boldsymbol{x})=\begin{cases}\displaystyle\sum_{i=1}^n x_i\log x_i, & \boldsymbol{x}\geqslant\boldsymbol{0}\\ \infty, & \boldsymbol{x}<\boldsymbol{0}\end{cases}$$

其共轭函数为

$$f^*(\boldsymbol{y})=\sum_{i=1}^n \mathrm{e}^{y_i-1}$$

(6) 负 log 求和函数（Negative sum of logs）$f:\mathbb{R}^n\to\mathbb{R}$ 定义为

$$f(\boldsymbol{x})=\begin{cases}\displaystyle-\sum_{i=1}^n \log x_i, & \boldsymbol{x}>\boldsymbol{0}\\ \infty, & \boldsymbol{x}\leqslant\boldsymbol{0}\end{cases}$$

其共轭函数为

$$f^*(\boldsymbol{y})=\begin{cases}\displaystyle-n-\sum_{i=1}^n \log(-y_i), & \boldsymbol{y}<\boldsymbol{0}\\ \infty, & \boldsymbol{y}\geqslant\boldsymbol{0}\end{cases}$$

(7) 定义在单位单纯形上的负熵函数（Negative entropy over the unit simplex）$f:\mathbb{R}^n\to\mathbb{R}$ 定义为

$$f(\boldsymbol{x})=\begin{cases}\displaystyle\sum_{i=1}^n x_i\log(x_i), & \boldsymbol{x}\in\Delta_n:=\left\{\boldsymbol{x}\in\mathbb{R}^n \;\middle|\; \displaystyle\sum_{i=1}^n x_i=1\right\}\\ \infty, & \text{其他}\end{cases}$$

其共轭函数为

$$f^*(\boldsymbol{y}) = \max_{\boldsymbol{x}} \sum_{i=1}^{n} y_i x_i^* - \sum_{i=1}^{n} x_i^* \log x_i^* = \log\left(\sum_{j=1}^{n} \mathrm{e}^{y_j}\right)$$

显然，共轭函数 f^* 为 log-sum-exp 函数（记为函数 g），其与函数 f 互为共轭函数。

(8) 范数函数 $f:\mathbb{R}^n \to \mathbb{R}$ 定义为

$$f(\boldsymbol{x}) = \|\boldsymbol{x}\|$$

其共轭函数为

$$f^*(\boldsymbol{y}) = \delta_{\mathcal{B}_{\|\cdot\|_*}[\boldsymbol{0},\boldsymbol{1}]}(\boldsymbol{y}) = \begin{cases} 0, & \|\boldsymbol{y}\|_* \leqslant 1 \\ \infty, & \text{其他} \end{cases}$$

(9) 范数平方函数 $f:\mathbb{R}^n \to \mathbb{R}$ 定义为

$$f(\boldsymbol{x}) = \frac{1}{2}\|\boldsymbol{x}\|^2$$

其共轭函数为

$$f^*(\boldsymbol{y}) = \max_{\alpha \geqslant 0}\left\{\alpha\|\boldsymbol{y}\|_* - \frac{1}{2}\alpha^2\right\} = \frac{1}{2}\|\boldsymbol{y}\|_*^2$$

例 A.4.2 (指示函数的共轭函数) 对于定义在非空集合 $\mathcal{C} \subseteq \mathbb{R}^n$ 上的指示函数 $f(\boldsymbol{x}) = \delta_{\mathcal{C}}(\boldsymbol{x})$，其共轭函数为

$$f^*(\boldsymbol{y}) = \max_{\boldsymbol{x}\in\mathbb{R}^n}\{\langle \boldsymbol{y},\boldsymbol{x}\rangle - \delta_{\mathcal{C}}(\boldsymbol{x})\} = \max_{\boldsymbol{x}\in\mathcal{C}}\langle \boldsymbol{y},\boldsymbol{x}\rangle = \sigma_{\mathcal{C}}(\boldsymbol{y}),\ \forall \boldsymbol{y}\in\mathbb{R}^n$$

而函数 $\sigma_{\mathcal{C}}$ 称为定义在同一个集合 $\mathcal{C}$ 上的支撑函数。

性质 A.6 (共轭函数的凸性和闭性) 函数 $f:\mathbb{R}^n \to \mathbb{R}$，其共轭函数是凸的也是闭的。

证明. 根据共轭函数的定义，$f^*(\boldsymbol{y})$ 可以认为是一系列关于 $\boldsymbol{y}$ 的仿射函数的逐点最大值函数（pointwise maximum），而每一个仿射函数都是一个凸函数和闭函数。而最大化运算保持函数的凸性和闭性，因此，共轭函数 f^* 一定是凸的和闭的。 □

例 A.4.3 计算下面函数的共轭函数，

$$f(\boldsymbol{x}) = \frac{1}{2}\|\boldsymbol{x}\|^2 + \delta_{\mathcal{C}}(\boldsymbol{x})$$

证明. 值得注意的是，

$$\mathrm{dist}_{\mathcal{C}}(\boldsymbol{x}) := \min_{\boldsymbol{y}\in\mathcal{C}}\|\boldsymbol{y}-\boldsymbol{x}\|^2 = \|\boldsymbol{x}\|^2 - \max_{\boldsymbol{y}\in\mathcal{C}}\left[2\langle \boldsymbol{y},\boldsymbol{x}\rangle - \|\boldsymbol{y}\|^2\right]$$

因此，可以得到

$$\frac{1}{2}\left(\|\boldsymbol{x}\|^2 - \mathrm{dist}_{\mathcal{C}}(\boldsymbol{x})\right) = \max_{\boldsymbol{y}\in\mathcal{C}}\left\{\langle \boldsymbol{y},\boldsymbol{x}\rangle - \frac{1}{2}\|\boldsymbol{y}\|^2\right\}$$

该等式右边与共轭函数的定义一致，这也就意味着 $f(\boldsymbol{x})$ 的共轭函数是

$$f^*(\boldsymbol{y}) = \frac{1}{2}\left(\|\boldsymbol{y}\|^2 - \text{dist}_{\mathcal{C}}(\boldsymbol{y})\right)$$

□

性质 A.7 函数 $f:\mathbb{R}^n \to \mathbb{R}$ 是一个适当的凸函数，那么其共轭函数 f^* 也是适当的。

证明. 因为函数 f 是适当的，那么存在 $\hat{\boldsymbol{x}} \in \mathbb{R}^n$，使得 $f(\hat{\boldsymbol{x}}) < \infty$。根据共轭函数的定义，对任意的 $\boldsymbol{y} \in \mathbb{R}^n$，有

$$f^*(\boldsymbol{y}) \geqslant \langle \boldsymbol{y}, \hat{\boldsymbol{x}} \rangle - f(\hat{\boldsymbol{x}})$$

因此 $f^* > -\infty$。为了建立共轭函数 f^* 的适当性，还需要找到 $\boldsymbol{z} \in \mathbb{R}^n$，使得 $f^*(\boldsymbol{z}) < \infty$。因为函数 f 是适当的，所以存在 $\boldsymbol{x}$ 使得次微分集合 $\partial f(\boldsymbol{x})$ 是非空的。选取 $\boldsymbol{z} \in \partial f(\boldsymbol{x})$，根据次梯度的定义，有

$$f(\boldsymbol{y}) \geqslant f(\boldsymbol{x}) + \langle \boldsymbol{z}, \boldsymbol{y} - \boldsymbol{x} \rangle$$

因此，

$$f^*(\boldsymbol{z}) = \max_{\boldsymbol{y}\in\mathbb{R}^n} \{\langle \boldsymbol{y}, \boldsymbol{z} \rangle - f(\boldsymbol{y})\} \leqslant \langle \boldsymbol{x}, \boldsymbol{z} \rangle - f(\boldsymbol{x}) < \infty$$

所以共轭函数 f^* 是适当的。 □

对于函数 $f:\mathbb{R}^n \to \mathbb{R}$，双共轭函数（biconjugate function）定义为

$$f^{**}(\boldsymbol{x}) = \max_{\boldsymbol{y}\in\mathbb{R}^n} \{\langle \boldsymbol{x}, \boldsymbol{y} \rangle - f^*(\boldsymbol{y})\}, \quad \forall \boldsymbol{x} \in \mathbb{R}^n$$

引理 A.4.1 如果函数 $f:\mathbb{R}^n \to \mathbb{R}$ 是一个实值函数，那么对任意的 $\boldsymbol{x} \in \mathbb{R}^n$，有 $f(\boldsymbol{x}) \geqslant f^{**}(\boldsymbol{x})$。

证明. 由共轭函数的定义可知，对任意的 $\boldsymbol{x} \in \mathbb{R}^n$ 和 $\boldsymbol{y} \in \mathbb{R}^n$，有

$$f^*(\boldsymbol{y}) \geqslant \langle \boldsymbol{y}, \boldsymbol{x} \rangle - f(\boldsymbol{x})$$

其等价于

$$f(\boldsymbol{x}) \geqslant \langle \boldsymbol{x}, \boldsymbol{y} \rangle - f^*(\boldsymbol{y})$$

因此，

$$f(\boldsymbol{x}) \geqslant \max_{\boldsymbol{y}\in\mathbb{R}^n} \{\langle \boldsymbol{x}, \boldsymbol{y} \rangle - f^*(\boldsymbol{y})\} = f^{**}(\boldsymbol{x})$$

□

定理 A.5 如果函数 $f:\mathbb{R}^n \to \mathbb{R}$ 是一个适当的闭凸函数，那么 $f^{**} = f$。

证明. 该定理的证明较复杂，大家可参考文献 [10] 中的定理4.8。 □

定理 A.6 (Fenchel's不等式) 给定函数 $f:\mathbb{R}^n \to \mathbb{R}$ 是一个适当的函数，那么对任意的 $\boldsymbol{x}, \boldsymbol{y} \in \mathbb{R}^n$，有

$$f(\boldsymbol{x}) + f^*(\boldsymbol{y}) \geqslant \langle \boldsymbol{y}, \boldsymbol{x} \rangle$$

证明. 根据共轭函数的定义，有对任意的$\boldsymbol{x}, \boldsymbol{y} \in \mathbb{R}^n$，

$$f^*(\boldsymbol{y}) = \max_{\boldsymbol{x} \in \mathbb{R}^n} \langle \boldsymbol{y}, \boldsymbol{x} \rangle - f(\boldsymbol{x}) \geqslant \langle \boldsymbol{y}, \boldsymbol{x} \rangle - f(\boldsymbol{x})$$

因为$f(\boldsymbol{x})$是一个适当函数，所以$f^*(\boldsymbol{y})$也是一个适当函数，因此

$$f(\boldsymbol{x}) > -\infty, \quad f^*(\boldsymbol{y}) > -\infty$$

因此如果将$f(\boldsymbol{x})$加到上面不等式两侧后可以得到所需要的结论。 □

定理 A.7 [共轭次梯度定理（表达形式I）] 如果函数$f: \mathbb{R}^n \to \mathbb{R}$是适当的凸函数，那么对于任意的$\boldsymbol{x}, \boldsymbol{y} \in \mathbb{R}^n$，下面两个结论是等价的：

(i) $\langle \boldsymbol{x}, \boldsymbol{y} \rangle = f(\boldsymbol{x}) + f^*(\boldsymbol{y})$；

(ii) $\boldsymbol{y} \in \partial f(\boldsymbol{x})$。

进一步地，如果函数f是闭的，那么 (i) 和 (ii) 还等价于

$$\boldsymbol{x} \in \partial f^*(\boldsymbol{y})$$

证明. 首先，$\boldsymbol{y} \in \partial f(\boldsymbol{x})$等价于

$$f(\boldsymbol{z}) \geqslant f(\boldsymbol{x}) + \langle \boldsymbol{y}, \boldsymbol{z} - \boldsymbol{x} \rangle, \quad \forall \boldsymbol{z} \in \mathbb{R}^n$$

进一步等价于

$$\langle \boldsymbol{y}, \boldsymbol{x} \rangle - f(\boldsymbol{x}) \geqslant \langle \boldsymbol{y}, \boldsymbol{z} \rangle - f(\boldsymbol{z}), \quad \forall \boldsymbol{z} \in \mathbb{R}^n$$

对不等式右边关于$\boldsymbol{z}$取极大值，可以得到

$$\langle \boldsymbol{y}, \boldsymbol{x} \rangle - f(\boldsymbol{x}) \geqslant f^*(\boldsymbol{y})$$

进一步结合定理A.6中的结论，得到

$$\langle \boldsymbol{x}, \boldsymbol{y} \rangle = f(\boldsymbol{x}) + f^*(\boldsymbol{y})$$

这也就证明了 (i) 和 (ii) 的等价性。进一步假设函数f是闭的，根据定理A.5，$f^{**} = f$。这也意味着 (i) 等价于

$$\langle \boldsymbol{x}, \boldsymbol{y} \rangle = g(\boldsymbol{y}) + g^*(\boldsymbol{x})$$

其中，$g = f^*$。应用 (i) 和 (ii) 等价这一性质，并作用到函数g上，可以得到

$$\boldsymbol{x} \in \partial g(\boldsymbol{y}) = \partial f^*(\boldsymbol{y})$$

所以上式与 (i) 和 (ii) 等价。 □

推论 A.7.1 [共轭次梯度定理（表达形式II）] 如果函数$f: \mathbb{R}^n \to \mathbb{R}$是适当的闭凸函数，那么对于任意的$\boldsymbol{x}, \boldsymbol{y} \in \mathbb{R}^n$，有

$$\partial f(\boldsymbol{x}) = \arg\max_{\hat{\boldsymbol{y}} \in \mathbb{R}^n} \{\langle \boldsymbol{x}, \hat{\boldsymbol{y}} \rangle - f^*(\hat{\boldsymbol{y}})\}$$

$$\partial f^*(\boldsymbol{y}) = \arg\max_{\hat{\boldsymbol{x}} \in \mathbb{R}^n} \{\langle \boldsymbol{y}, \hat{\boldsymbol{x}} \rangle - f(\hat{\boldsymbol{x}})\}$$

证明. 根据共轭函数的定义，定理A.7中的(i)可以被重新改写为

$$\boldsymbol{x} \in \arg\max_{\hat{\boldsymbol{x}} \in \mathbb{R}^n} \{\langle \boldsymbol{y}, \hat{\boldsymbol{x}} \rangle - f(\hat{\boldsymbol{x}})\}$$

且(ii)等价于

$$\boldsymbol{y} \in \arg\max_{\hat{\boldsymbol{y}} \in \mathbb{R}^n} \{\langle \boldsymbol{x}, \hat{\boldsymbol{y}} \rangle - f^*(\hat{\boldsymbol{y}})\}$$

所以本推论的表达形式成立。 □

A.5 李普希茨连续可微与强凸性质

本节主要介绍关于函数的李普希茨连续可微性质以及强凸性质，这两个性质从两个角度刻画了函数的性质，对于后续最优化算法设计及理论分析都具有重要的作用。

定义 A.24 如果函数 $f:\mathbb{R}^n \to \mathbb{R}$ 或 $f:\mathbb{R}^n \to \mathbb{R}\cup\{\infty\}$ 是适当的凸函数，且满足

$$|f(\boldsymbol{x}) - f(\boldsymbol{y})| \leqslant L\,\|\boldsymbol{x} - \boldsymbol{y}\|,\ \forall \boldsymbol{x}, \boldsymbol{y} \in \mathrm{dom}(f)$$

则认为函数 f 是李普希茨连续的。

定理 A.8 如果函数 $f:\mathbb{R}^n \to \mathbb{R}\cup\{\infty\}$ 是适当的凸函数，且假设给定集合 $\mathcal{X} \subseteq \mathrm{int}(\mathrm{dom}(f))$，则对于如下两个结论：

(a) $|f(\boldsymbol{x}) - f(\boldsymbol{y})| \leqslant L\,\|\boldsymbol{x} - \boldsymbol{y}\|,\ \forall \boldsymbol{x}, \boldsymbol{y} \in \mathcal{X}$；

(b) $\|\boldsymbol{g}\|_* \leqslant L,\ \forall \boldsymbol{g} \in \partial f(\boldsymbol{x}), \boldsymbol{x} \in \mathcal{X}$；

有

(1) (b) $\Rightarrow$ (a)；

(2) 如果 $\mathcal{X}$ 是开集，那么(a) $\Leftrightarrow$ (b)。

证明. (1) 对于 $\boldsymbol{x}, \boldsymbol{y} \in \mathcal{X}$，令 $\boldsymbol{g}_{\boldsymbol{x}} \in \partial f(\boldsymbol{x})$ 且 $\boldsymbol{g}_{\boldsymbol{y}} \in \partial f(\boldsymbol{y})$。根据次微分的定义性质、函数 f 的凸性以及柯西-施瓦茨不等式，有

$$f(\boldsymbol{x}) - f(\boldsymbol{y}) \leqslant \langle \boldsymbol{g}_{\boldsymbol{x}}, \boldsymbol{x} - \boldsymbol{y} \rangle \leqslant \|\boldsymbol{g}_{\boldsymbol{x}}\|_* \cdot \|\boldsymbol{x} - \boldsymbol{y}\| \leqslant L\,\|\boldsymbol{x} - \boldsymbol{y}\|$$

$$f(\boldsymbol{y}) - f(\boldsymbol{x}) \leqslant \langle \boldsymbol{g}_{\boldsymbol{y}}, \boldsymbol{y} - \boldsymbol{x} \rangle \leqslant \|\boldsymbol{g}_{\boldsymbol{y}}\|_* \cdot \|\boldsymbol{x} - \boldsymbol{y}\| \leqslant L\,\|\boldsymbol{x} - \boldsymbol{y}\|$$

从而证明了(a)。

(2) 假设(a)满足，令 $\boldsymbol{g} \in \partial f(\boldsymbol{x})$。定义 $\boldsymbol{g}^\dagger \in \mathbb{R}^n$ 满足 $\|\boldsymbol{g}^\dagger\| = 1$，$\langle \boldsymbol{g}^\dagger, \boldsymbol{g} \rangle = \|\boldsymbol{g}\|_*$（$\boldsymbol{g}^\dagger$ 的存在性是由对偶范数定义所得到的）。因为 $\boldsymbol{x} \in \mathcal{X}$ 且 $\mathcal{X}$ 是一个开集，那么存在充分小的 $\epsilon > 0$，使得 $\boldsymbol{x} + \epsilon \boldsymbol{g}^\dagger \in \mathcal{X}$。根据函数 f 的凸性，有

$$f(\boldsymbol{x} + \epsilon \boldsymbol{g}^\dagger) \geqslant f(\boldsymbol{x}) + \langle \boldsymbol{g}, \epsilon \boldsymbol{g}^\dagger \rangle$$

那么

$$\epsilon\,\|\boldsymbol{g}\|_* = \langle \boldsymbol{g}, \epsilon \boldsymbol{g}^\dagger \rangle \leqslant f(\boldsymbol{x} + \epsilon \boldsymbol{g}^\dagger) - f(\boldsymbol{x}) \leqslant L\,\|\boldsymbol{x} + \epsilon \boldsymbol{g}^\dagger - \boldsymbol{x}\| = \epsilon L$$

所以 $\|\boldsymbol{g}\|_* \leqslant L$。 □

推论 A.8.1 (定义在紧集上的凸函数是李普希茨连续) 如果$f:\mathbb{R}^n\to\mathbb{R}$是一个适当的凸函数，假设集合$\mathcal{D}\subseteq \mathrm{int}(\mathrm{dom}(f))$是紧集，那么存在$L>0$，使得

$$|f(\boldsymbol{x})-f(\boldsymbol{y})|\leqslant L\|\boldsymbol{x}-\boldsymbol{y}\|,\ \forall \boldsymbol{x},\boldsymbol{y}\in\mathcal{D}$$

证明. 定义在闭集$\mathcal{D}$上的适当凸函数f的次微分是有界的（证明不需掌握），结合定理A.8，可以得到该推论的结论。 □

定义 A.25 [L-光滑（L-Smoothness）] 给定$L\geqslant 0$，函数$f:\mathbb{R}^n\to\mathbb{R}$定义在集合$\mathcal{D}$上是可微的，且满足

$$\|\nabla f(\boldsymbol{x})-\nabla f(\boldsymbol{y})\|\leqslant L\|\boldsymbol{x}-\boldsymbol{y}\|,\ \forall \boldsymbol{x},\boldsymbol{y}\in\mathcal{D}$$

则该函数f是L-光滑的，而常数L称为光滑参数。

例 A.5.1 (二次函数的L-光滑) 考虑二次函数$f:\mathbb{R}^n\to\mathbb{R}$是

$$f(\boldsymbol{x})=\frac{1}{2}\boldsymbol{x}^{\mathrm{T}}\boldsymbol{A}\boldsymbol{x}+\boldsymbol{b}^{\mathrm{T}}\boldsymbol{x}+c$$

其中，$\boldsymbol{A}\in\mathbb{S}^n$为对称矩阵且$c\in\mathbb{R}$。考虑定义在$\mathbb{R}^n$上的一般$\ell_p$-范数（$1\leqslant p\leqslant\infty$）。那么对任意的$\boldsymbol{x},\boldsymbol{y}\in\mathbb{R}^n$，

$$\|\nabla f(\boldsymbol{x})-\nabla f(\boldsymbol{y})\|_q=\|\boldsymbol{A}\boldsymbol{x}-\boldsymbol{A}\boldsymbol{y}\|_q\leqslant\|\boldsymbol{A}\|_{p,q}\|\boldsymbol{x}-\boldsymbol{y}\|_p$$

其中，$\|\cdot\|_{p,q}$表示诱导范数，即

$$\|\boldsymbol{A}\|_{p,q}=\max\left\{\|\boldsymbol{A}\boldsymbol{x}\|_q \;\middle|\; \|\boldsymbol{x}\|_p\leqslant 1\right\}$$

其中，$q\in[1,\infty)$且$\dfrac{1}{p}+\dfrac{1}{q}=1$，上式可以说明函数$f$是$\|\boldsymbol{A}\|_{p,q}$-光滑的。特别需要说明的是，$\|\boldsymbol{A}\|_{p,q}$是最小的光滑参数。假如函数$f$是$L$-光滑的，那么取一个$\tilde{\boldsymbol{x}}$满足$\|\tilde{\boldsymbol{x}}\|_p=1$和$\|\boldsymbol{A}\tilde{\boldsymbol{x}}\|_q=\|\boldsymbol{A}\|_{p,q}$，那么

$$\|\boldsymbol{A}\|_{p,q}=\|\boldsymbol{A}\tilde{\boldsymbol{x}}\|_q=\|\nabla f(\tilde{\boldsymbol{x}})-\nabla f(\boldsymbol{0})\|_q\leqslant L\|\tilde{\boldsymbol{x}}-\boldsymbol{0}\|_p=L$$

从而说明$\|\boldsymbol{A}\|_{p,q}$是最小的光滑参数。

例 A.5.2 (仿射函数是0-光滑) 仿射函数$f:\mathbb{R}^n\to\mathbb{R}$定义为$f(\boldsymbol{x})=\langle\boldsymbol{b},\boldsymbol{x}\rangle+c$，其中，$\boldsymbol{b}\in\mathbb{R}^n$、$c\in\mathbb{R}$。对任意的$\boldsymbol{x},\boldsymbol{y}\in\mathbb{R}^n$，有

$$\|\nabla f(\boldsymbol{x})-\nabla f(\boldsymbol{y})\|=\|\boldsymbol{b}-\boldsymbol{b}\|=0\leqslant 0\|\boldsymbol{x}-\boldsymbol{y}\|$$

所以仿射函数是0-光滑的。

下面介绍关于L-光滑函数的非常有用的结论，即下降引理（Descent Lemma），该引理所表达的是该函数有一个特定的二次函数上界。下降引理的具体表达如下。

定理 A.9 (下降引理) 如果函数$f:\mathbb{R}^n\to\mathbb{R}$是一个定义在给定凸集$\mathcal{D}$上的$L$-光滑函数，那么对于任意的$\boldsymbol{x},\boldsymbol{y}\in\mathcal{D}$，有

$$f(\boldsymbol{y})\leqslant f(\boldsymbol{x})+\langle\nabla f(\boldsymbol{x}),\boldsymbol{y}-\boldsymbol{x}\rangle+\frac{L}{2}\|\boldsymbol{x}-\boldsymbol{y}\|^2$$

证明. 根据微积分基本定理，有

$$f(\boldsymbol{y})-f(\boldsymbol{x})=\int_0^1 \langle \nabla f(\boldsymbol{x}+t(\boldsymbol{y}-\boldsymbol{x})), \boldsymbol{y}-\boldsymbol{x}\rangle \,\mathrm{d}t$$

因此，

$$f(\boldsymbol{y})-f(\boldsymbol{x})=\langle \nabla f(\boldsymbol{x}), \boldsymbol{y}-\boldsymbol{x}\rangle+\int_0^1 \langle \nabla f(\boldsymbol{x}+t(\boldsymbol{y}-\boldsymbol{x}))-\nabla f(\boldsymbol{x}), \boldsymbol{y}-\boldsymbol{x}\rangle \,\mathrm{d}t$$

进一步地，

$$\begin{aligned}
|f(\boldsymbol{y})-f(\boldsymbol{x})-\langle \nabla f(\boldsymbol{x}), \boldsymbol{y}-\boldsymbol{x}\rangle| &= \left|\int_0^1 \langle \nabla f(\boldsymbol{x}+t(\boldsymbol{y}-\boldsymbol{x}))-\nabla f(\boldsymbol{x}), \boldsymbol{y}-\boldsymbol{x}\rangle \,\mathrm{d}t\right| \\
&\leqslant \int_0^1 |\langle \nabla f(\boldsymbol{x}+t(\boldsymbol{y}-\boldsymbol{x}))-\nabla f(\boldsymbol{x}), \boldsymbol{y}-\boldsymbol{x}\rangle| \,\mathrm{d}t \\
&\leqslant \int_0^1 \|\nabla f(\boldsymbol{x}+t(\boldsymbol{y}-\boldsymbol{x}))-\nabla f(\boldsymbol{x})\|_* \cdot \|\boldsymbol{y}-\boldsymbol{x}\| \,\mathrm{d}t \\
&\leqslant \int_0^1 tL\,\|\boldsymbol{y}-\boldsymbol{x}\|^2 \,\mathrm{d}t \\
&= \frac{L}{2}\|\boldsymbol{y}-\boldsymbol{x}\|^2
\end{aligned}$$

其中第二个不等式是根据柯西-施瓦茨不等式得到的，从而证明了下降引理的结论。 □

定理 A.10 (*L*-光滑的多种刻画性质) 如果函数 $f:\mathbb{R}^n\to\mathbb{R}$ 是一个连续可微凸函数，那么下面的性质均是等价的：

(i) f 是 L-光滑的；

(ii) 对任意的 $\boldsymbol{x},\boldsymbol{y}\in\mathbb{R}^n$，

$$f(\boldsymbol{y})\leqslant f(\boldsymbol{x})+\langle \nabla f(\boldsymbol{x}), \boldsymbol{y}-\boldsymbol{x}\rangle+\frac{L}{2}\|\boldsymbol{x}-\boldsymbol{y}\|^2$$

(iii) 对任意的 $\boldsymbol{x},\boldsymbol{y}\in\mathbb{R}^n$，

$$f(\boldsymbol{y})\geqslant f(\boldsymbol{x})+\langle \nabla f(\boldsymbol{y}), \boldsymbol{y}-\boldsymbol{x}\rangle+\frac{1}{2L}\|\nabla f(\boldsymbol{x})-\nabla f(\boldsymbol{y})\|^2$$

(iv) 对任意的 $\boldsymbol{x},\boldsymbol{y}\in\mathbb{R}^n$，

$$\langle \nabla f(\boldsymbol{x})-\nabla f(\boldsymbol{y}), \boldsymbol{x}-\boldsymbol{y}\rangle\geqslant\frac{1}{L}\|\nabla f(\boldsymbol{x})-\nabla f(\boldsymbol{y})\|^2$$

(v) 对任意的 $\boldsymbol{x},\boldsymbol{y}\in\mathbb{R}^n$ 和 $\lambda\in[0,1]$，

$$f(\lambda\boldsymbol{x}+(1-\lambda)\boldsymbol{y})\geqslant\lambda f(\boldsymbol{x})+(1-\lambda)f(\boldsymbol{y})-\frac{L}{2}\lambda(1-\lambda)\|\boldsymbol{x}-\boldsymbol{y}\|^2$$

证明. (i) ⇒ (ii)：由下降引理得到；

(ii) ⇒ (iii)：假设 $\nabla f(\boldsymbol{x})=\nabla f(\boldsymbol{y})$，对于给定的 $\boldsymbol{x}\in\mathbb{R}^n$，考虑

$$g_{\boldsymbol{x}}(\boldsymbol{y})=f(\boldsymbol{y})-f(\boldsymbol{x})-\langle \nabla f(\boldsymbol{x}), \boldsymbol{y}-\boldsymbol{x}\rangle,\ \boldsymbol{y}\in\mathbb{R}^n$$

对于该函数 $g_{\boldsymbol{x}}$，有

$g_{\boldsymbol{x}}(\boldsymbol{z})=f(\boldsymbol{z})-f(\boldsymbol{x})-\langle \nabla f(\boldsymbol{x}), \boldsymbol{z}-\boldsymbol{x}\rangle$

$$
\begin{aligned}
&\leqslant f(\boldsymbol{y})+\langle\nabla f(\boldsymbol{y}),\boldsymbol{z}-\boldsymbol{y}\rangle+\frac{L}{2}\|\boldsymbol{z}-\boldsymbol{y}\|^2-f(\boldsymbol{x})-\langle\nabla f(\boldsymbol{x}),\boldsymbol{z}-\boldsymbol{x}\rangle\\
&=f(\boldsymbol{y})-f(\boldsymbol{x})-\langle\nabla f(\boldsymbol{x}),\boldsymbol{y}-\boldsymbol{x}\rangle+\langle\nabla f(\boldsymbol{y})-\nabla f(\boldsymbol{x}),\boldsymbol{z}-\boldsymbol{y}\rangle+\frac{L}{2}\|\boldsymbol{z}-\boldsymbol{y}\|^2\\
&=g_{\boldsymbol{x}}(\boldsymbol{y})+\langle\nabla g_{\boldsymbol{x}}(\boldsymbol{y}),\boldsymbol{z}-\boldsymbol{y}\rangle+\frac{L}{2}\|\boldsymbol{z}-\boldsymbol{y}\|^2
\end{aligned}
$$

注意，$\nabla g_{\boldsymbol{x}}(\boldsymbol{y})=\nabla f(\boldsymbol{y})-\nabla f(\boldsymbol{x})$ 对任意的 $\boldsymbol{y}\in\mathbb{R}^n$ 成立。如果 $\nabla g_{\boldsymbol{x}}(\hat{\boldsymbol{x}})=0$，结合函数 $g_{\boldsymbol{x}}$ 的凸性，$\hat{\boldsymbol{x}}$ 是 $g_{\boldsymbol{x}}$ 的全局最小解，即

$$
g_{\boldsymbol{x}}(\hat{\boldsymbol{x}})\leqslant g_{\boldsymbol{x}}(\boldsymbol{z}),\quad\forall\boldsymbol{z}\in\mathbb{R}^n
$$

令 $\boldsymbol{y}\in\mathbb{R}^n$ 和 $\boldsymbol{v}\in\mathbb{R}^n$，且 $\|\boldsymbol{v}\|=1$ 以及 $\langle\nabla g_{\boldsymbol{x}}(\boldsymbol{y}),\boldsymbol{v}\rangle=\|\nabla g_{\boldsymbol{x}}(\boldsymbol{y})\|_*$，将

$$
\boldsymbol{z}=\boldsymbol{y}-\frac{\|\nabla g_{\boldsymbol{x}}(\boldsymbol{y})\|_*}{L}\boldsymbol{v}
$$

代入

$$
0=g_{\boldsymbol{x}}(\boldsymbol{x})\leqslant g_{\boldsymbol{x}}\left(\boldsymbol{y}-\frac{\|\nabla g_{\boldsymbol{x}}(\boldsymbol{y})\|_*}{L}\boldsymbol{v}\right)
$$

进一步根据函数 $g_{\boldsymbol{x}}$ 的性质，有

$$
\begin{aligned}
0&=g_{\boldsymbol{x}}(\boldsymbol{x})\\
&\leqslant g_{\boldsymbol{x}}(\boldsymbol{y})-\frac{\|\nabla g_{\boldsymbol{x}}(\boldsymbol{y})\|_*}{L}\langle\nabla g_{\boldsymbol{x}}(\boldsymbol{y}),\boldsymbol{v}\rangle+\frac{1}{2L}\|\nabla g_{\boldsymbol{x}}(\boldsymbol{y})\|_*^2\cdot\|\boldsymbol{v}\|^2\\
&=g_{\boldsymbol{x}}(\boldsymbol{y})-\frac{1}{2L}\|\nabla g_{\boldsymbol{x}}(\boldsymbol{y})\|_*^2\\
&=f(\boldsymbol{y})-f(\boldsymbol{x})-\langle\nabla f(\boldsymbol{x}),\boldsymbol{y}-\boldsymbol{x}\rangle-\frac{2}{2L}\|\nabla f(\boldsymbol{x})-\nabla f(\boldsymbol{y})\|_*^2
\end{aligned}
$$

这也就证明了 (iii) 成立。

(iii) ⇒ (iv)：分别对 $(\boldsymbol{x},\boldsymbol{y})$ 和 $(\boldsymbol{y},\boldsymbol{x})$ 应用 (iii)，即

$$
\begin{aligned}
f(\boldsymbol{y})\geqslant f(\boldsymbol{x})+\langle\nabla f(\boldsymbol{x}),\boldsymbol{y}-\boldsymbol{x}\rangle+\frac{1}{2L}\|\nabla f(\boldsymbol{x})-\nabla f(\boldsymbol{y})\|_*^2\\
f(\boldsymbol{x})\geqslant f(\boldsymbol{y})+\langle\nabla f(\boldsymbol{y}),\boldsymbol{x}-\boldsymbol{y}\rangle+\frac{1}{2L}\|\nabla f(\boldsymbol{y})-\nabla f(\boldsymbol{x})\|_*^2
\end{aligned}
$$

将上面两个不等式相加，可以得到 (iv)。

(iv) ⇒ (i)：针对 $\nabla f(\boldsymbol{x})\neq\nabla f(\boldsymbol{y})$，根据 (iv) 和柯西-施瓦茨不等式，对任意的 $\boldsymbol{x},\boldsymbol{y}\in\mathbb{R}^n$，有

$$
\|\nabla f(\boldsymbol{x})-\nabla f(\boldsymbol{y})\|_*\cdot\|\boldsymbol{x}-\boldsymbol{y}\|\geqslant\langle\nabla f(\boldsymbol{x})-\nabla f(\boldsymbol{y}),\boldsymbol{x}-\boldsymbol{y}\rangle\geqslant\frac{1}{L}\|\nabla f(\boldsymbol{x})-\nabla f(\boldsymbol{y})\|_*^2
$$

从而可以得到 $\|\nabla f(\boldsymbol{x})-\nabla f(\boldsymbol{y})\|_*\leqslant L\|\boldsymbol{x}-\boldsymbol{y}\|$。

(ii) ⇒ (v)：令 $\boldsymbol{x},\boldsymbol{y}\in\mathbb{R}^n$ 且 $\lambda\in[0,1]$。定义 $\boldsymbol{x}_\lambda=\lambda\boldsymbol{x}+(1-\lambda)\boldsymbol{y}$，根据 (ii) 可以得到

$$
\begin{aligned}
f(\boldsymbol{x})\leqslant f(\boldsymbol{x}_\lambda)+\langle\nabla f(\boldsymbol{x}_\lambda),\boldsymbol{x}-\boldsymbol{x}_\lambda\rangle+\frac{L}{2}\|\boldsymbol{x}-\boldsymbol{x}_\lambda\|^2\\
f(\boldsymbol{y})\leqslant f(\boldsymbol{x}_\lambda)+\langle\nabla f(\boldsymbol{x}_\lambda),\boldsymbol{y}-\boldsymbol{x}_\lambda\rangle+\frac{L}{2}\|\boldsymbol{y}-\boldsymbol{x}_\lambda\|^2
\end{aligned}
$$

将$\boldsymbol{x}_\lambda$代入上面两个等式，可以得到

$$f(\boldsymbol{x}) \leqslant f(\boldsymbol{x}_\lambda) + (1-\lambda)\langle \nabla f(\boldsymbol{x}_\lambda), \boldsymbol{x}-\boldsymbol{y}\rangle + \frac{L(1-\lambda)^2}{2}\|\boldsymbol{x}-\boldsymbol{y}\|^2$$

$$f(\boldsymbol{y}) \leqslant f(\boldsymbol{x}_\lambda) + \lambda\langle \nabla f(\boldsymbol{x}_\lambda), \boldsymbol{y}-\boldsymbol{x}\rangle + \frac{L\lambda^2}{2}\|\boldsymbol{x}-\boldsymbol{y}\|^2$$

上面第一个不等式左右两边乘以λ而第二个不等式左右两边乘以$1-\lambda$，进一步将其相加，可以得到(v)。

(v) $\Rightarrow$ (ii)：通过重新整理，(v)中的不等式等价于

$$f(\boldsymbol{y}) \leqslant f(\boldsymbol{x}) + \frac{f(\boldsymbol{x}+(1-\lambda)(\boldsymbol{y}-\boldsymbol{x}))-f(\boldsymbol{x})}{1-\lambda} + \frac{L}{2}\lambda\|\boldsymbol{x}-\boldsymbol{y}\|^2$$

令$\lambda \to 1^-$，由上式可以得到

$$f(\boldsymbol{y}) \leqslant f(\boldsymbol{x}) + f'(\boldsymbol{x};\boldsymbol{y}-\boldsymbol{x}) + \frac{L}{2}\|\boldsymbol{x}-\boldsymbol{y}\|^2$$

而$f'(\boldsymbol{x};\boldsymbol{y}-\boldsymbol{x}) = \langle \nabla f(\boldsymbol{x}), \boldsymbol{y}-\boldsymbol{x}\rangle$，从而可以得到(ii)。 □

定理 A.11 [线性近似定理（Linear approximation theorem）] 如果函数$f:\mathbb{R}^n \to \mathbb{R}$是定义在开集$\mathcal{U}$上的二次连续可微函数，对于$\boldsymbol{x}\in\mathcal{U}$且$r>0$满足$\mathrm{B}(\boldsymbol{x},r)\subseteq\mathcal{U}$。那么对任意的$\boldsymbol{y}\in\mathrm{B}(\boldsymbol{x},r)$，存在$\xi\in[\boldsymbol{x},\boldsymbol{y}]$，使得

$$f(\boldsymbol{y}) = f(\boldsymbol{x}) + \nabla f(\boldsymbol{x})^{\mathrm{T}}(\boldsymbol{y}-\boldsymbol{x}) + \frac{1}{2}(\boldsymbol{y}-\boldsymbol{x})^{\mathrm{T}}\nabla^2 f(\xi)(\boldsymbol{y}-\boldsymbol{x})$$

证明. 该定理的证明不需掌握，请记住上述结论。参考文献 [10] 中的定理5.10。□

定义 A.26 [强凸（Strong convexity）] 如果函数$f:\mathbb{R}^n \to \mathbb{R}\cup\{\infty\}$对于给定的$\sigma>0$且$\mathrm{dom}(f)$是凸集，那么进一步对于任意的$\boldsymbol{x},\boldsymbol{y}\in\mathrm{dom}(f)$和$\lambda\in[0,1]$满足

$$f(\lambda\boldsymbol{x}+(1-\lambda)\boldsymbol{y}) \leqslant \lambda f(\boldsymbol{x}) + (1-\lambda)f(\boldsymbol{y}) - \frac{\sigma}{2}\lambda(1-\lambda)\|\boldsymbol{x}-\boldsymbol{y}\|^2$$

则称该函数是σ-强凸函数。

注意：强凸性质与范数$\|\cdot\|$是密切相关的，因为也称函数f关于范数$\|\cdot\|$是σ-强凸的。

定理 A.12 函数$f:\mathbb{R}^n\in\mathbb{R}\cup\{\infty\}$是$\sigma$-强凸函数等价于函数$f(\cdot)-\frac{\sigma}{2}\|\cdot\|^2$是凸函数。

证明. 函数$g(\boldsymbol{x}) = f(\boldsymbol{x}) - \frac{\sigma}{2}\|\boldsymbol{x}\|^2$是凸函数，当且仅当它的定义域$\mathrm{dom}(g)=\mathrm{dom}(f)$是凸集且对任意的$\boldsymbol{x},\boldsymbol{y}\in\mathrm{dom}(f)$、$\lambda\in[0,1]$，

$$g(\lambda\boldsymbol{x}+(1-\lambda)\boldsymbol{y}) \leqslant \lambda g(\boldsymbol{x}) + (1-\lambda)g(\boldsymbol{y})$$

上式等价于

$$\begin{aligned} f(\lambda\boldsymbol{x}+(1-\lambda)\boldsymbol{y}) \leqslant &\lambda f(\boldsymbol{x}) + (1-\lambda)f(\boldsymbol{y}) + \frac{\sigma}{2}[||\lambda\boldsymbol{x}+(1-\lambda)\boldsymbol{y}||^2 \\ &-\lambda||\boldsymbol{x}||^2 - (1-\lambda)||\boldsymbol{y}||^2] \end{aligned}$$

进一步地，对上式后半部分进行等价化简

$$\|\lambda \boldsymbol{x} + (1-\lambda)\boldsymbol{y}\|^2 - \lambda \|\boldsymbol{x}\|^2 - (1-\lambda)\|\boldsymbol{y}\|^2 = -\lambda(1-\lambda)\|\boldsymbol{x}-\boldsymbol{y}\|^2$$

因此，函数 g 是凸函数等价于 $\mathrm{dom}(f)$ 是凸集且满足对任意的 $\boldsymbol{x}, \boldsymbol{y} \in \mathrm{dom}(f)$

$$f(\lambda \boldsymbol{x} + (1-\lambda)\boldsymbol{y}) \leqslant \lambda f(\boldsymbol{x}) + (1-\lambda) f(\boldsymbol{y}) - \frac{\sigma}{2}\lambda(1-\lambda)\|\boldsymbol{x}-\boldsymbol{y}\|^2$$

其中，$\lambda \in [0,1]$，从而得到函数 f 是 σ-强凸的。 □

例 A.5.3 考虑定义在 $\mathbb{R}^n$ 上的 ℓ_2-范数，二次函数 $f: \mathbb{R}^n \to \mathbb{R}$ 定义为

$$f(\boldsymbol{x}) = \frac{1}{2}\boldsymbol{x}^{\mathrm{T}}\boldsymbol{A}\boldsymbol{x} + \boldsymbol{b}^{\mathrm{T}}\boldsymbol{x} + c$$

其中，矩阵 $\boldsymbol{A} \in \mathbb{S}^n$ 是对称矩阵，$\boldsymbol{b} \in \mathbb{R}^n$，$c \in \mathbb{R}$。根据定理A.12，$f$ 是 σ-强凸的等价于函数

$$\frac{1}{2}\boldsymbol{x}^{\mathrm{T}}(\boldsymbol{A} - \sigma\boldsymbol{I})\boldsymbol{x} + \boldsymbol{b}^{\mathrm{T}}\boldsymbol{x} + c$$

是凸函数，进一步等价于矩阵 $\boldsymbol{A} - \sigma\boldsymbol{I}$ 是半正定矩阵，即 $\lambda_{\min}(\boldsymbol{A}) \geqslant \sigma$。所以，二次函数 f 是强凸函数等价于矩阵 $\boldsymbol{A}$ 是正定的，且 $\lambda_{\min}(\boldsymbol{A})$ 是最大的可能的强凸参数。

引理 A.12.1 函数 $f: \mathbb{R}^n \to \mathbb{R} \cup \{\infty\}$ 是 σ-强凸函数（$\sigma > 0$），且函数 $g: \mathbb{R}^n \to \mathbb{R} \cup \{\infty\}$ 是凸函数，那么 $f+g$ 也是 σ-强凸的。

证明. 根据强凸函数和凸函数的性质，$\mathrm{dom}(f+g) = \mathrm{dom}(f) \cap \mathrm{dom}(g)$ 是一个凸集。对于任意的 $\boldsymbol{x}, \boldsymbol{y} \in \mathrm{dom}(f+g)$，

$$f(\lambda \boldsymbol{x} + (1-\lambda)\boldsymbol{y}) \leqslant \lambda f(\boldsymbol{x}) + (1-\lambda) f(\boldsymbol{y}) - \frac{\sigma}{2}\lambda(1-\lambda)\|\boldsymbol{x}-\boldsymbol{y}\|^2$$

$$g(\lambda \boldsymbol{x} + (1-\lambda)\boldsymbol{y}) \leqslant \lambda g(\boldsymbol{x}) + (1-\lambda) g(\boldsymbol{y})$$

将两个不等式相加可以得到

$$(f+g)(\lambda \boldsymbol{x} + (1-\lambda)\boldsymbol{y}) \leqslant \lambda (f+g)(\boldsymbol{x}) + (1-\lambda)(f+g)(\boldsymbol{y}) - \frac{\sigma}{2}\lambda(1-\lambda)\|\boldsymbol{x}-\boldsymbol{y}\|^2$$

从而说明 $f+g$ 是 σ-强凸的。 □

定理 A.13 函数 $f: \mathbb{R}^n \to \mathbb{R} \cup \{\infty\}$ 是一个适当的闭凸函数，那么对给定的 $\sigma > 0$，下面的结论是等价的：

(i) f 是 σ-强凸的；

(ii) 对任意的 $\boldsymbol{x}, \boldsymbol{y} \in \mathrm{dom}(f)$、$\boldsymbol{g} \in \partial f(\boldsymbol{x})$，

$$f(\boldsymbol{y}) \geqslant f(\boldsymbol{x}) + \langle \boldsymbol{g}, \boldsymbol{y}-\boldsymbol{x} \rangle + \frac{\sigma}{2}\|\boldsymbol{y}-\boldsymbol{x}\|^2$$

(iii) 对任意的 $\boldsymbol{x}, \boldsymbol{y} \in \mathrm{dom}(f)$、$\boldsymbol{g}_{\boldsymbol{x}} \in \partial f(\boldsymbol{x})$、$\boldsymbol{g}_{\boldsymbol{y}} \in \partial f(\boldsymbol{y})$，

$$\langle \boldsymbol{g}_{\boldsymbol{x}} - \boldsymbol{g}_{\boldsymbol{y}}, \boldsymbol{y}-\boldsymbol{x} \rangle \geqslant \sigma \|\boldsymbol{x}-\boldsymbol{y}\|^2$$

证明. 本定理的证明在本书中不做详细介绍，可参考文献 [10] 中的定理5.24。 □

定理 A.14 [共轭对应定理（Conjugate correspondence theorem）]

(1) 如果函数 $f:\mathbb{R}^n\to\mathbb{R}$ 是一个 $\frac{1}{\sigma}$-光滑凸函数，那么共轭函数 f^* 是一个关于对偶范数 $\|\cdot\|_*$ 的 σ-强凸函数；

(2) 如果函数 $f:\mathbb{R}^n\to\mathbb{R}$ 是一个适当的 σ-强凸闭函数，那么共轭函数 f^* 是 $\frac{1}{\sigma}$-光滑的。

证明. (1) 因为函数 f 是一个 $\frac{1}{\sigma}$-光滑凸函数，取 $\boldsymbol{y}_1,\boldsymbol{y}_2\in\mathrm{dom}(\partial f^*)$ 和 $\boldsymbol{v}_1\in f^*(\boldsymbol{y}_1)$、$\boldsymbol{v}_2\in f^*(\boldsymbol{y}_2)$。根据共轭次梯度定理A.7以及函数 f 的闭性和凸性，可以得到 $\boldsymbol{y}_1\in\partial f(\boldsymbol{v}_1)$ 和 $\boldsymbol{y}_2\in\partial f(\boldsymbol{v}_2)$。进一步地，根据函数 f 的可微性，可以得到 $\boldsymbol{y}_1\in\nabla f(\boldsymbol{v}_1)$ 和 $\boldsymbol{y}_2\in\nabla f(\boldsymbol{v}_2)$。根据定理A.10中的 (iv) 性质，有

$$\langle\boldsymbol{y}_1-\boldsymbol{y}_2,\boldsymbol{v}_1-\boldsymbol{v}_2\rangle\geqslant\sigma\|\boldsymbol{y}_1-\boldsymbol{y}_2\|^2$$

由于本不等式对任意的 $\boldsymbol{y}_1,\boldsymbol{y}_2\in\mathrm{dom}(f^*)$ 和任意的 $\boldsymbol{v}_1\in\partial f^*(\boldsymbol{y}_1)$、$\boldsymbol{v}_2\in\partial f^*(\boldsymbol{y}_2)$ 都成立，根据定理A.13中 (i) 和 (iii) 等价的性质，可以得到共轭函数 f^* 是 σ-强凸函数。

(2) 假设函数 f 是适当的闭 σ-强凸函数。由共轭次梯度定理A.7.1可知，对任意的 $\boldsymbol{y}\in\mathbb{R}^n$，

$$\partial f^*(\boldsymbol{y})=\arg\max_{\boldsymbol{x}\in\mathbb{R}^n}\ \{\langle\boldsymbol{x},\boldsymbol{y}\rangle-f(\boldsymbol{x})\}$$

因此，由于函数 f 的强凸性和闭性，对任意的 $\boldsymbol{y}\in\mathbb{R}^n$，齐次微分集合 $\partial f^*(\boldsymbol{y})$ 是唯一的（singleton）。所以共轭函数 f^* 在整个对偶空间是可微的。对于 $\boldsymbol{y}_1,\boldsymbol{y}_2\in\mathbb{R}^n$，定义 $\boldsymbol{v}_1=\nabla f^*(\boldsymbol{y}_1)$ 和 $\boldsymbol{v}_2=\nabla f^*(\boldsymbol{y}_2)$。根据共轭次梯度定理A.7，等价于 $\boldsymbol{y}_1\in\partial f(\boldsymbol{v}_1)$ 和 $\boldsymbol{y}_2\in\partial f(\boldsymbol{v}_2)$。因此根据定理A.13中 (i) 和 (iii) 的等价性，有

$$\langle\boldsymbol{y}_1-\boldsymbol{y}_2,\boldsymbol{v}_1-\boldsymbol{v}_2\rangle\geqslant\sigma\|\boldsymbol{v}_1-\boldsymbol{v}_2\|^2$$

即

$$\langle\boldsymbol{y}_1-\boldsymbol{y}_2,\nabla f^*(\boldsymbol{y}_1)-\nabla f^*(\boldsymbol{y}_2)\rangle\geqslant\sigma\|\nabla f^*(\boldsymbol{y}_1)-\nabla f^*(\boldsymbol{y}_2)\|^2$$

再次对不等式左式使用柯西-施瓦茨不等式，可以得到

$$\|\nabla f^*(\boldsymbol{y}_1)-\nabla f^*(\boldsymbol{y}_2)\|\leqslant\frac{1}{\sigma}\|\boldsymbol{y}_1-\boldsymbol{y}_2\|$$

也就证明了共轭函数 f^* 的 $\frac{1}{\sigma}$-光滑性。 □

例 A.5.4 考虑定义在单位单纯形上的负熵函数 $f:\mathbb{R}^n\to\mathbb{R}\cup\{\infty\}$，即

$$f(\boldsymbol{x})=\begin{cases}\sum_{i=1}^n x_i\log x_i, & \boldsymbol{x}\in\Delta_n\\ \infty, & \text{其他}\end{cases}$$

由例A.4.1可知，该函数的共轭函数为log-sum-exp函数

$$f^*(\boldsymbol{y})=\log\left(\sum_{i=1}^n \mathrm{e}^{y_i}\right)$$

其关于 ℓ_∞-范数和 ℓ_2-范数是1-光滑的。根据共轭对应定理A.14，f 是关于 ℓ_1-范数和 ℓ_2-范

数的1-强凸函数。

例 A.5.5 考虑ℓ_p-范数平方函数$f:\mathbb{R}^n\to\mathbb{R}$定义为

$$f(\boldsymbol{x})=\frac{1}{2}\|\boldsymbol{x}\|_p^2,\quad p\in(1,2]$$

该函数的共轭函数为

$$f^*(\boldsymbol{y})=\frac{1}{2}\|\boldsymbol{y}\|_q^2,\quad q\in[2,\infty)$$

其中，$\dfrac{1}{p}+\dfrac{1}{q}=1$。共轭函数$f^*$是一个关于$\ell_q$-范数的$(q-1)$-光滑函数。根据A.5，函数$f$是关于$\ell_p$-范数的$\dfrac{1}{q-1}$-强凸函数，且因为$\dfrac{1}{q-1}=p-1$，所以函数$f$是关于$\ell_p$-范数的$(p-1)$-强凸函数。

A.6 随机变量及性质

若一个变量在每次实验之前是不能确定的，它们的取值依赖于实验的结果，也就是说，它的取值是随机的，我们常常称这种变量为随机变量。

定义 A.27 (随机变量) 定义在样本空间Ω上，取值于实数域$\mathbb{R}$，且只取有限个或可列个值的变量$\xi=\xi(w)$，称为一维离散型随机变量（简称离散型随机变量）。如果离散型随机变量ξ的可能取值为$\{a_i\}$（$i=1,2,\cdots$），且相应的取值a_i的概率为$P(\xi=a_i)=p_i$，统称为随机变量$\xi(w)$的分布。由概率的性质可知，任一离散型随机变量的分布列$\{p_i\}$都具有下述两个性质：

- $p_i\geqslant 0$，$i=1,2,\cdots$；
- $\sum\limits_{i=1}^{\infty}p_i=1$。

一些经典的离散型随机变量分布包括伯努利分布、二项分布、0-1分布、几何分布、泊松分布等[53]。进一步地，如果$\xi_1,\xi_2,\cdots,\xi_n$是样本空间Ω上的n个离散型随机变量，则称n维向量$(\xi_1,\xi_2,\cdots,\xi_n)$是$\Omega$上的一个$n$维离散型随机变量或$n$维离散型随机向量。

定义 A.28 (期望) 假设离散型随机变量ξ可能取值为a_i（$i=1,2,\cdots$），其分布为p_i（$i=1,2,\cdots$），如果

$$\sum_{i=1}^{\infty}|a_i|p_i<+\infty$$

则称ξ存在数学期望，且数学期望为

$$\mathbb{E}(\xi)=\sum_{i=1}^{\infty}a_ip_i$$

如果

$$\sum_{i=1}^{\infty}|a_i|p_i=+\infty$$

则认为ξ的数学期望不存在。

定义 A.29 (方差) 如果ξ是一个离散型随机变量，数学期望$\mathbb{E}(\xi)$存在，如果$\mathbb{E}[(\xi-\mathbb{E}(\xi))^2]$也存在，则称该随机变量$\xi$的方差为

$$\mathbb{D}(\xi)(\text{或}\,\mathrm{Var}(\xi)) := \mathbb{E}\left[(\xi-\mathbb{E}(\xi))^2\right]$$

该方差的平方根$\sqrt{\mathbb{D}(\xi)}$或$\sqrt{\mathrm{Var}(\xi)}$称为标准差，常记为$\sigma(\xi)$。

定义 A.30 定义在样本空间Ω上，取值于实数域$\mathbb{R}$的函数$\xi(w)$，称为是样本空间Ω上的随机变量，并称

$$F(x)=p(\xi(w)\leqslant x),\ x\in(-\infty,+\infty)$$

是随机变量$\xi(w)$的概率分布函数，简称为分布函数。

定义 A.31 如果$\xi(w)$是一个随机变量，$F(x)$是其分布函数，如果存在非负函数$p(x)$，使得对任意的x，有

$$F(x)=\int_{-\infty}^{x} p(y)\mathrm{d}y$$

则称$\xi(w)$为连续型随机变量，相应地，$F(x)$为连续型分布函数，称$p(x)$是$F(x)$的概率密度函数。$p(x)$满足下列性质：

$$p(x)\geqslant 0,\quad \int_{-\infty}^{+\infty} p(x)\mathrm{d}x=1$$

定义 A.32 $\xi_1(w),\xi_2(w),\cdots,\xi_n(w)$是定义在同一样本空间$\Omega$上的随机变量，则$n$维向量$[\xi_1(w),\xi_2(w),\cdots,\xi_n(w)]$称为是样本空间$\Omega$上的$n$维随机变量或$n$维随机向量，并称$n$元函数

$$F(x_1,x_2,\cdots,x_n)=P\left(\xi_1(w)\leqslant x_1,\xi_2(w)\leqslant x_2,\cdots,\xi_n(w)\leqslant x_n\right)$$

是n维随机变量$[\xi_1(w),\xi_2(w),\cdots,\xi_n(w)]$的联合分布函数（联合分布）。

定义 A.33 (期望) ξ是一个连续型随机变量，密度函数为$p(x)$，如果

$$\int_{-\infty}^{\infty}|x|p(x)\mathrm{d}x<+\infty$$

则认为ξ的数学期望存在，且

$$\mathbb{E}(\xi)=\int_{-\infty}^{\infty} xp(x)\mathrm{d}x$$

若ξ是一个连续型随机变量，密度函数为$p(x)$，$f(x)$是关于实变量x的函数，且

$$\int_{-\infty}^{\infty}|f(x)|p(x)\mathrm{d}x<+\infty$$

则有

$$\mathbb{E}[f(\xi)]=\int_{-\infty}^{\infty} f(x)p(x)\mathrm{d}x$$

定义 A.34 (方差) 若ξ是一个连续型随机变量，密度函数为$p(x)$，且$\mathbb{E}\left[(\xi-\mathbb{E}(\xi))^2\right]$存在，则称$\mathbb{E}\left[(\xi-\mathbb{E}(\xi))^2\right]$为随机变量$\xi$的方差，记作$\mathbb{D}(\xi)$或$\mathrm{Var}(\xi)$，并称$\sqrt{\mathbb{D}(\xi)}$是随

机变量ξ的标准差。

定义 A.35 (切比雪夫不等式) 对任意的随机变量ξ，若$\mathbb{E}(\xi)$和$\mathbb{D}(\xi)$都存在，则对任意的正常数ϵ，有

$$P\left(\left|\xi-\mathbb{E}(\xi)\right| \geqslant \epsilon\right) \leqslant \frac{\mathbb{D}(\xi)}{\epsilon}$$

定义 A.36 (协方差) 若(ξ,η)是一个二维随机变量，且

$$\mathbb{E}\left[\left|(\xi-\mathbb{E}(\xi))(\eta-\mathbb{E}(\eta))\right|\right]<+\infty$$

则称$\mathbb{E}\left[(\xi-\mathbb{E}(\xi))(\eta-\mathbb{E}(\eta))\right]$为$\xi$和$\eta$的协方差，记作$\mathrm{Cov}(\xi,\eta)$，即

$$\mathrm{Cov}(\xi,\eta)=\mathbb{E}\left[(\xi-\mathbb{E}(\xi))(\eta-\mathbb{E}(\eta))\right]$$

由协方差的定义，即知它具备如下性质：

(1) $\mathrm{Cov}(\xi,\eta)=\mathrm{Cov}(\eta,\xi)$；

(2) 若a,b为两个任意常数，则$\mathrm{Cov}(a\xi,b\eta)=ab\cdot\mathrm{Cov}(\eta,\xi)$；

(3) $\mathrm{Cov}(\xi_1+\xi_2,\eta)=\mathrm{Cov}(\xi_1,\eta)+\mathrm{Cov}(\xi_2,\eta)$。

定义 A.37 (相关系数) 若(ξ,η)是一个二维随机变量，且

$$\mathbb{E}\left|\frac{\xi-\mathbb{E}(\xi)}{\sqrt{\mathbb{D}(\xi)}}\cdot\frac{\eta-\mathbb{E}(\eta)}{\sqrt{\mathbb{D}(\eta)}}\right|<+\infty$$

则称

$$\mathrm{Cov}(\xi^*,\eta^*)=\mathbb{E}\left[\left(\xi^*-\mathbb{E}(\xi^*)\right)\left(\eta^*-\mathbb{E}(\eta^*)\right)\right]=\mathbb{E}\left|\frac{\xi-\mathbb{E}(\xi)}{\sqrt{\mathbb{D}(\xi)}}\cdot\frac{\eta-\mathbb{E}(\eta)}{\sqrt{\mathbb{D}(\eta)}}\right|<+\infty$$

为随机变量ξ和η的相关系数。

A.7 习题

1. 证明几何平均函数$f(\boldsymbol{x}):\mathbb{R}^n\to\mathbb{R}\cup\{\infty\}$，即

$$f(\boldsymbol{x}):=\left(\prod_{k=1}^{n}x_k\right)^{\frac{1}{n}}$$

   其中，$x\in\mathbb{R}^n_{++}:=\left\{(x_1,x_2,\cdots,x_n)\;\middle|\;x_k>0,k=1,2,\cdots,n\right\}$，是凹函数。（提示: 直接求Hessian矩阵，验证是否为半正定矩阵）
2. 给定函数$f:\mathbb{R}^n\to\mathbb{R}$，证明其共轭函数$f^*$是凸函数。
3. 请分别给出例A.4.1中所有共轭函数的求解过程。
4. 定义在闭集$\mathcal{D}$上的凸函数是李普希茨连续的：给定函数$f:\mathbb{R}^n\in\mathbb{R}\cup\{\infty\}$是适当的凸函数，假设集合$\mathcal{D}\subseteq\mathrm{int}(\mathrm{dom}(f))$，那么一定存在$L>0$，使得

$$|f(\boldsymbol{x})-f(\boldsymbol{y})|\leqslant L\left\|\boldsymbol{x}-\boldsymbol{y}\right\|,\ \forall\boldsymbol{x},\boldsymbol{y}\in\mathcal{D}$$

5. 详细说明定义在单位单纯形上的负熵函数 $f:\mathbb{R}^n \to \mathbb{R}\cup\{\infty\}$

$$f(\boldsymbol{x}) = \begin{cases} \displaystyle\sum_{i=1}^{n} x_i \log(x_i), & \boldsymbol{x} \in \Delta_n \\ \infty, & \text{其他} \end{cases}$$

关于 ℓ_1-范数和 ℓ_2-范数的1-强凸性质。

6. 详细说明 ℓ_p-范数的平方函数关于 ℓ_p-范数是 $(p-1)$-强凸的。

参考文献

[1] S. Lee,H. Lee, P. Abbeel, et al. Efficient ℓ_1 regularized logistic regression[J]. In AAAI, 6, 401-408, 2006.

[2] C. Cortes, V. Vapnik. Support-Vector Networks[J]. Machine Learning, 20(3): 273-297, 1995.

[3] M. Leese, D. Stahl, S. Everitt, et al. Cluster Analysis[M]. 5th Edition. NJ: Wiley, 2011.

[4] Daniel D Lee, H Sebastian Seung. Learning the parts of objects by non-negative matrix factorization[J]. Nature, 401(6755): 788-791, 1999.

[5] John J Hopfield. Neural networks and physical systems with emergent collective computational abilities[J]. Proceedings of the National Academy of Sciences, 79(8): 2554-2558, 1982.

[6] Richard S Sutton, Andrew G Barto. Reinforcement Learning: An Introduction[M]. MA: MIT Press, 2018.

[7] John Schulman, Filip Wolski, Prafulla Dhariwal, et al. Proximal policy optimization algorithms[J]. arXiv preprint arXiv:1707.06347, 2017.

[8] R Tyrrell Rockafellar, Roger J-B Wets. Variational Analysis[J]. Springer Science & Business Media, 317, 2009.

[9] P. Jain, P. Kar. Non-convex optimization for machine learning[J]. Foundations and Trends in Machine Learning, 10(3-4): 142-363, 2017.

[10] A. Beck. First-Order Methods in Optimization[M]. SIAM & MOS, 2017.

[11] Yurii E. Nesterov. Introductory Lectures on Convex Optimization—A Basic Course[M]. Berlin: Springer, 2004.

[12] 林宙辰，李欢，方聪. 机器学习中的加速一阶优化算法 [M]. 北京: 机械工业出版社, 2021.

[13] C G. Broyden. The convergence of a class of double-rank minimization algorithms 1. General considerations[J]. IMA Journal of Applied Mathematics, 6: 76-90, 1970.

[14] R. Fletcher. A new approach to variable metric algorithms[J]. The Computer Journal, 13(3): 317-322, 1970.

[15] D. Goldfarb. A family of variable-metric methods derived by variational means[J]. Mathematics of Computation, 24(109): 23-26, 1970.

[16] D F. Shanno. Conditioning of quasi-newton methods for function minimization[J]. Mathematics of Computation, 24(111): 647-656, 1970.

[17] Nocedal-J. Liu, D.C. On the limited memory BFGS method for large scale optimization[J]. Mathematical Programming, 45: 503-528, 1989.

[18] Jonathan Barzilai, Jonathan M Borwein. Two-point step size gradient methods[J]. IMA Journal of Numerical Analysis, 8(1): 141-148, 1988.

[19] Jorge Nocedal, Stephen J. Wright. Numerical Optimization[M]. Berlin: Springer, 2006.

[20] Herbert Robbins, Sutton Monro. A stochastic approximation method[J]. Annals of Mathematical Statistics, 22: 400-407, 1951.

[21] Guanghui Lan. First-order and stochastic optimization methods for machine learning[M]. Berlin: Springer, 2020.

[22] Suvrit Sra, Sebastian Nowozin, Stephen J Wright. Optimization for Machine Learning[M]. MA: MIT Press, 2012.

[23] Mark Schmidt, Nicolas Le Roux, Francis Bach. Minimizing finite sums with the stochastic average gradient[J]. Mathematical Programming, 162(1): 83-112, 2017.

[24] Rie Johnson, Tong Zhang. Accelerating stochastic gradient descent using predictive variance reduction[J]. In NeurIPS, 2013.

[25] Aaron Defazio, Francis Bach, Simon Lacoste-Julien. Sage: A fast incremental gradient method with support for non-strongly convex composite objectives[J]. In NeurIPS, 2014.

[26] Darid Newton, Farzad Yousefian, Raghu Pasupathy. Stochastic gradient descent: recent trends[J]. Recent Advances in Optimization and Modeling of Contemporary Problems, 193-220, 2018.

[27] Ning Qian. On the momentum term in gradient descent learning algorithms[J]. Neural Networks, 12(1): 145-151, 1999.

[28] John Duchi, Elad Hazan, Yoram Singer. Adaptive subgradient methods for online learning and stochastic optimization[J]. Journal of Machine Learning Research, 12(7), 2011.

[29] Matthew D Zeiler. Adadelta: An adaptive learning rate method[J]. arXiv preprint arXiv:1212.5701, 2012.

[30] T. Tieleman, G. Hinton. Lecture 6.5—RMSProp[J]. COURSERA: Neural Networks for Machine Learning, 2012.

[31] Diederik Kingma, Jimmy Ba. Adam: A method for stochastic optimization[J]. In: ICLR, 2015.

[32] R Tyrrell Rockafellar. Augmented Lagrangians and applications of the proximal point algorithm in convex programming[J]. Mathematics of Operations Research, 1(2): 97-116, 1976.

[33] Stephen Boyd, Neal Parikh, Eric Chu, et al. Distributed optimization and statistical learning via the alternating direction method of multipliers[J]. Foundations and Trends in Machine learning, 3(1): 1-122, 2011.

[34] Gene H Golub, Charles F Van Loan. Matrix Computations[M]. Maryland: JHU Press, 2013.

[35] Bingsheng He, Xiaoming Yuan. On the o(1/n) convergence rate of the Douglas - Rachford alternating direction method[J]. SIAM Journal on Numerical Analysis, 50(2): 700-709, 2012.

[36] Mingyi Hong, Zhi-Quan Luo. On the linear convergence of the alternating direction method of multipliers[J]. Mathematical Programming, 162(1-2): 165-199, 2017.

[37] Caihua Chen, Bingsheng He, Yinyu Ye, et al. The direct extension of ADMM for multi-block convex minimization problems is not necessarily convergent[J]. Mathematical Programming, 155(1-2): 57-79, 2016.

[38] Xiaoling Fu, Bingsheng He, Xiangfeng Wang, et al. Block-wise alternating direction method of multipliers with gaussian back substitution for multiple-block convex programming[J]. In Splitting Algorithms, Modern Operator Theory, and Applications, 165-226, Springer, 2019.

[39] Ruoyu Sun, Zhi-Quan Luo, Yinyu Ye. On the efficiency of random permutation for ADMM and coordinate descent[J]. Mathematics of Operations Research, 45(1): 233-271, 2020.

[40] Tsung-Hui Chang, Mingyi Hong, Xiangfeng Wang. Multi-agent distributed optimization via inexact consensus ADMM[J]. IEEE Transactions on Signal Processing, 63(2): 482-497, 2014.

[41] Robert Tibshirani. Regression shrinkage and selection via the lasso[J]. Journal of the Royal Statistical Society: Series B (Methodological), 58(1): 267-288, 1996.

[42] 张进, 张艺萱. 机器学习中的双层规划算法研究进展. 柚子优化, 2022. 9

[43] Risheng Liu, Pan Mu, Xiaoming Yuan, et al. A general descent aggregation framework for gradient-based bi-level optimization[J]. IEEE Transactions on Pattern Analysis and Machine Intelligence, 45(1): 38-57, 2023.

[44] Risheng Liu, Yaohua Liu, Shangzhi Zeng, et al. Towards gradient-based bilevel optimization with non-convex followers and beyond[J]. In NeurIPS, 34, 8662-8675, 2021.

[45] Risheng Liu, Xuan Liu, Shangzhi Zeng, et al. Optimization-derived learning with essential convergence analysis of training and hyper-training[J]. In ICML, 13825-13856, 2022.

[46] Risheng Liu, Xuan Liu, Xiaoming Yuan, et al. A value-function-based interior-point method for nonconvex bi-level optimization[J]. In International Conference on Machine Learning, 2021: 6882-6892.

[47] Risheng Liu, Long Ma, Xiaoming Yuan, et al. Task-oriented convex bilevel optimization with latent feasibility[J]. IEEE Transactions on Image Processing, 31: 1190-1203, 2022.

[48] Jane J Ye, Xiaoming Yuan, Shangzhi Zeng, et al. Difference of convex algorithms for bilevel programs with applications in hyperparameter selection[J]. Mathematical Programming, 198(2): 1583-1616, 2023.

[49] Lucy L Gao, Jane Ye, Haian Yin, et al. Value function based difference-of-convex algorithm for bilevel hyperparameter selection problems[J]. In International Conference on Machine Learning, 7164-7182, 2022.

[50] Tianlong Chen, Xiaohan Chen, Wuyang Chen, et al. Learning to optimize: A primer and a benchmark[J]. arXiv preprint arXiv:2103.12828, 2021.

[51] Chelsea Finn, Pieter Abbeel, Sergey Levine. Model-agnostic meta-learning for fast adaptation of deep networks[J]. In International Conference on Machine Learning, 1126-1135, 2017.

[52] Kai Zhang, Yawei Li, Wangmeng Zuo, et al. Plug-and-play image restoration with deep denoiser prior[J]. IEEE Transactions on Pattern Analysis and Machine Intelligence, 44(10): 6360-6376, 2022.

[53] 茆诗松，程依明，濮晓龙. 概率论与数理统计教程 [M]. 3 版. 北京：高等教育出版社, 2019.

[54] Tianlong Chen, Xiaohan Chen, Wuyang Chen, Howard Heaton, Jialin Liu, Zhangyang Wang, Wotao Yin, Learning to Optimize: A Primer and A Benchmark, 23(189): 1-59, 2022.

[55] Xiaohao Chen, Jialin Liu, Wotao Yin, Learning to optimize: A tutorial for continuous and mixed-integer optimization, arXiv: 2405.15251, 2024.

[56] Stephon Boyd, Lieven Vandenberg. Convex Optimization[M]. Cambridge: Cambridge University Press, 2004.